谨以此书纪念清华大学吴保生教授

河床演变的时间滞后与空间联动

郑 珊 著

科 学 出 版 社
北 京

内 容 简 介

本书针对河床演变时间滞后与空间联动的现象和特征，阐述河床演变时间滞后与空间联动的理论基础，原创性地提出河床演变时间滞后与空间联动的研究方法，包括半定量的河床演变阶段模型、定量计算河床演变特征量随时间变化的滞后响应模型，以及识别最强冲淤速率位置（冲淤重心）的聚类机器学习方法。将这些方法应用于不同自然因素与人类活动影响下的处于强非平衡态演变中的河道（包括三峡大坝下游宜昌—城陵矶河段、黄河三门峡库区和小浪底库区、黄河下游河道及受火山爆发影响的美国图特尔河北汊），揭示不同河道在一定时（20～70年）空（几十至几百千米）尺度下演变的时间滞后与空间联动特征和规律。本书部分插图附彩图二维码，扫码可见。

本书可供河流动力学、河床演变学、河流地貌学、河道整治与修复、防洪减灾与规划等方面的研究和管理人员及高等院校有关专业的师生参考阅读。

图书在版编目（CIP）数据

河床演变的时间滞后与空间联动 / 郑珊著. -- 北京 : 科学出版社, 2024. 11. -- ISBN 978-7-03-079726-1

I. TV147

中国国家版本馆 CIP 数据核字第 2024RP0669 号

责任编辑：何 念 张 湾/责任校对：高 嵘
责任印制：彭 超/封面设计：无极书装

科学出版社出版
北京东黄城根北街 16 号
邮政编码：100717
http://www.sciencep.com
武汉中科兴业印务有限公司印刷
科学出版社发行 各地新华书店经销
*
开本：787×1092 1/16
2024年11月第 一 版 印张：11 3/4
2024年11月第一次印刷 字数：276 000
定价：118.00 元
（如有印装质量问题，我社负责调换）

序

当前，全球气候变化引发极端水文过程增强、地质灾害多发，人类活动对流域及河流的影响不断加剧。在自然与人为因素的共同扰动下，河床演变愈加迅疾复杂，给水利工程运用和防灾减灾等带来严峻挑战。

河床演变的自动调整作用原理给出了河床演变的目标——平衡态。清华大学吴保生教授提出在河床由非平衡态向平衡态调整的过程中存在着滞后响应特征，其建立的滞后响应理论可以看作是河床演变自动调整作用原理的重要补充，该理论目前已被多本河流动力学及相关领域的教材收录。在世纪之交的 2000 年，吴保生教授自美国回国到清华大学任教，在黄河及其水库泥沙的研究中，他认识到：河床演变滞后于水沙条件的变化，水沙条件的前期变化对当前河床形态的影响不能忽略。经过数年研究，他建立了具有一定理论基础同时能够量化前期条件影响的河床演变滞后响应模型，并在 2008 年集中发表多篇论文对其进行介绍；之后，他继续完善滞后响应理论与模型，并将其应用于国内外多条河流，取得了丰富的成果。2015 年，他与其学生即本书作者郑珊博士共同出版著作《河床演变的滞后响应理论与应用》，系统总结了河床演变滞后响应的十余年研究成果。

河床演变滞后响应理论简洁描述了固定断面或河段随时间的变化与前期条件的关系；然而，在空间维度上，河道上、下游的演变也存在联系，能否类似简洁但综合地描述河床演变时间滞后与空间联动的规律？本书内容即关注并尝试解答这一问题。本书作者的研究将河床演变滞后响应的“时间尺度”拓展至河床演变滞后联动的“时空尺度”，她提出的河床时空滞后联动的研究方法，应用于国内外山区和平原河流及坝上、下游河道，从独特角度揭示了较大时空尺度下河流受到各种扰动后的冲淤演变规律。例如，作者借鉴地貌学中“空间代替时间”方法，提出大时空尺度的河床演变阶段模型，建立河床演变阶段的时空矩阵，反映河床演变阶段或相关特征随时空发展的宏观特点；模型应用到 20 世纪受最大规模火山爆发影响的美国图特尔河北汊，描述河道发生二次冲刷的溯源发展现象，解释火山爆发多年后该河道持续保持高输沙率的原因。此外，作者引入聚类的机器学习方法描述冲淤重心，即河道冲淤变形速率最快的位置，建立识别河床演变冲淤重心的聚类机器学习方法，描述三峡大坝下游河道冲刷重心下移现象，并量化其下移速率。

在变化的环境中，河床演变面临着诸多复杂扰动，其时空响应过程更为复杂。作者继承并发展了吴保生教授的河床演变滞后响应学术思想，开拓了河床时空演变研究的新思路。虽然这些研究成果还需要继续深入以更有效地解答河流治理问题，但这种开拓是非常有益的。河床演变研究需要不断地探索新思想、新方法，需要一代代水利学者接力攻关，终会形成有价值的丰硕系统成果。

2024 年 10 月

前　言

2015 年作者与恩师吴保生教授共同出版了《河床演变的滞后响应理论与应用》，该书介绍了河道在时间尺度上滞后演变的理论、方法及应用。可以说，本书是该书研究内容的延伸与拓展，作者试图将河床演变的另一个重要特征——空间联动特征与时间滞后响应特征共同考虑，以揭示河道在较长时空尺度上的非平衡态演变规律。

河床演变的时间滞后与空间联动现象易于理解，一方面，河流具有“记忆”功能，前几年的水沙条件对当前河道的形态具有一定的累积影响，反映了河床演变的时间滞后响应特征；另一方面，上、下游河段的演变之间具有联动性，如前人总结的长江荆江河段“一弯变，弯弯变”的规律反映了上、下弯道之间的演变联系。然而，尽管河床演变的时间滞后与空间联动现象普遍存在，但缺乏解释这一现象并反映其特征的理论与方法，对工程时间尺度（如几十至上百年）河床演变的时间滞后与空间联动规律认识不清，限制了对受扰动后强非平衡态河床演变发展趋势与时空影响范围的准确预测，不利于对河道及流域的规划管理和防洪减灾等生产实践。

本书系统地阐述河床演变时间滞后与空间联动的现象特征与理论基础，原创性地提出用于研究河床演变时间滞后与空间联动的三种方法，包括河床演变阶段模型、滞后响应模型及识别冲淤重心的聚类机器学习方法。三种方法各具特色，可以从不同角度反映河道的时空演变规律：应用河床演变阶段模型可以得到河道演变阶段的时空分布，从总体上把握河道在较长时空尺度上的直观联系；滞后响应模型能够方便、快捷地计算河道特征量在几十至几百年较长时段内的变化过程；识别冲淤重心的聚类机器学习方法能够得到冲淤速率较强位置的时空变化。其中，滞后响应模型在《河床演变的滞后响应理论与应用》中已进行了详细介绍，在本书中仅做简要介绍，其应用案例也与以往内容不同。

将河床演变阶段模型、滞后响应模型及识别冲淤重心的聚类机器学习方法应用于受不同自然与人为扰动影响的河道，包括位于三峡大坝下游的宜昌—城陵矶河段和黄河下游河道、位于三峡大坝上游的三门峡库区和小浪底库区，以及受火山爆发影响的美国图特尔河北汊。研究河段的长度在几十至几百千米，研究时段跨越 20～70 年，揭示出较长时空尺度上河道演变的时间滞后与空间联动机理，得到对河道演变规律的新认识。例如，宏观展示三峡水库运用后长江宜昌—城陵矶河段冲刷重心的下移现象，并对其下移速率进行量化；明确三门峡库区汛期与非汛期冲淤重心的时空迁移特征及其滞后响应规律；揭示小浪底库区淤积形态的滞后响应特征及其对水库排沙的影响；探明黄河下游河道冲刷发展的迟滞特征及冲刷重心的时空变化规律；建立美国图特尔河北汊演变阶段的时空矩阵，并提出河道对火山爆发的时空冲淤响应模式。这些新的认识有助于深化对河流强非平衡态演变规律的认识，丰富和发展河床演变学和河流地貌学的理论与方法，对评估自然因素和人类活动对河流演变的影响时长、作用大小与传播范围等具有借鉴意义，可服务于水库运用、河道治理、生态修复等工程实践。本书关于河床演变时间滞后与空间联动的研究还有诸多重要问题有待进一步研究和解答，包括如何将河床演变的时间滞后与空间联动过程进行耦合计算等。限于作者水平，书中难免存在疏漏之处，敬请读者批评指正。

本书作者指导的研究生王华琳、吕宜卫、何娟、陈长、沈逸、马云啸及合作者安晨歌博士参与了本书相关内容的研究工作，在此对他们表示由衷的感谢。本书相关研究得到了国家重点研发计划课题（2023YFC3206201、2017YFC0405202）、国家自然科学基金项目（52479071、U2243218、52079095、51779183）的资助，在此表示感谢。

本书的出版寄托着作者对导师吴保生教授的深深怀念，书中研究得到了吴老师的指点。2023 年吴老师不幸与世长辞，令人悲痛。吴老师一生勤恳治学，待人真诚，对学生给予了无尽的关爱与鼓励，纵然时光流逝，他的音容笑貌犹在眼前，他的话语“当老师最大的幸福就是看到自己的学生一个个成长为参天大树”一直勉励着作者在治学之路上不断前行。在此引用史铁生的一段话，铭怀并感恩吴老师的谆谆教诲！

“一棵树上落着一群鸟儿，把树砍了，鸟儿也就没了吗？不，树上的鸟儿没了，但它们在别处。同样，此一肉身，栖居过一些思想、情感和心绪，这肉身火化了，那思想、情感和心绪也就没了吗？不，他们在别处。倘人间的困苦从未消失，人间的消息从未减损，人间的爱愿从未放弃，他们就必定还在。”

2024 年 6 月

于天津大学北洋园

目　录

第1章 绪　论

河床演变的时间滞后与空间联动是非平衡态河流调整的重要特征，目前缺乏对这一特征的系统阐述与深入认识。本章从河床演变的自动调整原理出发，论述河流调整过程中时间滞后与空间联动的现象和特征，由此引出本书的主要内容。

1.1 河流的自动调整作用与平衡态

冲积河流可以看作一个具有物质和能量输入与输出的开放系统（Leopold and Langbein，1962），其一方面沿程从流域面上不断接受水和泥沙，另一方面又源源不断地把水和泥沙送向大海或湖泊。这种开放系统的概念认为，来水来沙是流域施加于河道的外部控制变量，河床的冲淤变化和河槽几何形态的调整则是内部变量对外部控制条件的响应，结果是河槽形态朝着与来水来沙相适应的平衡状态发展。这一概念反映了河流特性取决于流域因素的观点，又强调了系统的自动调整作用（吴保生，2008a）。

冲积河流的自动调整作用（或称自动调整原理）是指冲积河流具有“负反馈机制”或“平衡倾向”，即当一个河段的上游来水来沙条件或下游边界条件发生改变时，河段将通过河床的冲淤调整，最终建立一个与改变后的水沙条件或下游边界条件相适应的新的平衡状态，结果是来自上游的水量和沙量刚好能够通过河段下泄。

受各种自然因素（如气候变化、降雨、火山爆发、地震等）与人类活动（如水利工程建设、河道整治与修复等）的影响，河流的来水来沙或侵蚀基准面条件不断变化，河床无时无刻不处在变形和发展之中，平衡只是河床演变发展的一个阶段目标或一个短暂状态（Wu et al.，2012；Phillips，1992）。河流的平衡一般指输沙平衡，即流域来沙与水流能够输送的沙量相互平衡，河槽通过冲淤和几何形态的调整形成与来水来沙相适应的边界条件。河流系统外部条件（来水来沙条件、侵蚀基准面及河床周界）与内部因素（泥沙冲淤与输移）的时空变化均会引起河道非平衡态的演变调整（钱宁 等，1987）。在非平衡态河床演变过程中，河流为吸收扰动带来的影响，往往通过多种特征量（如河道垂向、横向、纵向和平面形态相关特征量）的调整，向平衡态发展。

以往学者根据河床演变特征量随时间的变化特点，提出了河流的不同平衡态。例如，Chorley 和 Kennedy（1971）基于河流系统特征量的瞬时变化特点与平均变化趋势，将河流的平衡态分为以下四种。

（1）静态平衡（static equilibrium）：系统受力平衡，系统特征量没有变化，如图 1.1.1（a）所示。由于河流受到各种扰动的影响总是处于不断变化中，静态平衡较难达到和维持。

（2）稳态平衡（steady-state equilibrium）：在一定的时间尺度内，系统特征量的瞬时值在平均值附近的较小范围内波动，其平均值无明显趋势性变化，如图 1.1.1（b）所示。河流的水力几何关系或河相关系一般是基于河流稳态平衡提出的（Knighton，1998）。

（3）动态平衡（dynamic equilibrium）：河流系统特征量的平均值具有明显的变化趋势，这种变化趋势可以是线性的[图 1.1.1（c）]，也可以是非线性的。

（4）准平衡（quasi-equilibrium）：当扰动超过某一临界值时，系统特征量的调整路径将产生突变[图 1.1.1（d）]。需要注意的是 Chorley 和 Kennedy（1971）定义的准平衡具有亚稳态特征。

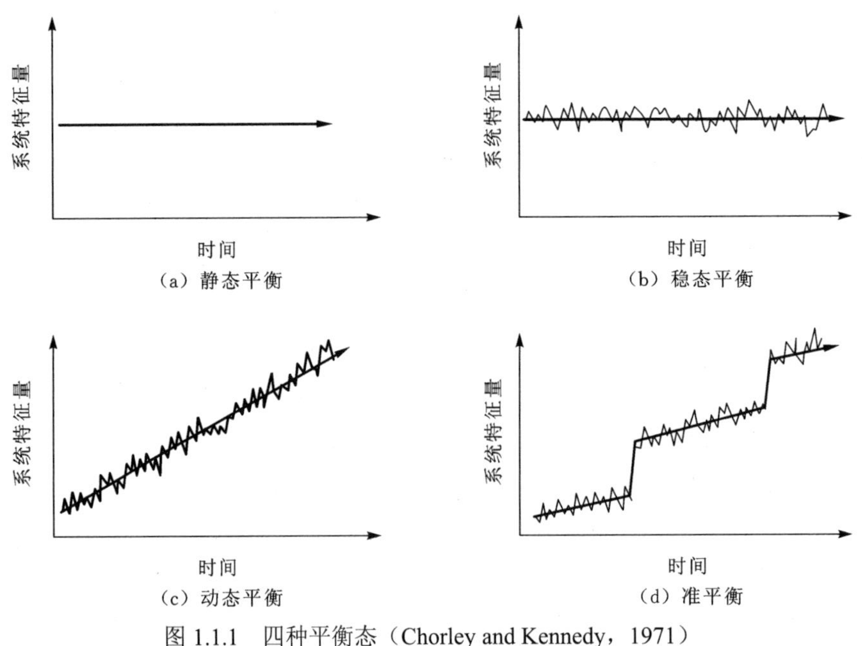

图 1.1.1　四种平衡态（Chorley and Kennedy，1971）

河道演变的状态与参考的时间尺度密切相关，河道演变的状态从不同的时间尺度来看可能是不同的。例如，若河道演变特征量在较短时间尺度内变化较为明显，则可以认为河流系统处于非平衡态；若从较长时间尺度来看，特征量在平均意义下没有发生明显变化，则可以认为河流系统处于平衡态。反之，对于一定时间尺度下处于动态平衡的河流系统，若缩小时间尺度，系统特征量无明显趋势性变化，则可以认为河流系统在短时间尺度下处于稳态平衡（Knighton，1998）。此外，1.2 节将说明河床演变特征研究的时间与空间尺度在一定程度上是相互关联的。

1.2　河床演变的不同时空尺度

一般来讲，描述河流系统变化的典型时间尺度可以分为瞬时时间尺度（$< 10^1$ 年）、短时间尺度（$10^1 \sim 10^2$ 年）、中等时间尺度（$10^3 \sim 10^4$ 年）及长时间尺度（$> 10^5$ 年）（Knighton，1998）。在瞬时时间尺度内，流量、含沙量和河道床面结构可能发生较大变化，但河道的形貌变化需要大量泥沙的集体运动，因此其调整时间较长。在几十至上百年的时间尺度内，河流工程及人类活动的影响明显，河流系统的外部控制变量与河流形态特征量之间常常表现出一定的因果或相关关系，因此，它是研究河床演变最重要的时间尺度，并且在这一时间尺度内，流量和输沙量可以看作独立于气候、地质构造等条件的变量，即气候变化、海平面升降及地质构造作用等的影响可以忽略，而这些因素在上万年及以上的时间尺度内可能发生复杂变化，使得流量和输沙量无法被当作独立变量来看待（Knighton，1998）。

河流的调整具有不同的空间尺度，不同学者对空间尺度的划分稍有区别。如图 1.2.1 所示，部分学者将与河床演变相关的空间尺度划分为流域尺度、河道尺度、河段尺度、床面形貌单元尺度和河流生物的微栖息地尺度（de Mendonca et al.，2021；Frissell et al.，1986）。表 1.2.1 列出了 Gurnell 等（2016）在欧洲河道修复研究中采用的不同空间尺度或单元的定义与划分标准，包括区域尺度（region scale）、流域尺度（basin scale）、景观尺度（landscape scale）、河道尺度（segment scale）、河段尺度（reach scale）、河床形貌单元尺度（geomorphic unit scale）、水力单元尺度（hydraulic unit scale）及河流元素单元尺度（river element scale）。

河流演变往往是通过多种特征量（如河道垂向、横向、纵向和平面形态相关特征量）的调整来实现的，不同特征量调整涉及的时间和空间尺度不同。如图 1.2.2 所示，特征量调整所占据的空间尺度越大，其调整的时间尺度越长，反之亦然（Knighton，1998）。例如，沙质河床床面形态（如沙纹、沙波）的调整往往发生在较小的时空尺度，一般小于河宽和水深调整的时空尺度，卵石河床床面形态、弯道形态、比降、河道平面和纵剖面形态等变化对应的时空尺度逐渐增大，反映了河床演变特征时空尺度的关联性。

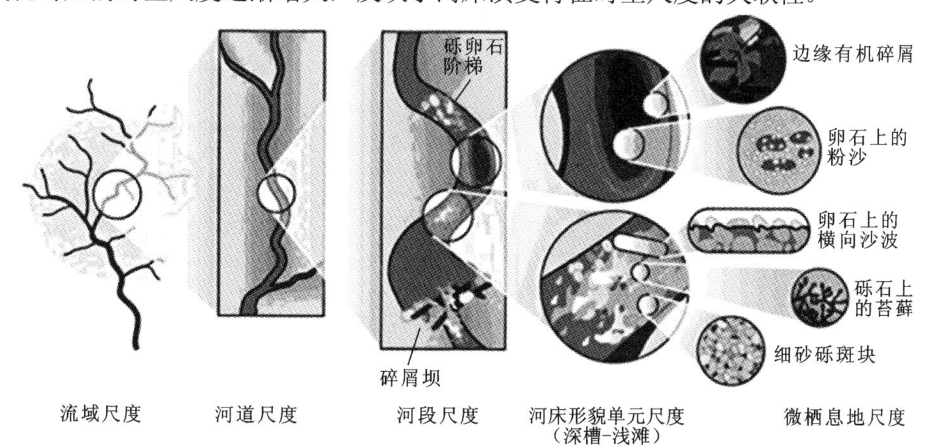

图 1.2.1　河流的不同空间尺度（Frissell et al.，1986）

扫一扫，见彩图

表 1.2.1　河流演变的不同时空尺度与划分标准（Gurnell et al.，2016）

空间尺度		时间尺度	含义	划分标准及特点
区域尺度	$>10^4$ km²	$>10^4$ 年	包含不同自然群落与物种的较大区域，受到气候、地形、构造等因素的影响	根据气候与植被类型划分
流域尺度	$10^2\sim10^5$ km²	$10^3\sim10^4$ 年	河流及其支流流域	以地形分水岭为界
景观尺度	$10^2\sim10^3$ km²	$10^2\sim10^3$ 年	流域中具有相似特点的地形或地貌组合	根据地形高程、基岩类型、土地覆盖等划分
河道尺度	$10^1\sim10^2$ km	$10^1\sim10^2$ 年	具有相似河谷与水流能量条件的河道	根据河谷坡度变化、主要支流入汇、地质控制作用等划分
河段尺度	$10^{-1}\sim10^1$ km（$>20B$）	$10^1\sim10^2$ 年	边界条件基本一致的河道部分	根据河道平面形态、滩地特征及河流纵向连续性（如堰坝影响）等划分
河床形貌单元尺度	$10^0\sim10^2$ m（$0.1B\sim20B$）	$10^0\sim10^1$ 年	河床形貌或滩地形貌区域，与泥沙冲淤或植被相关	根据床面泥沙结构与组成、水深和流速等划分
水力单元尺度	$10^{-1}\sim10^1$ m（$5D_{50}\sim20D_{50}$）	$10^{-1}\sim10^1$ 年	具有相似的水流与河床底质条件的单元	泥沙粒度范围较窄，水深、流速等在单元内的分布基本一致
河流元素单元尺度	$10^{-2}\sim10^1$ m（$10^0D_{50}\sim10^1D_{50}$）	$10^{-2}\sim10^0$ 年	组成河流环境的元素（如泥沙颗粒、植被及树木）的单个或斑块状集合	特定的生境类型形成相对孤立的河流元素单元

注：B 为河宽；D_{50} 为床沙质中值粒径。

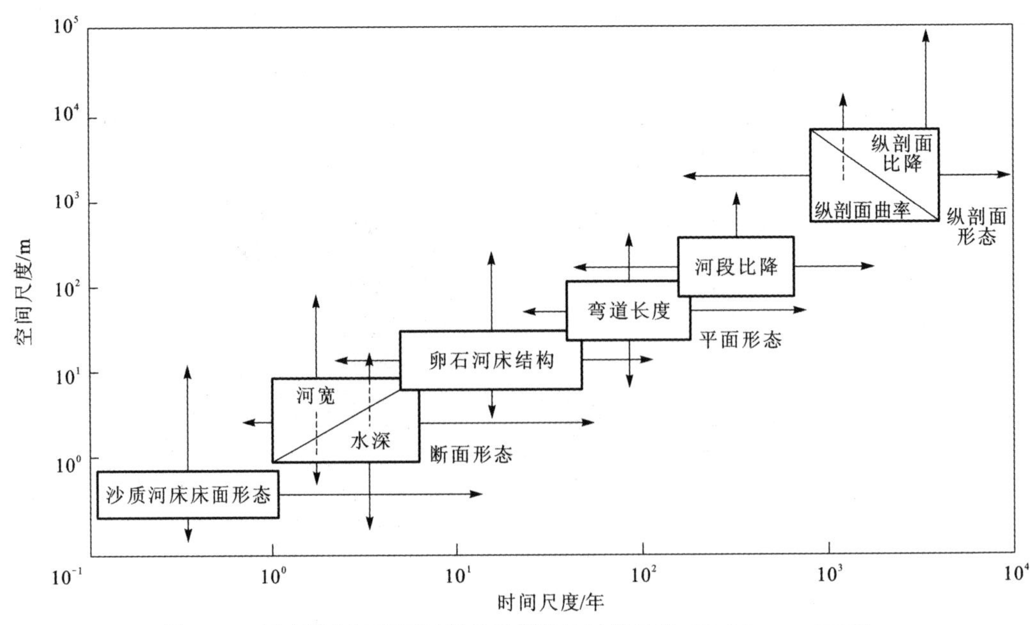

图 1.2.2　河床演变的不同过程及其相应的时空尺度（Knighton，1998）

1.3 河床演变的滞后响应现象与特征

1.3.1 非平衡态河床演变的调整过程与速率

河流系统受到水沙及河床边界条件等变化的扰动影响后，一般呈现以下三种响应过程或阶段（吴保生，2008a；Knighton，1998；Brunsden，1980）。

（1）反应阶段（reaction time）：系统需要一定的时间对外部扰动做出反应。

（2）调整阶段（relaxation time）：系统逐渐从非平衡态向平衡态调整。

（3）平衡阶段（characteristic form time）：在该阶段内系统维持一定的平衡态。

图 1.3.1 为河流系统特征量受到单一瞬时扰动后的调整过程示意图，图中短虚线和实线分别代表特征量的瞬时和平均变化过程（Knighton，1998）。图 1.3.1 中给出了系统特征量的反应阶段、调整阶段和平衡阶段，其中，反应阶段与调整阶段又统称为系统的反馈阶段（response time）。在扰动前（A），系统处于平衡态；扰动发生后，系统需要一定的反应时间（B）才能做出相应的调整；经过反应时间后，系统开始调整，并不断地趋向平衡态（C），直到达到新的平衡（D）。

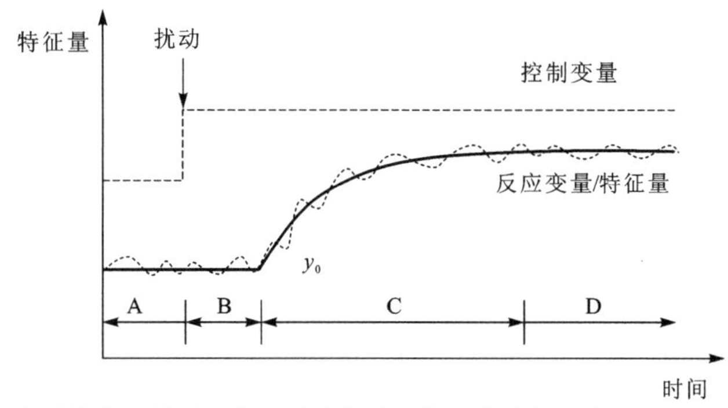

图 1.3.1 河流系统特征量受到单一瞬时扰动后的调整过程示意图（Knighton，1998）

A—扰动前；B—反应阶段；C—调整阶段；D—平衡阶段；y_0 为特征量开始调整时的初始值

图 1.3.1 中河流系统的反馈时间（即反应时间与调整时间之和）直观地反映了河流系统的滞后响应特征，即河流受到外界扰动的影响后，不能立即达到与扰动后的水沙条件相适应的平衡态，而是需要一定的时间，通过大量泥沙颗粒的运动，最终达到与扰动后水沙条件相适应的新的平衡态。在某些情况下河流的反应时间较短，则反应阶段可以忽略（吴保生，2008a）。

在河流受到扰动，尤其是短时段的剧烈扰动后（如大坝修建、火山爆发、泥石流等），其平衡态发生变化，调整速率往往表现出先快后慢的变化特点，即当河流距平衡态较远时，调整速率较快，当河道逐渐接近平衡态时，调整速率较慢。Graf（1977）首次将变率原理引入河流地貌学中，采用简化的指数衰减方程描述了沟道发育和发展先快后慢的变化过程；Leon 等（2009）对新墨西哥州里奥格兰德河中游河段河床演变的研究发现，河道比降的变化也符合先快后慢的指数衰减方程；Surian 和 Rinaldi（2003）对意大利河流的调整特点进行了综述和总结，认为河流受扰动后的调整过程可用变率原理或指数衰减方程描述；Hooke（1995）研究了英格兰西北部河流对裁弯的响应调整特点，发现河流形态及河流水生生物的调整速率均随着时间延长呈指数衰减规律；Simon 和 Robbins（1987）采用指数衰减方程计算了美国田纳西州西部一河道比降在河道整治后的调整过程；Simon 和 Thorne（1996）、Simon 和 Rinaldi（2006）应用指数衰减方程较好地计算了华盛顿州图特尔河北汊受 1980 年圣海伦斯火山爆发影响的调整过程；Williams 和 Wolman（1984）研究发现，坝下游河道的宽度与水深随时间的变化也可以用变率原理或指数衰减方程较好地描述；Richard（2001）也应用指数衰减模式成功地预测了大坝下游河道宽度的变化；Petts 和 Gurnell（2005）分析了多个水库下游 50 多年的河床演变资料，认为变率原理基本能够描述水库下游河床形态的变化。

Petts 和 Gurnell（2005）通过对多个水库下游河道的演变过程进行综合研究，提出了如图 1.3.2 所示的水库下游河道对水沙条件改变的响应模式。如图 1.3.2 所示，河道由建库前天然情况下的均衡状态（N），经过反馈阶段的大幅调整（RI），最终达到一个新的均衡状态（A），其中，反馈阶段又包括了反应阶段（Ra）和调整阶段（Ad）。如进一步细分，反馈阶段又包含了 4 个阶段，在开始的反应或适应阶段（S）河床尚未发生形态变化，水流不得不适应或受制于原有的河道形态，经过先快后慢的河道调整阶段（C1～C3），河道形态最终达到与改变后的水沙条件相适应的平衡或均衡状态。

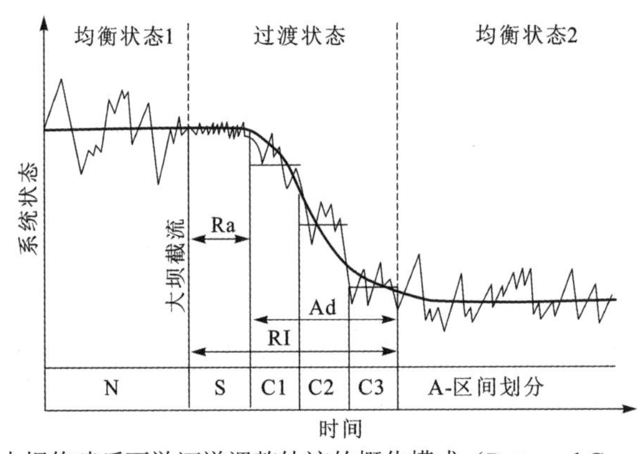

图 1.3.2　大坝修建后下游河道调整轨迹的概化模式（Petts and Gurnell，2005）

图 1.3.2 所示水库下游河道先快后慢的非线性调整过程在美国科罗拉多河和密苏里河多个大坝下游河道中得到了证实。图 1.3.3 显示了大坝下游河床冲刷深度与河宽随时间的变化过程，由图 1.3.3 可知，大坝下游河床下切及河道展宽的速率呈现先快后慢的指数衰减特点，河床高程和河宽从建坝开始到达到新的平衡的时间约为 20 年（吴保生，2008b）。

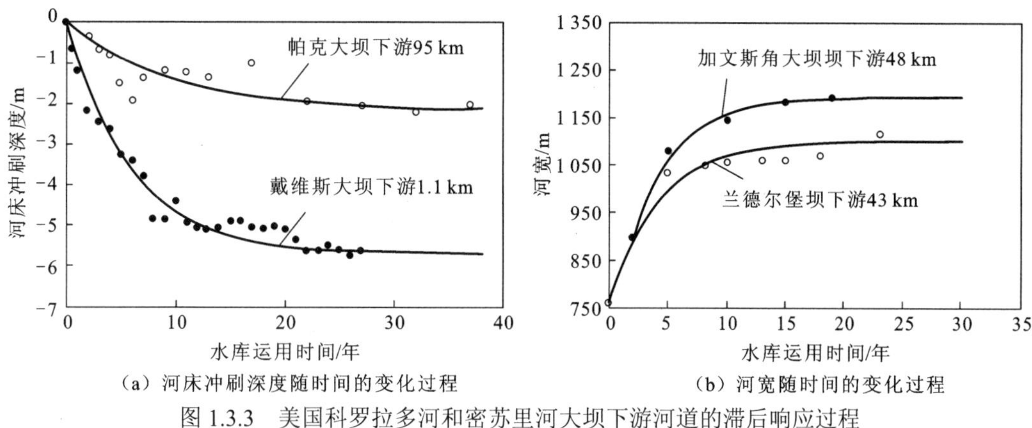

（a）河床冲刷深度随时间的变化过程　　（b）河宽随时间的变化过程

图 1.3.3　美国科罗拉多河和密苏里河大坝下游河道的滞后响应过程

图 1.3.1～图 1.3.3 均显示了河流受到较短时段内单一扰动后的响应过程。当扰动持续发生或来水来沙条件等不断变化时，河流调整驱动的平衡态目标也在不断变化，河流可能来不及调整至某一平衡态，又会向着改变后的水沙条件相应的新的平衡态发展。为简化问题以提取抽象模式，可以把扰动概化为阶梯状变化，每一时段均是一个趋近于扰动后水沙条件所要求的平衡态的演变过程，河道调整速率均呈现先快后慢的特点，当某一阶段内扰动发生的时间间隔短于河流调整至平衡态所需的时间时，河流尚未达到平衡又开始新一阶段的调整。

图 1.3.4 展示了水沙条件不断变化情况下平滩流量的响应过程（李凌云，2010；吴保生，2008a），其中图 1.3.4（a）为平滩流量在给定时段Δt 内不能调整至新的平衡态的情况，而图 1.3.4（b）为平滩流量在给定时段Δt 内能够调整至新的平衡态的情况。图 1.3.4（a）中，水沙条件(S_1, Q_1)经过时间 Δt_1 后变为(S_2, Q_2)，对应的平滩流量由 Q_{b0} 调整至 Q_{b1}，但尚未达到(S_1, Q_1)所对应的平衡值 Q_{e1}。因此，当水沙条件变为(S_2, Q_2)后，实际的平滩流量将以 Q_{b1} 为初始值向 Q_{e2} 调整，并经过时间 Δt_2 后达到 Q_{b2}，同样未能达到(S_2, Q_2)所对应的平衡值 Q_{e2}，其余时段可以以此类推。由此可见，当平滩流量调整至平衡值所需的时间大于水沙条件维持不变的时段长度时，当前平滩流量的调整将受到前期水沙条件的累积影响。实际河流的水沙条件往往变化频繁，导致当前的河流形态往往来不及调整至变化后水沙条件所要求的平衡态，水沙条件就又开始新的变化，与图 1.3.4（a）中变化相似。

图 1.3.4（b）显示，如果平滩流量调整至平衡值所需的时间小于水沙条件维持不变的时段长度，则每个时段末，即每次水沙条件变化之前，平滩流量都能够调整至平衡态，每个时段末的 Q_b 的大小均等于相应的 Q_e 的值。在这种情况下，可以认为每个时段末平滩流量 Q_b 的大小只取决于该时段的水沙条件，而实质上，其调整过程仍然与上一时段的水沙条件有关，因为正是上一时段的水沙条件决定了本时段平滩流量初始值的大小。若将平滩流量换为其他河床演变特征量，上述演变规律仍然适用。

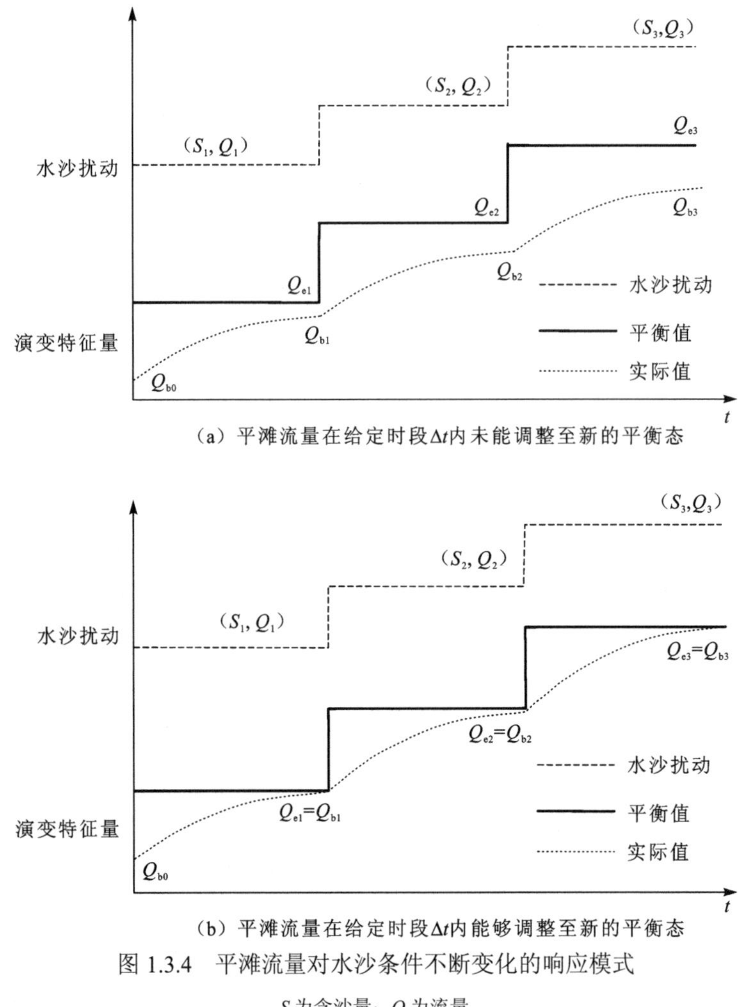

(a) 平滩流量在给定时段Δt内未能调整至新的平衡态

(b) 平滩流量在给定时段Δt内能够调整至新的平衡态

图 1.3.4 平滩流量对水沙条件不断变化的响应模式

S为含沙量；Q为流量

1.3.2 河床演变的滞后响应与累积影响

任何一个时段的河床演变，都是在给定初始河床边界条件下进行的，正如采用数学模型计算河床冲淤时需要给定初始河床边界条件一样，在相同的水沙条件下，不同的初始条件和边界条件会有不同的模拟结果。考虑到初始条件和边界条件本身是前期水沙条件作用的结果，实际上它们体现了前期水沙条件对当前时段河床演变的影响。因此，当前时段的河床演变不仅受当前水沙条件的影响，而且以边界条件的方式受前期若干时段内水沙条件的影响，将此现象称为前期影响或累积影响，也称为河流的“记忆”功能。

河流受水沙条件等累积影响的特点在对比分析河流特征量（如平滩流量）与当年及若干年滑动平均水沙量的相关关系时表现明显（吴保生和邓玥，2007），如图 1.3.5 和图 1.3.6 所示，黄河下游花园口站的平滩流量与当年汛期平均流量和当年汛期平均汛期来沙系数的相关关系较差，而与 4 年滑动平均汛期流量和 4 年滑动平均汛期来沙系数的相关关系则明显较好，平滩流量增大与减小的交替变化过程随多年滑动平均汛期的水沙参数的变化而变化，体现了在水沙条件连续变化的扰动情况下，平滩流量的调整仍遵循滞后响应的规律。平滩流量与当前水沙条件的直接关系中没有考虑河床的滞后响应和水沙条件的累积影响，因而无法全面揭示河床演变的特点。

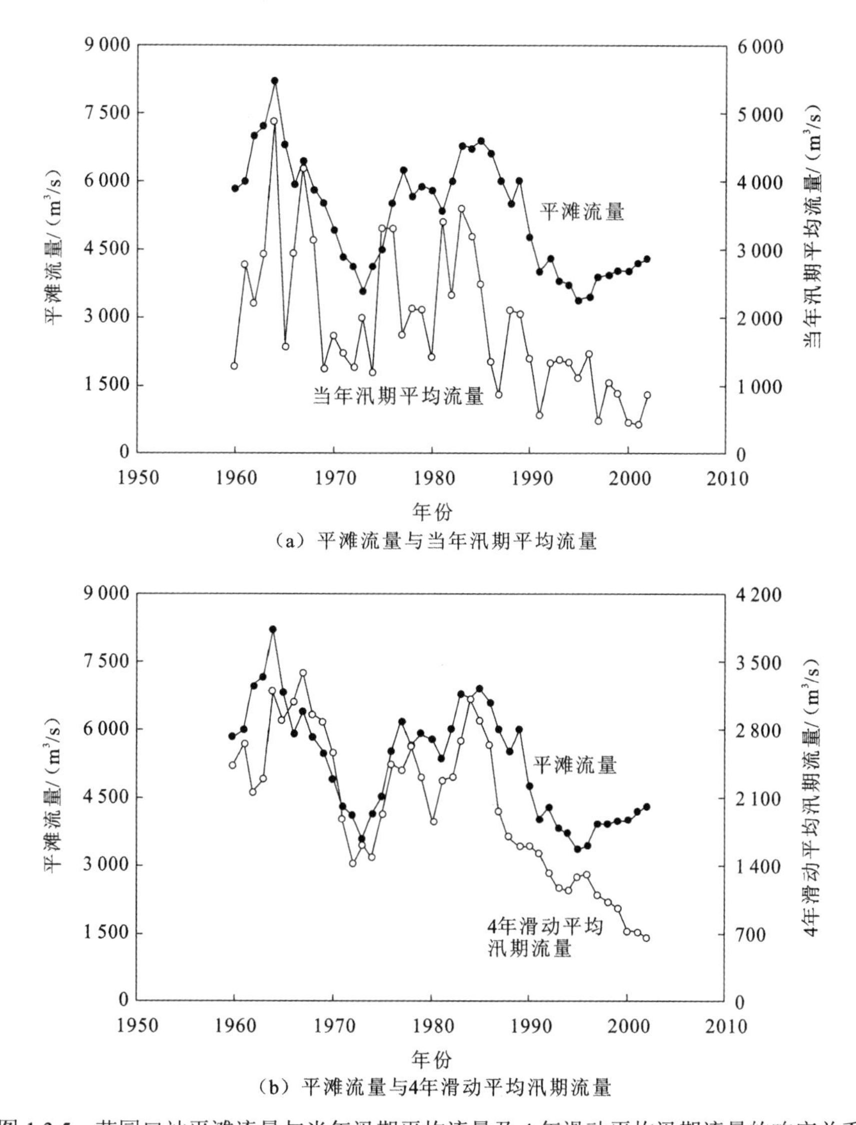

图 1.3.5 花园口站平滩流量与当年汛期平均流量及 4 年滑动平均汛期流量的响应关系

滞后响应和累积影响（前期影响、“记忆”功能）是同一河床演变现象的两种描述，两者既有区别又有联系。滞后响应指的是当前时段的河床对水沙条件变化的反应速度和响应模式，而累积影响指的是前期（过去）时段的水沙条件通过初始河床边界对当前时段河床调整的影响。从时间上讲，滞后响应和累积影响关注的重点是处于非平衡态的河床随时间的变化过程，平衡态或稳定状态只是其演变过程的一个阶段目标或短暂状

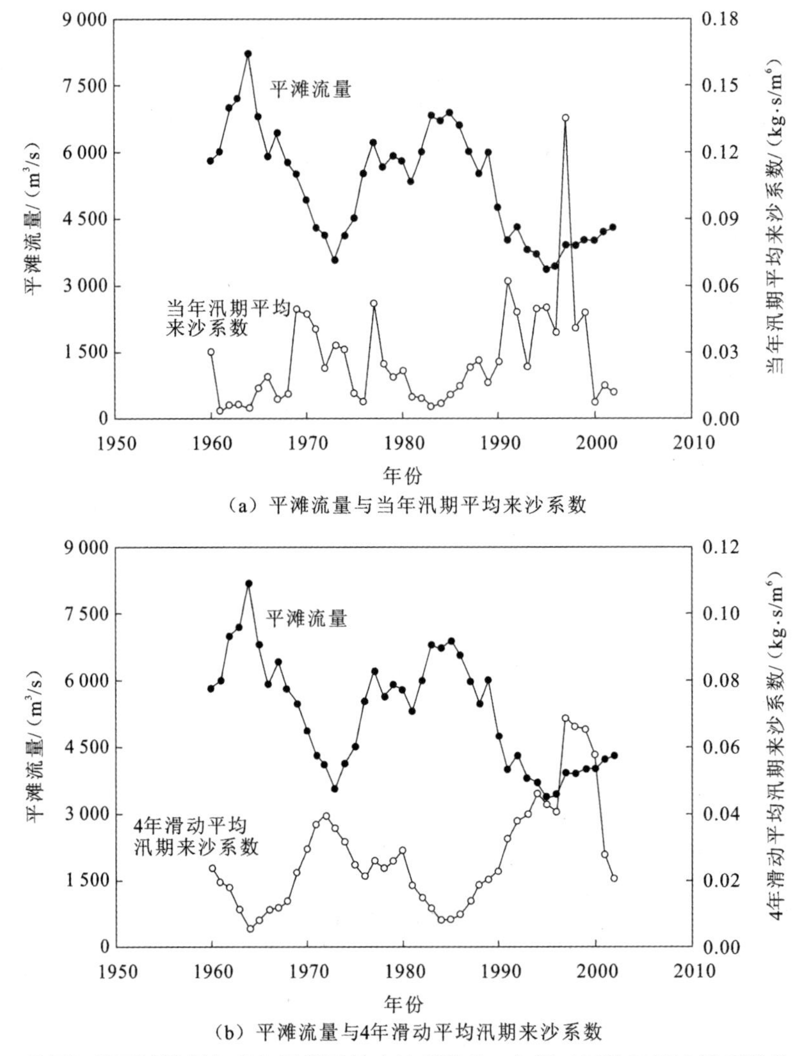

（a）平滩流量与当年汛期平均来沙系数

（b）平滩流量与4年滑动平均汛期来沙系数

图 1.3.6　花园口站平滩流量与当年汛期平均来沙系数及 4 年滑动平均汛期来沙系数的响应关系

态；从空间上讲，滞后响应和累积影响关注的重点是宏观的河道形态特征，有别于单个泥沙颗粒的微观运动。滞后响应和累积影响是一个问题的两个侧面，在任何河段和时段的河床演变中都是同时存在的，在河床演变的研究中必须同时给予充分考虑。

图 1.3.7 描述了这两个概念之间的关系。以平滩流量为例，当在时刻 A 考察过去时段的水沙条件对当前时刻平滩流量的影响时，人们看到的就是累积影响；而当在时刻 A 考察当前时刻的平滩流量逐渐向平衡态的趋近过程及其可能对未来产生的影响时，人们看到的就是滞后响应。因此，累积影响和滞后响应是两个不同的概念，它们分别在不同的时间角度，描述同一个物理过程，这两个概念产生的前提是平滩流量的调整需要一定的时间过程。前期水沙条件影响的时间和平滩流量的响应调整时间则分别与累积影响和滞后响应两个概念相对应，它们在不同的时间角度描述同一物理现象和过程，因此，在数值上两者相等。

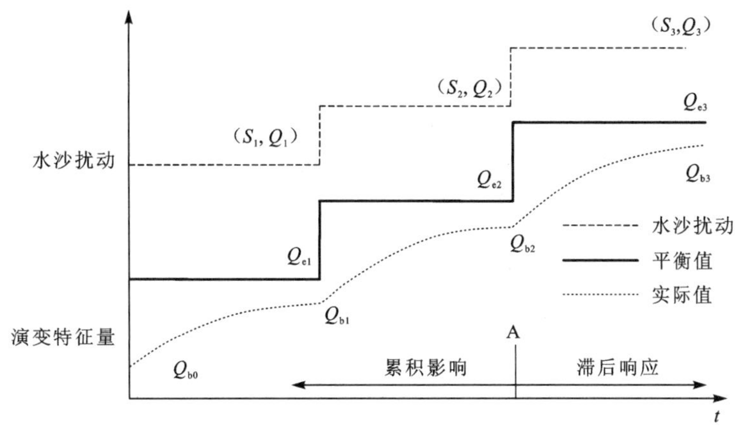

图 1.3.7 累积影响与滞后响应的关系

1.4 河床演变的时间滞后与空间联动现象

冲积河流的河床演变不仅具有 1.3 节所描述的滞后响应特征，而且上、下游河道演变之间存在相互影响即空间联动，同时表现出时间滞后与空间联动特征。时间滞后与空间联动现象在冲刷型河道与淤积型河道均有所体现。例如，研究（Zheng et al.，2017；Simon and Hupp，1987；Schumm，1977）发现，冲刷型河道的某些演变阶段或特征随着时间向上游或下游“迁移”，使得某河段在一定时段后发生与相邻河段在前一时段内出现的类似演变现象。例如，三峡大坝建坝后下游河道的演变出现了冲刷强度不断下移、部分心滩和边滩上冲下淤并整体向下游发展的变化特点（潘庆燊和胡向阳，2015；张明进，2014；江凌 等，2010；邓金运，2007）；18～19 世纪美国加利福尼亚州淘金热（Gold Rush）导致大量废弃泥沙堆积于河道中，形成了大规模的泥沙淤积体，这些泥沙趋向于以波的形式在空间上扩散和输移，下游河道表现出与上游河道相似但滞后的演变特征（James，1989）。下面分别介绍溯源冲淤与沿程冲淤主导下河道演变的时间滞后与空间联动实例，阐述河道演变时间滞后与空间联动的特点。

1.4.1 溯源冲淤主导下河床演变的时间滞后与空间联动

黄河三门峡水库运用后库区（大坝—潼关河段）迅速淤积，同时使上游渭河下游和黄河小北干流（潼关—龙门河段）发生严重的回水淤积。为减轻库区及回水区淤积并降低潼关高程，三门峡水库先后采用了不同的运用方式，包括 1960～1961 年的蓄水拦沙、1962～1973 年的滞洪排沙、1974 年至今的蓄清排浑运用，2003 年后在蓄清排浑的基础上进一步开展了“318 控制运用”，控制非汛期库水位不超过 318 m。

对比三门峡水库水位、潼关以下库区累计淤积量、潼关高程及黄河小北干流和渭河下游累计淤积量随时间的变化过程（图 1.4.1），可以看出：1960～1961 年蓄水拦沙期

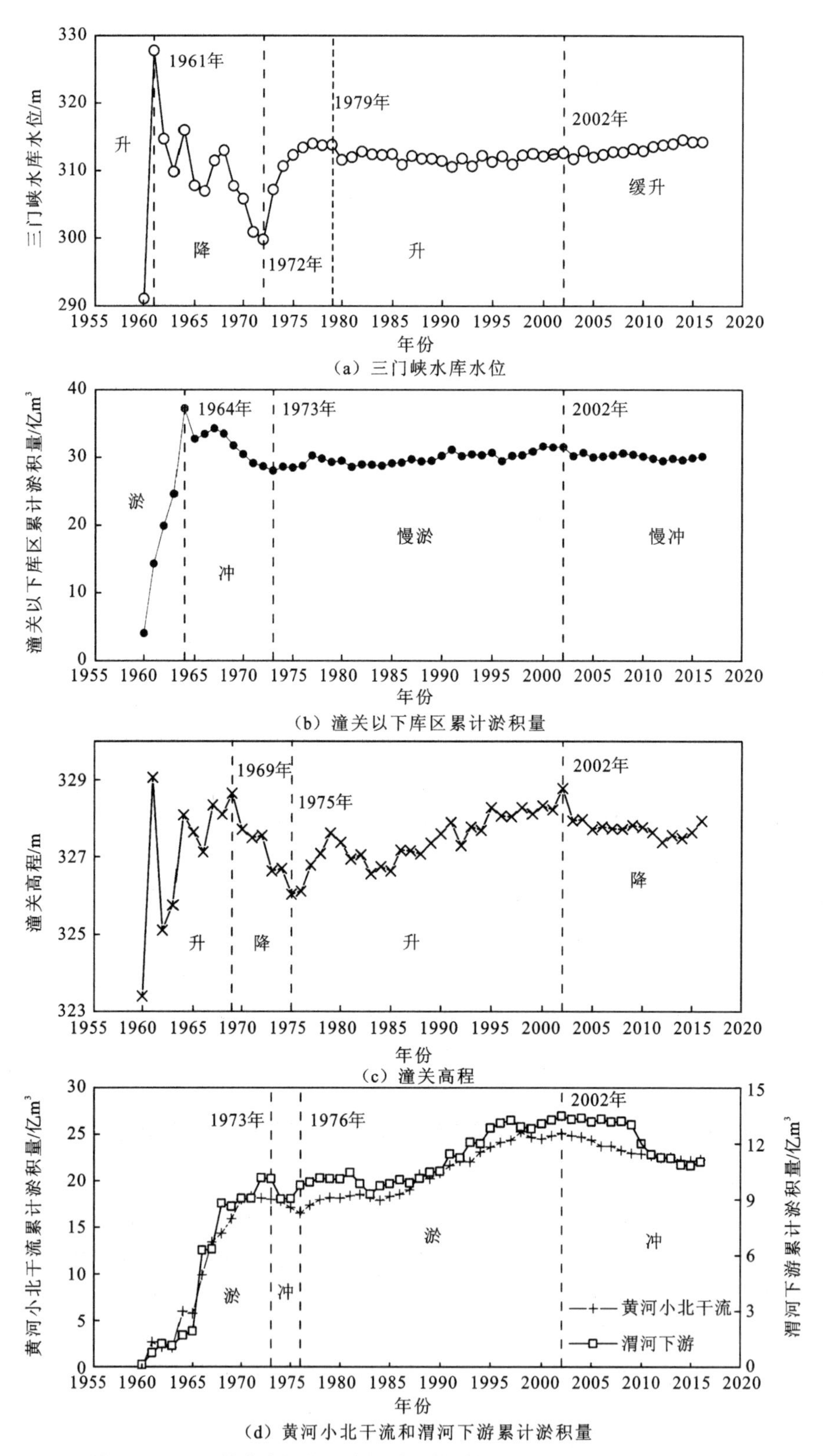

图 1.4.1　三门峡水库运行下溯源冲淤的时间滞后与空间联动演变

间，库水位大幅抬升，之后库区快速淤积（1960～1964 年），潼关高程抬升（1960～1969 年），黄河小北干流和渭河下游大幅淤积（1960～1973 年），越往上游淤积持续的时间越长，其中库水位于 1961 年达到最大值，库区累计淤积量于 1964 年达到最大值，而回水区黄河小北干流和渭河下游累计淤积量在 1973 年左右达到最大值，比库区累计淤积量达到最大值的时间滞后约 9 年，比库水位达到最高值晚了约 12 年，说明空间溯源淤积的影响传播时间较长，在库水位开始下降后，上游河道还在受到前期库水位上升产生的溯源淤积的影响。

1961～1972 年三门峡水库水位不断下降，累计下降约 28 m，引起了上游河道的溯源冲刷，潼关以下库区在 1964～1973 年累计冲刷约 9 亿 m^3，潼关高程在 1969～1975 年持续下降，累计下降约 2.6 m，黄河小北干流和渭河下游在 1973～1976 年发生少量冲刷，冲刷量为 1 亿～1.5 亿 m^3。由此可见，溯源冲刷向上游传播过程中的冲刷幅度减小，且影响时间较短。例如，库区冲刷持续约 9 年，而黄河小北干流和渭河下游的冲刷持续仅 3 年，且冲刷幅度较小。1974 年蓄清排浑运用后库区及回水区冲淤及潼关高程升降与库水位基本一致。因此，溯源冲刷与溯源淤积的时空滞后响应特征具有一定的差异。

王兆印等（2004）进一步将 1960～2001 年潼关高程的升降变化划分为 6 个阶段（图 1.4.2），分析了不同阶段内以潼关高程为侵蚀基准面的渭河下游河道呈现的典型溯源冲淤波（图 1.4.3）。1960～1969 年潼关高程抬升使渭河发生溯源淤积，淤积发展到华县附近，形成典型的溯源淤积波；1970～1973 年这一溯源淤积波上移至华县以上，其峰值有所衰减[图 1.4.3（b）]，对比图 1.4.2 发现，这个淤积高峰对应于潼关高程的第一个抬升期，用“I”表示。图 1.4.3（b）显示渭河河口出现溯源冲刷波，对应于图 1.4.2 中潼关高程的第一个下降期，用“1”表示。1974～1980 年，对应于潼关高程第一个抬升期的淤积高峰 I 上延至咸阳附近，已衰减至接近于零[图 1.4.3（c）]，此时溯源冲刷波 1 发展到华县以上，同时，河口附近出现了对应于潼关高程第二个抬升期的淤积高峰 II（图 1.4.2 中阶段 3）。到 1981～1990 年，淤积高峰 I 已经消失，溯源冲刷波 1 上延至华县和临潼之间，对应于潼关高程第二个抬升期的淤积高峰 II 也上延至华县附近并且强度显著减弱[图 1.4.3（d）]。1991～1995 年出现了淤积高峰 III[图 1.4.3（e）]，这对应于图 1.4.2 中潼关高程 1985～1995 年的第三个抬升期（阶段 5）。到 1996～2001 年，局部河段有冲有淤，但是淤积和冲刷都不显著，可以认为这一时期渭河冲淤趋向于一种准平衡状态[图 1.4.3（f）]，该时段内潼关高程变化不大（图 1.4.2 阶段 6）。综上，潼关高程的升降引起了河床的溯源淤积与溯源冲刷，溯源冲淤波向上游传播，其平均传播速度约为 10 km/a，传播过程中冲淤幅度逐步减弱，体现了河床演变的空间联动特点。需要说明的是，由于河床演变的滞后响应特征、水沙条件的不断变化及典型洪水和特殊年份来沙引起的沿程冲淤，这些因素对冲淤的影响叠加在由潼关高程变化引起的溯源冲淤波上，使得潼关高程升降所引起的溯源冲淤波非常复杂，图 1.4.2 中所示潼关高程的 6 个升降阶段与图 1.4.3 中时段也不完全相同。

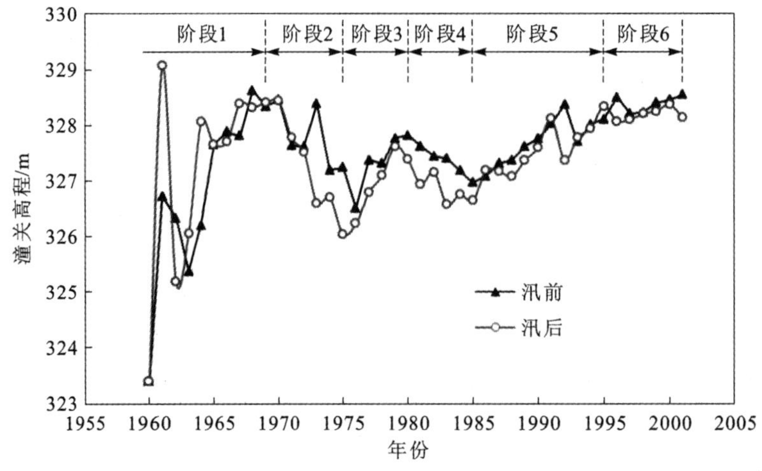

图 1.4.2　潼关高程升降变化的 6 个阶段

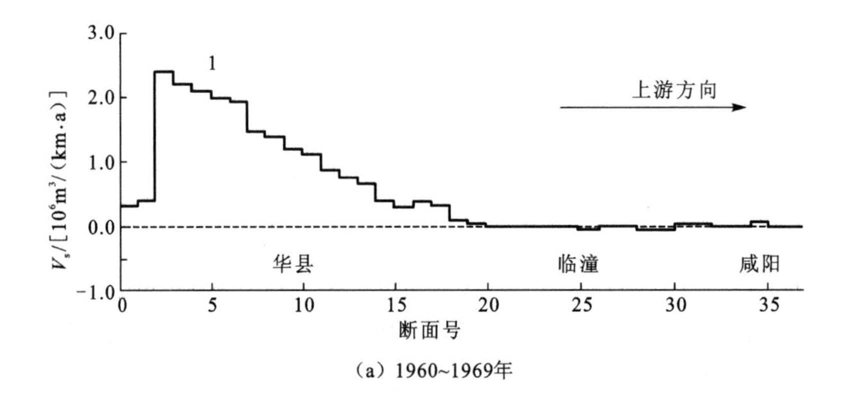

(a) 1960~1969年

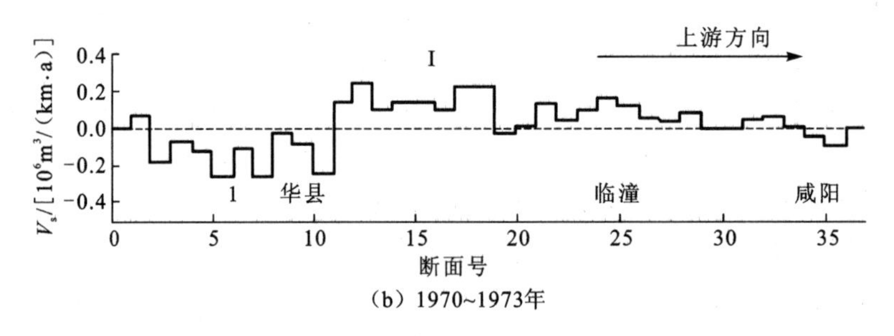

(b) 1970~1973年

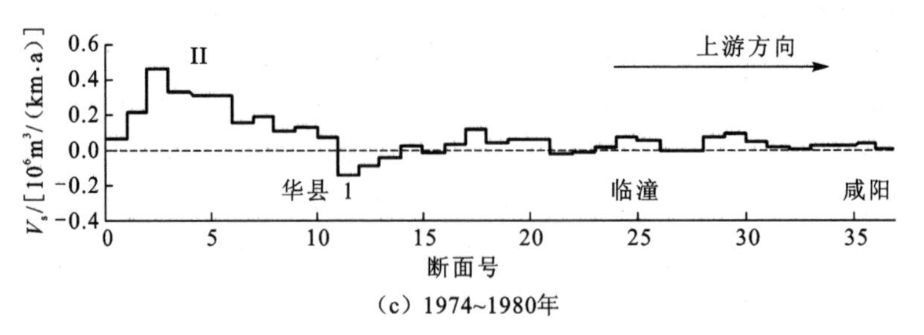

(c) 1974~1980年

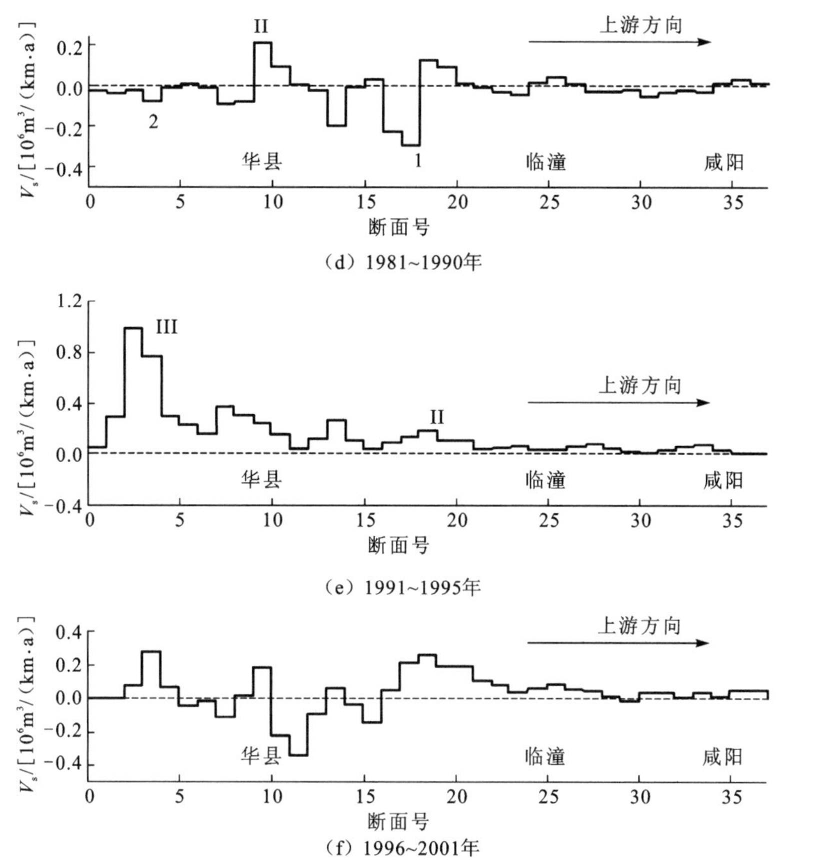

图 1.4.3 1960～2001 年渭河下游单位河长年均冲淤率 V_s 的沿程变化（王兆印 等，2004）

I、II、III 为溯源淤积波，分别对应图 1.4.2 中阶段 1、3 和 5 潼关高程上升期；

1 和 2 为溯源冲刷波，分别对应图 1.4.2 中阶段 2 和 4 潼关高程下降期

1.4.2 沿程冲淤主导下河床演变的时间滞后与空间联动

图 1.4.4 展示了 1999 年小浪底水库运用以来黄河下游各河段单位河长单位河宽的累计冲淤量，可以看到，坝下河道冲刷的起始时间由上游向下游逐渐延后，出现明显的时空滞后现象。具体地，夹河滩—高村河段在小浪底水库运用 1 年后开始冲刷，而高村以下河段在小浪底水库运用约 2 年后开始冲刷，冲刷开始的迟滞时间为 1～2 年（何娟，2023）。黄河下游各站平滩流量和 3 000 m^3/s 同流量水位的变化也表明下游河道相对于上游近坝段河道发生冲刷的时间明显滞后，滞后时间为 1～4 年（图 1.4.5 和图 1.4.6）。虽然不同特征量（冲淤量、平滩流量、水位）的迟滞时间稍有不同（1～4 年），但下游河道晚于上游河道发生冲刷的迟滞现象十分明显，与沿程冲刷波的时空发展相关，是河床演变时间滞后与空间联动的重要表现。

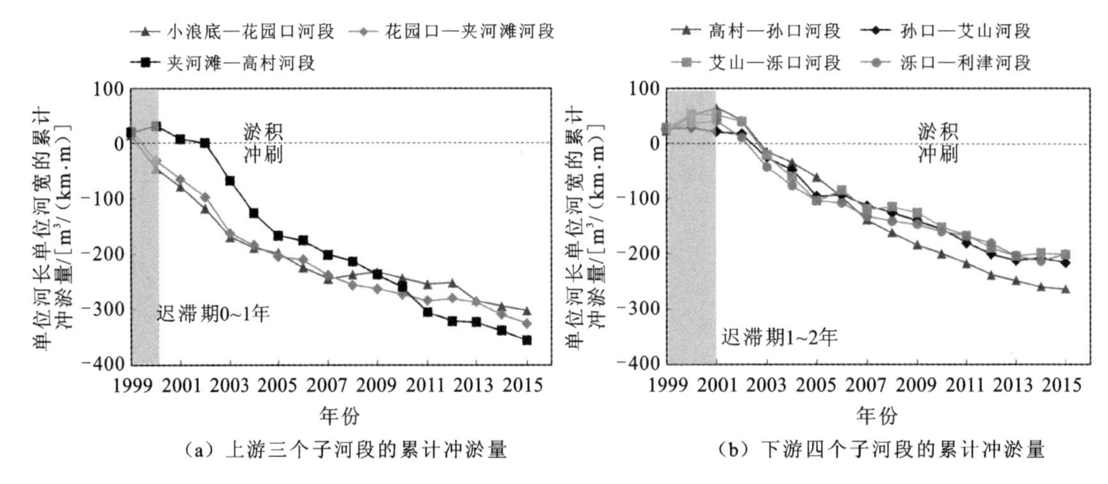

（a）上游三个子河段的累计冲淤量　（b）下游四个子河段的累计冲淤量

图 1.4.4　小浪底水库运用以来黄河下游各河段冲刷起始时间的沿程迟滞现象

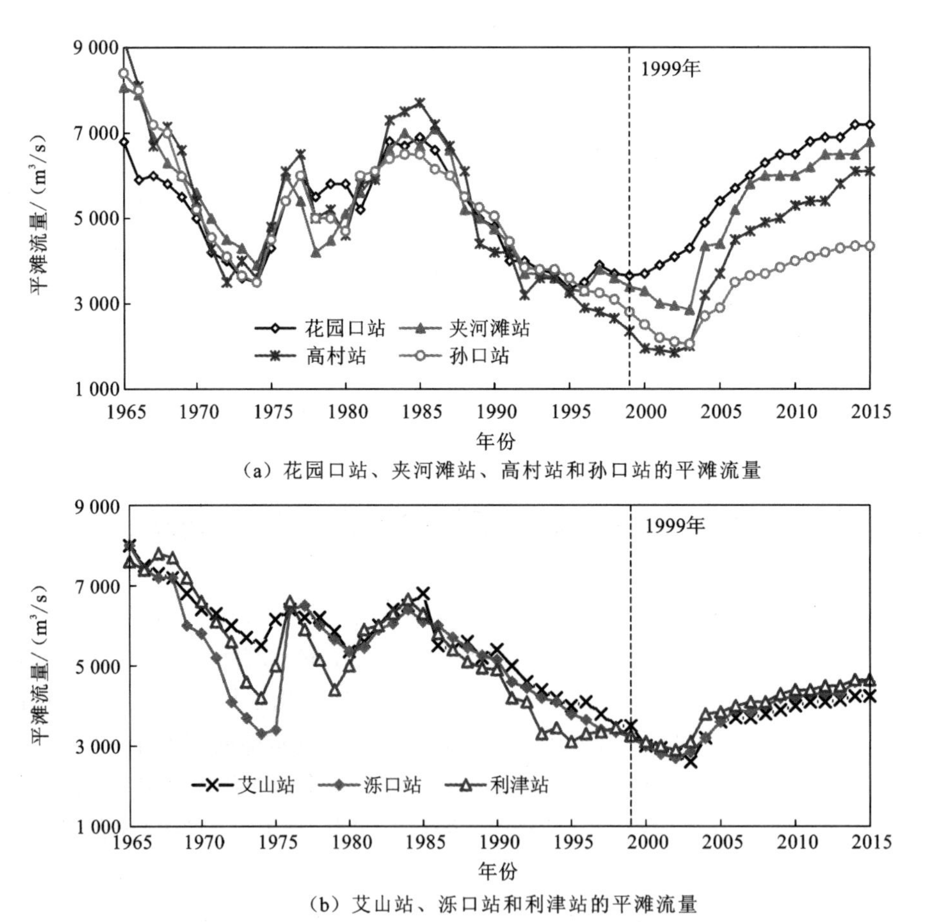

（a）花园口站、夹河滩站、高村站和孙口站的平滩流量

（b）艾山站、泺口站和利津站的平滩流量

图 1.4.5　黄河下游各站平滩流量的历年变化（王彦君，2019）

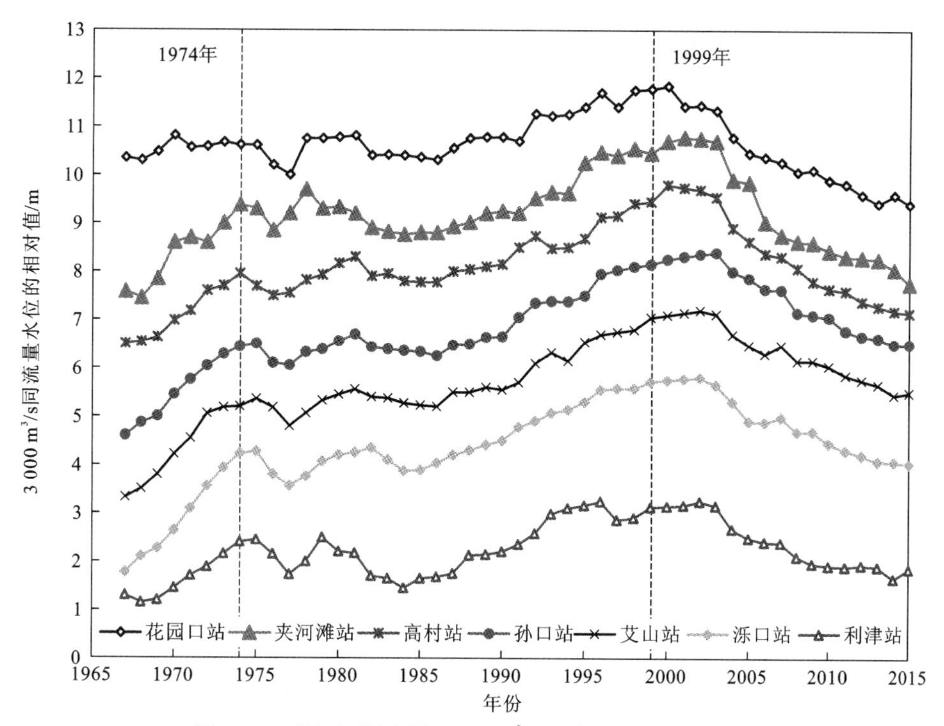

图 1.4.6 黄河下游各站 3 000 m^3/s 同流量水位的相对值

同流量水位相对值为各站同流量水位分别减去某个固定值，见王彦君（2019）

1.5 本书的主要内容

河床演变的时间滞后与空间联动是非平衡态河床演变的重要特征，关于这一特征的研究适宜在河段尺度或河道尺度，因此，需要说明的是，本书重点关注几十至几百千米长河道在几十至上百年时间尺度内的演变过程，在这一时空尺度内河道演变的实测资料较丰富，同时与工程应用和流域规划紧密相关。

河床演变的时间滞后特征反映了河道当前的形貌特征量不仅与当前的水沙及边界条件有关，还受到前期一定时段内扰动因素的影响。河床演变的空间联动特征说明上、下游河段的宏观演变规律呈现复杂的时空相似与关联特性。对河床演变的时间滞后与空间联动开展研究，可以深化对非平衡态河床演变及河流自动调整作用规律的认识，丰富和发展河床演变学的基本理论，同时研究成果可以用来评估河流演变对各种自然因素（地震、火山爆发、山火、滑坡、泥石流等）和人类活动（大型水利工程建设、裁弯等）的响应时间、反馈速率和时空传播特征，可以为水利工程运用、河流修复及河道管理等工程实践提供科学支撑。

本书系统地介绍河床演变时间滞后与空间联动的理论、方法及应用，原创性地提出研究河床演变时间滞后与空间联动的三种定性和定量方法，这些方法具有不同的特点和适用情况，将建立的方法应用于国内外受大型水库运用、火山爆发等因素影响的山区和平原河道，揭示出强非平衡态河床演变的时间滞后与空间联动规律。

本书的安排如下：第 1 章主要介绍河床演变时间滞后与空间联动的概念及相关现象；第 2 章介绍河床演变时间滞后与空间联动的理论基础与数学表达；第 3 章介绍研究河床演变时间滞后与空间联动的原创方法，包括河床演变阶段模型（半定量方法）、滞后响应模型（定量方法）和识别冲淤重心的聚类机器学习方法；第 4～8 章应用提出的方法研究不同自然与人为扰动影响下的强非平衡态河床的时空演变规律，研究区域包括位于大坝下游的宜昌—城陵矶河段（第 4 章）和黄河下游河道（第 7 章）、位于大坝上游的三门峡库区和小浪底库区（第 5、6 章）及受火山爆发影响的美国图特尔河北汊（第 8 章）。

第 2 章 河床演变时间滞后与空间联动的理论基础

本章介绍河床演变时间滞后与空间联动的理论基础。首先，介绍由物理和化学领域引入的变率原理，该原理是定量描述河床演变滞后响应的理论基础。然后，综述不同学者基于水沙运动方程、统计力学或不平衡输沙理论等得到的河床演变特征量随时空变化的显式公式，将其与变率原理进行对比，讨论变率原理描述河床演变滞后响应过程的适用性与局限性。最后，阐述地理学中时空互换或空间代替时间的概念与方法，为河床演变的时空关联提供理论基础。

2.1 河床演变滞后响应的理论基础：变率原理

变率原理起初用于表示物理或化学变化过程的快慢。例如，物理中的半衰期（放射性元素的原子核有半数发生衰变所需时间）可用变率原理进行描述；化学中常用变率原理表示化学混合物的反应速率与反应物浓度等的关系。Graf（1977）首次将变率原理引入河流地貌学中，采用具有指数衰减形式的变率方程描述沟道的发育过程。

吴保生（2008a，2008b）基于物理和化学领域中的变率原理，考虑河流系统远离平衡态时调整速率较快，接近平衡态时调整速率较慢，假设河床演变特征量的变化速率与特征量当前值和平衡值之间的差距成正比，提出了河床演变的变率方程（吴保生和郑珊，2015），其微分形式为

$$\frac{\mathrm{d}y}{\mathrm{d}t}=\beta(y_{\mathrm{e}}-y) \tag{2.1.1}$$

式中：y 为河床演变的特征量；y_{e} 为特征量的平衡值；t 为时间；β 为调整速率参数，表征特征量调整速率的大小，β 越大，特征量调整越快，反之，特征量调整越慢。式（2.1.1）可以看作变率原理的微分形式。

假设时间 t 内特征量的平衡值 y_{e} 和调整速率参数 β 不变，可以得到描述河床演变滞后响应过程的指数模式（吴保生和郑珊，2015；吴保生，2008a，2008b），这里称为变率原理微分方程的单步解析解：

$$y=(1-\mathrm{e}^{-\beta t})y_{\mathrm{e}}+\mathrm{e}^{-\beta t}y_{0} \tag{2.1.2}$$

式中：y_0 为特征量的初始值。式（2.1.2）表明河床演变特征量随时间呈指数型增大或减

小趋势，适用于图 1.3.1 所示单步扰动情况下河道响应过程（不考虑反应时间）的描述，已被证明能够较好地模拟多个河道演变特征量（如比降、河床高程、河宽和水深）随时间的单调增加或减小过程（Leon et al.，2009；Simon and Rinaldi，2006；Petts and Gurnell，2005；Richard，2001；Simon and Robbins，1987；Williams and Wolman，1984）。

变率原理[式（2.1.1）]是从物理和化学领域引入河床演变学与河流地貌学的，尽管其单步解析解[式（2.1.2）]已被证明能够描述不同河道多个特征量的单调变化过程，但变率原理在河床演变学中仍未被广泛接受，同时表征河道演变速率的参数 β 的影响因子也未可知，其理论基础仍需要进一步研究与探讨。下面通过对比变率原理的单步解析解[式（2.1.2）]与近年来不同学者从不同角度（如水沙运动方程、统计力学、不平衡输沙理论等）出发推导得到的显式公式，讨论变率原理的适用性与局限性，以及参数 β 的可能影响因子。

需要说明的是，既然已经存在基于牛顿力学体系得到的水沙运动与河床演变的微分方程组及其数值解法，似乎没有必要基于假设、简化得到河床演变的显式公式。然而，显式公式的意义在于：一方面，其具有对长时空尺度河道演变进行快速计算与预测的功能，这也是变率原理在河流地貌学中应用较广的重要原因；另一方面，它能够显式表达在不同的假设条件下河道演变符合的传播或变化趋势（如扩散、耗散等），为深入理解河床演变的时空发展规律提供参考。

2.2　河床演变特征量变化的显式方程

2.2.1　基于水沙运动方程推导的河床高程级数解

An 和 Fu（2021）、安晨歌（2018）利用水沙运动的连续性方程与运动方程推导得到了河床高程随时空变化的级数解，下面进行简要介绍。

基于泥沙质量守恒的埃克斯纳（Exner）方程给出了河床高程η的时空变化：

$$\frac{1}{I_{\mathrm{f}}}(1-\lambda_{\mathrm{p}})\frac{\partial \eta}{\partial t}=-\frac{\partial q_{\mathrm{s}}}{\partial x} \tag{2.2.1}$$

式中：η为河床高程；λ_{p}为床沙孔隙率；x为沿水流方向的空间坐标；q_{s}为单宽体积输沙率；I_{f}为洪水间歇因子（该参数表征了一年中能够对河流形貌起塑造作用的洪水时长占全年总时长的比例）。

在求解式(2.2.1)时，需给定量纲为一的单宽体积输沙率 q_{s}，从而使方程得以封闭。常见的输沙率公式通常可以表达为剩余剪切力的函数（Parker，2004；钱宁和万兆惠，1983）：

$$q_{\mathrm{s}}=\sqrt{RgD}Dp(\tau^{*}-\tau_{\mathrm{c}}^{*})^{m} \tag{2.2.2}$$

其中，

$$\tau^* = \frac{\tau_b}{\rho g R D} \tag{2.2.3}$$

$$\tau_b = \rho C_f U^2 \tag{2.2.4}$$

式中：τ^*为希尔兹（Shields）数（量纲为一的剪切力）；τ_c^*为泥沙临界起动的希尔兹数（通常取 0.03～0.06）；τ_b为床面剪切力；D 为泥沙颗粒粒径；C_f 为量纲为一的阻力系数；U 为断面平均流速；$R = (\rho_s - \rho)/\rho$为泥沙水下相对密度，ρ_s为泥沙密度，ρ为水的密度；p 和 m 为待定系数，m 的取值通常在 1.5 左右（Parker，2004；钱宁和万兆惠，1983）；g 为重力加速度。

为使埃克斯纳方程可以解析求解，An 和 Fu（2021）引入以下三点假设：①假设河流输沙强度较高，此时 τ^*远大于τ_c^*，从而τ_c^*可以忽略不计；②选取输沙率公式中的指数 $m = 1.5$；③假设水流处于恒定均匀流状态且 C_f 为常数，此时水流重力沿流向的分量和床面剪切力相互平衡，从而有

$$\tau_b = \rho g J H \tag{2.2.5}$$

式中：$J = -\partial\eta/\partial x$ 为河床比降；H 为水深。在相应的假设条件下，联立式（2.2.2）～式（2.2.5），可以得到简化后的输沙率公式：

$$q_s = \alpha_s q_w J \tag{2.2.6}$$

$$\alpha_s = \frac{p\sqrt{C_f}}{R} \tag{2.2.7}$$

式中：q_w 为水流单宽流量；α_s为量纲为一的输沙率系数。将式（2.2.6）代入式（2.2.1）可以得到简化后的埃克斯纳方程：

$$\frac{\partial\eta}{\partial t} = \frac{I_f \alpha_s q_w}{1-\lambda_p}\frac{\partial^2\eta}{\partial x^2} \tag{2.2.8}$$

对式（2.2.8）进行解析求解还需给定相应的初边值条件，其中上游边界通常为给定单宽体积输沙率 $q_s = q_{sf}$，q_{sf}为单宽泥沙补给速率，根据式（2.2.6）可得

$$\frac{\partial\eta}{\partial x}\Big|_{x=0} = -J\Big|_{x=0} = -\frac{q_{sf}}{\alpha_s q_w} \tag{2.2.9}$$

下游边界条件通常为给定的侵蚀基准面，即

$$\eta\big|_{x=L} = 0 \tag{2.2.10}$$

式中：L 为河段长度。初始条件则根据具体问题可以有不同的形式：

$$\eta\big|_{t=0} = \eta_0(x) \tag{2.2.11}$$

式中：η_0为河床高程初始值。对于式（2.2.9）～式（2.2.11）给出的扩散方程的初边值问题，可采用分离变量法进行求解（Asmar，2006），在此给出 An 和 Fu（2021）、安晨歌（2018）、An 等（2017）推导得到的结果。将河床高程η的解析解表达为两部分之和：

$$\eta(x,t) = \eta_e(x) + \eta_d(x,t) \tag{2.2.12}$$

式中：η_e 为河床经过足够长时间的演变之后最终达到的平衡状态的河床高程；η_d 为当前河床高程η与河床高程平衡值η_e的差值。η_e 可以表示为

$$\eta_{\mathrm{e}}(x)=\frac{q_{\mathrm{sf}}}{\alpha_{\mathrm{s}}q_{\mathrm{w}}}(L-x) \tag{2.2.13}$$

η_{d}有如下级数解：

$$\eta_{\mathrm{d}}(x,t)=\sum_{n=1}^{\infty}a_n\cos\left[\left(n-\frac{1}{2}\right)\frac{\pi}{L}x\right]\mathrm{e}^{-\lambda_n t} \tag{2.2.14}$$

其中，指数λ_n的表达式为

$$\lambda_n=\left[\left(n-\frac{1}{2}\right)\frac{\pi}{L}\right]^2\frac{I_{\mathrm{f}}\alpha_{\mathrm{s}}q_{\mathrm{w}}}{1-\lambda_{\mathrm{p}}} \tag{2.2.15}$$

系数 a_n 与初始条件η_0的选取有关，其表达式为

$$a_n=\frac{2}{L}\int_0^L[\eta_0(x)-\eta_{\mathrm{e}}(x)]\cos\left[\left(n-\frac{1}{2}\right)\frac{\pi}{L}x\right]\mathrm{d}x \tag{2.2.16}$$

式（2.2.14）为河床高程变化的级数解，其每一项在空间上表现为 x 的余弦函数，在时间上表现为随 t 衰减的指数函数。特别地，λ_n 近似正比于 n^2，从而 $\mathrm{e}^{-\lambda_n t}$ 随着 n 的增加急速衰减，而 a_n 和 $\cos\left[\left(n-\frac{1}{2}\right)x\pi/L\right]$ 的量级则不随 n 的增加而发生明显变化。因此，可取 $n=1$ 时的一阶解作为近似解：

$$\eta(x,t)=\eta_{\mathrm{e}}(x)+a_1\cos\left(\frac{\pi}{2L}x\right)\mathrm{e}^{-\lambda_1 t} \tag{2.2.17}$$

$$a_1=\frac{2}{L}\int_0^L[\eta_0(x)-\eta_{\mathrm{e}}(x)]\cos\left(\frac{\pi}{2L}x\right)\mathrm{d}x \tag{2.2.18}$$

$$\lambda_1=\frac{\pi^2}{4L^2}\frac{I_{\mathrm{f}}\alpha_{\mathrm{s}}q_{\mathrm{w}}}{1-\lambda_{\mathrm{p}}} \tag{2.2.19}$$

安晨歌（2018）采用理想算例对埃克斯纳方程的一阶近似解和精确解进行了对比，其中埃克斯纳方程一阶近似解由式（2.2.17）给出，精确解通过对式（2.2.8）～式（2.2.11）进行数值求解得到。结果表明，一阶近似解在扰动发生初始阶段的较短时段内与精确解存在一定的误差，但整体而言一阶近似解与精确解非常接近，尤其是在较长的时间尺度上两者几乎完全重合。

2.2.2 其他河床演变显式公式的推导

申红彬和吴保生（2020）从不平衡输沙理论出发推导得到了与变率原理的单步解析解[式（2.1.2）]具有相同形式的输沙率时空变化公式，下面进行简要介绍。

一维恒定渐变流不平衡输沙方程为

$$\frac{\mathrm{d}S}{\mathrm{d}x}=-\frac{\omega}{q_{\mathrm{w}}}(s_{\mathrm{b}}-s_{\mathrm{b*}}) \tag{2.2.20}$$

式中：S 为过水断面水流平均含沙量；x 为沿水流方向的空间坐标；ω 为泥沙沉速；q_{w} 为水流单宽流量；s_{b} 为河底含沙量；$s_{\mathrm{b*}}$ 为河底水流挟沙能力。引入泥沙恢复饱和系

数，分别将河底含沙量 s_b 与河底水流挟沙能力 s_{b*} 转换为过水断面水流平均含沙量 S 及平均挟沙能力 S_*：

$$\frac{dS}{dx}=-\frac{\omega}{q_w}(\alpha S-\alpha_* S_*) \tag{2.2.21}$$

其中，泥沙恢复饱和系数 α 和 α_* 受到多种因素（如断面形态、流速分布等）的影响，并随含沙量所处状态（次饱和、饱和、超饱和）的不同而变化（赵明登和李义天，2002）。当河道输沙处于非平衡态但并未远离平衡态时，可近似认为 α 和 α_* 相等（韩其为，1979），进而将式（2.2.21）简化为

$$\frac{dS}{dx}=-\alpha_*\frac{\omega}{q_w}(S-S_*) \tag{2.2.22}$$

式（2.2.22）说明在河道接近平衡态时，含沙量在空间尺度上的变化符合变率原理。对式（2.2.22）进行空时变量变换，令 $dx=vdt$，$q_w=vH$（v 为均匀流平均流速，H 为平均水深），可得

$$\frac{dS}{dt}=\alpha_*\frac{\omega}{H}(S_*-S) \tag{2.2.23}$$

或

$$\frac{dS}{dt}=\beta_s(S_*-S) \tag{2.2.24}$$

式（2.2.23）、式（2.2.24）说明含沙量与挟沙能力的比值随时间的变化也符合变率原理，也就是说，申红彬和吴保生（2020）得到的含沙量随时间 t[式（2.2.24）]和空间 x[式（2.2.22）]均呈指数变化，但其随时空的调整速率参数不同，其中含沙量随时间变化的调整速率参数 β_s 的表达式为

$$\beta_s=\alpha_*\frac{\omega}{H}=\frac{\alpha_*}{T_d} \tag{2.2.25}$$

式中：$T_d=H/\omega$ 为泥沙沉降时间。

此外，景唤等（2020）将河流非平衡态演变过程看作持续发生的外部扰动引发的内部反馈随时间不断累积的过程，采用随机理论研究河床演变的累积作用，假定水沙条件变化等外部扰动发生的概率符合泊松（Poisson）分布，并且单个扰动引发的系统反馈强度随时间呈指数衰减，运用统计力学中的随机理论给出了冲积河流时空演进的数学描述和理论模型，将河流特征量表达成了随时间和空间衰减的变率原理形式，换句话说，变率原理的单步解析解也可以基于一定假设由随机理论推导得到。但需要注意推导过程中的假设，尤其是假设河流对单个扰动的反馈强度满足指数衰减规律，直接决定了推导得到的方程的形式。

需要注意的是，在推导河流累积特征量随空间变化的模型方程时，景唤等（2020）定义 $v=dx/dt$ 为扰动影响的空间传播速度，而申红彬和吴保生（2020）则认为 $v=dx/dt$ 为水流速度并将其应用于单宽流量的计算中（$q_w=vH$），尽管如此，景唤等（2020）得到的河流累积特征量与申红彬和吴保生（2020）得到的含沙量在空间上的变化方程具有相同的形式，两者的研究都认为河流响应在时间与空间上的变化过程均符合指数衰减规律，

其与 An 和 Fu（2021）、安晨歌（2018）、An 等（2017）将时间与空间耦合在一个方程中的结果有所不同[式（2.2.17）]。

2.3 滞后响应模型调整速率参数的影响因素

Wu 等（2012）和吴保生（2008a，2008b）采用变率原理解释河道滞后响应特征，并推导得到变率原理的单步解析解[式（2.1.2）]，2.2 节介绍的研究则从不同角度（水沙运动方程、随机理论等）在一定程度上证明了变率原理描述河道响应过程随时间变化的适用性，本节通过对比上述不同方法推导得到的方程，说明河道调整速率参数 β 可能的影响因素。需要说明的是，不同河床演变特征量的调整速率参数的影响因素不同。

通过对比变率原理与基于埃克斯纳方程推导得到的河床高程的一阶近似解[式（2.2.17）]，可以判断变率原理中河道调整速率参数 β 在计算河床高程时的主要影响因素。

假定初始时刻与平衡时河床高程在空间上线性变化：

$$\eta_0(x) = J_0(L - x) \tag{2.3.1}$$

$$\eta_e(x) = J_e(L - x) \tag{2.3.2}$$

式中：J_0 和 J_e 分别为河床比降的初始值和平衡值。将式（2.3.1）与式（2.3.2）代入式（2.2.18）并积分可得

$$a_1 = \frac{8L}{\pi^2}(J_0 - J_e) = \frac{8L}{\pi^2(L - x)}(\eta_0 - \eta_e) \tag{2.3.3}$$

将式（2.3.3）代入式（2.2.17）可得

$$\eta(x,t) = \eta_e + \frac{8L}{\pi^2(L - x)}\cos\left(\frac{\pi}{2L}x\right)e^{-\lambda_1 t}(\eta_0 - \eta_e) \tag{2.3.4}$$

令 $\alpha_x = \frac{8L}{\pi^2(L - x)}\cos\left(\frac{\pi}{2L}x\right)$，其为与空间距离 x 相关的量，式（2.3.4）变形为

$$\eta(x,t) = (1 - \alpha_x e^{-\lambda_1 t})\eta_e + \alpha_x e^{-\lambda_1 t}\eta_0 \tag{2.3.5}$$

式（2.3.5）即基于埃克斯纳方程推导得到的河床高程的一阶级数解。为方便对比，根据变率原理的单步解析解[式（2.1.2）]列出河床高程的计算公式：

$$\eta(t) = (1 - e^{-\beta_\eta t})\eta_e + e^{-\beta_\eta t}\eta_0 \tag{2.3.6}$$

式中：β_η 为变率原理在计算河床高程时的调整速率参数。对比式（2.3.5）和式（2.3.6）可知，式（2.3.5）综合了时间和空间二维尺度上河床高程的变化，空间位置变化的影响体现在参数 α_x 上，而式（2.3.6）仅适用于描述时间尺度上（一维）某固定河段河床演变特征量的变化。

在时间尺度上，式（2.3.5）与式（2.3.6）均说明河床高程随时间 t 呈指数衰减变化，调整速率参数可进行类比：

$$\beta_\eta \sim \lambda_1 = \frac{\pi^2}{4L^2}\frac{I_f \alpha_s q_w}{1-\lambda_p} \tag{2.3.7}$$

由式（2.3.7）可知，变率原理中的调整速率参数 β_η 与洪水间歇因子 I_f、输沙率系数 α_s、水流单宽流量 q_w 和床沙孔隙率 λ_p 成正比，与河段长度 L 的平方成反比。这是可以理解的：输沙率、水流单宽流量及床沙孔隙率越大，河床冲刷越剧烈，河道调整速率也越快，β_η 也就越大；洪水间歇因子越大，洪水冲刷河床的作用时间越长，河床调整速率和 β_η 也就越大；河段长度越长，河段平均调整速率越慢，β_η 也就越小。

将式（2.2.7）输沙率系数 α_s 的计算公式代入式（2.3.7），整理可得

$$\beta_\eta \sim \lambda_1 = \frac{p\pi^2 I_f}{4RL^2(1-\lambda_p)} C_f^{1/2} q_w = \mu C_f^{1/2} q_w \tag{2.3.8}$$

其中，$\mu = \dfrac{p\pi^2 I_f}{4RL^2(1-\lambda_p)}$，对于某固定河段，$\mu$ 可取常数。阻力系数 C_f 可采用曼宁–斯特里克勒（Manning-Strickler）公式计算：

$$C_f^{-1/2} = \alpha_r \left(\frac{H}{k_s}\right)^{1/6} \tag{2.3.9}$$

其中，α_r 取 8.1（Parker，1991），河床粗糙高度（无河床形态）k_s 取 n_d 倍 D_{s90}（90%床沙细于该粒径），n_d 一般取 1.5～3，H 为水深，可得

$$C_f^{1/2} = \frac{1}{\alpha_r}\left(\frac{n_d D_{s90}}{H}\right)^{1/6} \tag{2.3.10}$$

考虑到床沙粒径与泥沙沉速 ω 成正比，式（2.3.10）可以理解为

$$C_f^{1/2} \sim \left(\frac{D_{s90}}{H}\right)^{1/6} \sim \left(\frac{\omega}{H}\right)^a \sim \left(\frac{1}{T_d}\right)^a \tag{2.3.11}$$

式中：a 为指数；T_d 为泥沙沉降时间。

将式（2.3.11）代入式（2.3.8）可得

$$\beta_\eta \sim \mu \frac{q_w}{T_d^a} \tag{2.3.12}$$

式（2.3.12）表明 β_η 与水流单宽流量 q_w 成正比，与泥沙的沉降时间 T_d 成反比，泥沙粒径越小，水深越大，沉降时间越长，β_η 越小，反之亦然。对比式（2.3.12）与申红彬和吴保生（2020）得到的含沙量随时间变化的调整速率参数 β_s 的计算式[式（2.2.25）]可知，含沙量和河床高程随时间变化的调整速率参数均与泥沙沉降时间 T_d 成反比，即与泥沙粒径成正比，与水深成反比；含沙量的调整速率参数 β_s 还与含沙量的垂线分布有关（反映在泥沙恢复饱和系数 α_* 上），而河床高程的调整速率参数 β_η 与水流单宽流量 q_w 等因素有关。

2.4 变率原理的适用性与局限性

在时间尺度上，基于埃克斯纳方程推导得到的河床高程的一阶近似解[式（2.2.17）]与变率原理的单步解析解[式（2.1.2）]的形式相似，两者模拟的较长时段内均匀来沙河道的河床高程相近，为变率原理计算河床高程随时间的变化提供了理论基础（An and Fu，2021）。在假设河宽变化不大的情况下，变率原理也可用来计算河床冲淤量随时间的变化过程。

河床高程的一阶近似解[式（2.2.17）]是在一定的假设条件下推导得到的，其中采用了式（2.2.2）所示的输沙率公式并假设河流输沙强度较高（τ^*远大于τ_c^*，忽略τ_c^*），基于此假设的推导更适用于以冲刷为主的河道，然而，An 和 Fu（2021）采用式（2.2.17）计算了河床在淤积情况下的演变过程，证明了在淤积情况下式（2.2.17）的计算结果仍与变率原理的单步解析解[式（2.1.2）]一致，说明变率原理适用于河床的冲淤变化模拟。

An 和 Fu（2021）在推导过程中假设河道为均匀流与均匀来沙，在非均匀流与非均匀来沙情况下，变率原理在严格意义上并不适用，在此情况下也较难或无法推导得到河床演变的显式解或解析解。对于非均匀流，Dodd（1998）基于一维浅水圣维南（Saint-Venant）方程组：

$$\frac{1}{g}\frac{\partial U}{\partial t}+\frac{\partial}{\partial x}\left(\frac{U^2}{2g}+h+\eta\right)+\frac{\tau_b}{\rho g h}=0 \tag{2.4.1}$$

$$\frac{\partial h}{\partial t}+U\frac{\partial h}{\partial x}+h\frac{\partial U}{\partial x}=0 \tag{2.4.2}$$

以及埃克斯纳方程[式（2.2.1），忽略洪水间歇因子 I_f]和输沙率公式[式（2.2.2）]，得到了用弗劳德数 Fr 表示河床高程的微分方程：

$$\frac{\partial \eta}{\partial t}=\frac{\alpha_s q_w}{1-\lambda_p}\left\{\frac{\partial^2\eta}{\partial x^2}+\left[\frac{\partial}{\partial x}(1-Fr^2)\frac{\partial h}{\partial x}\right]+\cdots\right\} \tag{2.4.3}$$

式中：U 为断面平均流速；τ_b 为床面切应力。

对比式（2.4.3）与 An 和 Fu（2021）、安晨歌（2018）推导得到的耗散方程[式（2.2.8）]可知，在非均匀流情况下，河床高程的变化同时具有耗散和对流效应，分别对应式（2.4.3）中等号右边大括号内的第 1 项和第 2 项，对于流速和弗劳德数较大的山区卵石河道第 2 项较小，河床变化以耗散为主，而在弗劳德数较小或泥沙的物质组成较细的情况下，河床变化以对流为主（Lisle et al.，2001）。

当床沙质由非均匀沙组成，并且忽略粗沙的暴露效应与细沙的隐蔽效应即不同粒径泥沙间的相互作用时，基于均匀流假设并忽略活动层厚度随空间的变化和 I_f，可以得到河床高程的计算方程（An and Fu，2021；安晨歌，2018）：

$$(1-\lambda_p)\frac{\partial \eta}{\partial t}+\sum_{j=1}^{n}\left(q_{Uj}\frac{\partial F_j}{\partial x}\right)=\sum_{j=1}^{n}\left(F_j\frac{\partial q_{Uj}}{\partial J}\right)\frac{\partial^2\eta}{\partial x^2} \tag{2.4.4}$$

其中，q_{Uj} 为第 j 组泥沙量纲为一的单宽输沙率，在恒定均匀流假设条件下，q_{Uj} 为河床泥沙组成、水流流量和河道比降的函数，且 $q_{bj}=F_j q_{Uj}$，$q_s=\sum_{j=1}^{n} q_{bj}$，$F_j$ 为第 j 组泥沙占床面泥沙的比例，n 为泥沙粒径分组数。同时，不同粒径泥沙组成的时空变化也满足对流扩散方程（An and Fu，2021；安晨歌，2018），说明在非均匀沙情况下河床高程和床沙质粒径组成的变化同时具有扩散与对流的性质。换句话说，在均匀流条件下，均匀沙和非均匀沙河流形貌动力学方程显著不同，其中均匀沙条件下河床高程的方程可简化为扩散方程，而非均匀沙条件下河床高程和不同粒径泥沙组成的方程均为非线性对流扩散方程，随着非均匀沙分选性变差，不同粒径所对应的 q_{Uj} 相差变大，方程组的对流特性更加显著。式（2.4.5）中对流项和扩散项分别对应于短期时间尺度和中长期时间尺度上的床沙级配调整，在较短的时间尺度上，河床调整以床沙级配的调整为主导，调整过程较快且具有明显的对流分选特征。在中长期的时间尺度上，河床调整由床面高程和比降的调整主导，这一阶段的调整速度较慢，且比降的调整会引发床沙级配显著的二次调整。因此，床沙级配趋于平衡的调整过程表现出显著的多时间尺度特征，从而变率原理的指数型解析解[式（2.1.2）]不适用于床沙级配的调整（An and Fu，2021）。

综上所述，变率原理的解析解[式（2.1.2）]可以通过河床高程的耗散方程推导得到，其适用于均匀流与均匀沙河道河床高程的趋衡调整过程，但在非均匀流和非均匀沙情况下河床高程的变化及非均匀沙的级配调整均为对流扩散方程，变率原理并不适用（An and Fu，2021）。

2.5　河床演变时空联系的理论基础：空间代替时间

作为地貌系统的组成部分，河流不仅在时间上具有历史的记忆性和继承性，在空间上也具有不同的延展性和衰变性，地理学第一定律指出任何事物都与其他事物相互联系，但邻近事物较远事物联系更为紧密（Tobler，2004，1970），这为河道演变的空间联动性研究提供了直接的支撑。

地貌学研究认为时间和空间的演替过程可相互替换，称为空间代替时间（location-for-time substitution），也称为遍历性推理（ergodic reasoning）、时空相似（space-time analogue）、时空演替或转换（space-time transformation）等。具体地，地貌学中空间代替时间是指通过比较不同发育年龄及不同发育阶段的相似地貌体，推测地貌的长期演化过程，即以地貌区域状况来替代该区域地貌的发育特征，也就是说在特定的环境条件下，对空间过程的研究和对时间过程的研究是等价的（黄骁力 等，2017）。地貌的发育在特定的条件下往往呈现空间分布上由“新”至“老”的过渡，据此，对地貌类型与特征在空间上的序列进行采样，可为研究某种地貌的个体发育提供基本依据，即地貌形态在空间上的分布状况能够代替该区域地貌在时间上的演化过程，或者说地貌在发育过程中具有时空演替的现象（黄骁力 等，2017）。

空间代替时间最初源于统计物理学中的各态遍历性，而后被引入生态学与地貌学研究中。经典力学无法描述大量气体分子在三维空间总体的运动状态，统计物理学通过各态遍历性来刻画粒子的空间分布状态，即在足够长的时间内，单个粒子的运动服从平稳随机过程，其在某一空间中的分布状态等同于某一时刻由大量粒子组成的总体在该空间中的分布状态，因此无需了解其中每一个粒子在每一时刻的运动状态，而只需研究该总体的宏观运动规律，用概率论的方法来描述总体的平均行为。这一革命性的理论成为近代物理学的开端，后被引入生态学中，用来研究长时间尺度的生物群落演替（Likens, 1989）。

由于地貌演化与群落演替在表现形式上的相似性，空间代替时间的思想由美国著名地貌学者 Schumm（1977）引入地貌演化的研究中，并得到了广泛的应用（Fryirs et al.，2012；Paine，1985）。例如，张欧阳等（2000）通过模型试验发现，游荡型河段的发育过程在时空上具有相似性，在时间和空间上可相互替代，并且河床质中值粒径、河宽、平均水深、宽深比、曲率、比降和消能率等河床要素存在时空相似；Fryirs 等（2012）利用空间代替时间的方法重建了澳大利亚某河流不同形态河段的历史变化范围和演化轨迹；张俊勇等（2006）分析了丹江口水库建库后汉江下游河流再造床过程的时空演替现象，发现河流再造床过程在冲刷延展、河床粗化、含沙量及其特征变化、岸滩侵蚀及河型变化等方面具有较典型的时空演替现象，图 2.5.1 展示了丹江口水库下游河道冲刷延展的时空演替特征，丹江口水库于 1960 年滞洪，1968 年蓄水，在滞洪期，冲刷已达到碾盘山，全长 223 km。蓄水后，到 1972 年冲刷已经发展到距坝 465 km 的仙桃。水库运行 13 年后，大坝到光化长 20 多千米的河段已完全稳定，光化到太平店长 40 km 的河段也只在洪水时河床才会冲刷，太平店到襄樊[①]长 43 km 的河段基本上只有推移质运动。至 1986 年冲刷最显著的河段为襄樊—皇庄河段（长 131 km），并有逐渐下移的趋势。沿程冲刷的阶段性与同一河段随时间变化的阶段性是一致的，即同一河段随时间的冲刷发展与同一时刻河流沿程的冲刷发展具有相似性，呈现典型的时空演替特征。

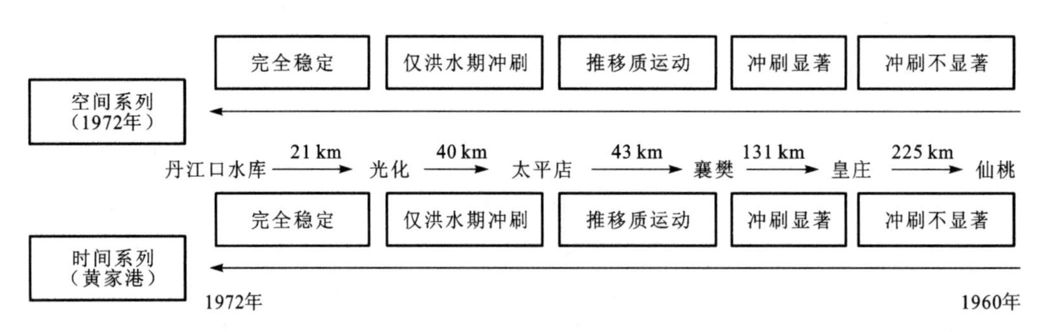

图 2.5.1　丹江口水库下游河道冲刷延展的时空演替（张俊勇 等，2006）

虽然地貌演化过程中时空演替的成因机制及空间代替时间的适用性及影响因素尚不明确，但空间代替时间可以作为一种研究方法或研究范式，补充地貌学的理论体系。

① 2010 年 12 月 9 日，襄樊市更名为襄阳市。

由于各态遍历性需要服从平稳随机过程，因此，在进行地貌发育的时空演替之前，应当首先保证该种地貌具有朝着某一方向长期演化的趋势，否则会导致基于空间代替时间得到的地貌发育模式与真实的情况大相径庭（黄骁力 等，2017）。

2.6 本章小结

本章系统阐述了河床演变时间滞后与空间联动的理论基础，主要认识与结论如下。

（1）变率原理假设河床演变的速率与其当前状态和平衡态之间的差距成正比，得到了指数型的解析解，这一解析解可以基于恒定均匀流及均匀沙条件下的水沙运动方程推导得出（An and Fu，2021；安晨歌，2018），证明变率原理适用于描述均匀流与均匀沙情况下河床高程的变化过程，具有一定的理论基础。假设河道宽度变化较小，变率原理也可用于计算河道断面面积及冲淤量随时间的变化过程。从水沙运动方程的角度来看，变率原理忽略了河床调整过程中的对流特征，不适用于非均匀流和非均匀沙情况。在长时空尺度研究中，渐变流和泥沙组成非均匀性不强情况下变率原理的适用性需深入研究。

（2）申红彬和吴保生（2020）及景唤等（2020）分别从随机过程和非平衡态输沙等角度出发，推导得到河道特征量随时间和空间的变化均符合变率原理，但对时空变换产生的速度 v 是水流流速还是扰动传播的速度存在分歧，这些公式没有将时空耦合，其对特征量随空间的描述与 An 和 Fu（2021）、安晨歌（2018）基于水沙运动方程得到的公式形式有所不同。

（3）通过对比变率原理与不同学者推导得到的河道特征量随时间的变化方程，讨论了不同特征量调整速率参数β的影响因素，河床高程和含沙量随时间变化的调整速率参数均与泥沙的沉降时间成反比，即泥沙粒径越小，水深越大，沉降时间越长，β越小，反之亦然。此外，河床高程调整速率参数还与水流单宽流量成正比，含沙量调整速率参数还与含沙量的垂线分布即泥沙恢复饱和系数等因素有关。

（4）地理学第一定律与空间代替时间的概念为河床演变的时空联系和演替提供了理论基础。地理学第一定律指出任何事物都与其他事物相互联系，但邻近事物较远事物联系更为紧密。地貌的发育往往呈现空间分布上由“新”至“老”的过渡，空间代替时间的概念认为，对地貌类型与特征在空间上的序列采样，可为研究某种地貌的个体发育提供基本依据，即地貌形态在空间上的分布状况能够代替该区域地貌在时间上的演化过程，即地貌在发育过程中具有时空演替的现象。

第 3 章 河床演变时间滞后与空间联动的研究方法

本章介绍研究河床演变时间滞后与空间联动的三种方法，包括河床演变阶段模型、滞后响应模型及识别冲淤重心的聚类机器学习方法，其中滞后响应模型在《河床演变的滞后响应理论与应用》一书中进行了详述，这里仅做简单介绍。应用河床演变阶段模型可以得到演变阶段的时空分布，从总体上把握河道演变的时空联系；滞后响应模型能够定量计算固定河段演变特征量随时间的变化过程；识别冲淤重心的聚类机器学习方法能够在较复杂的河道时空冲淤中识别最强冲淤速率河段所在的位置。三种方法各具特色，可以从不同角度反映河道的时空演变规律。

3.1 河床演变阶段模型

河床演变阶段模型借鉴了国外学者提出的河道演变模型（channel evolution model，CEM）的思路，本节首先介绍 CEM，然后对河床演变阶段模型进行详细介绍。

3.1.1 CEM

在河道由非平衡态向平衡态的调整过程中，若已知河宽、水深、泥沙粒径、河床粗糙系数等多个特征量，可以采用水沙数学模型定量计算和预测河床演变的发展方向。然而，当仅知较少的特征量并且能够知道河道大致的演变方向时，可以采用概化模型对河道演变趋势进行预测。例如，国际上常用的 CEM 可以判断冲刷型河道所处的阶段并预测其可能的发展方向。

CEM 由美国著名地貌学家 Schumm（1977）首次提出，用于描述美国密西西比州北部裁弯后侵蚀下切河道演变阶段的时空变化，如图 3.1.1 所示，该模型将河道演变由上游至下游分为五个阶段：第 I 阶段，扰动前阶段；第 II 阶段，河床冲刷下切阶段；第 III 阶段，河道展宽阶段；第 IV 阶段，河床淤积、河岸展宽阶段；第 V 阶段，河流稳定或平衡阶段。如图 3.1.1 所示，这五个阶段沿河道自上而下依次分布，由第 II 阶段向第 V 阶段的变化过程中，河道的宽深比逐渐增加，但裂点（nickpoint）向上游的迁移可能打乱该河道演变阶段在空间上的分布。Schumm（1977）基于第 2 章所述空间代替时间的概念，提出固定河段随时间的演变进程符合图 3.1.1 所示河道演变阶段在空间由上至下的变化过程。

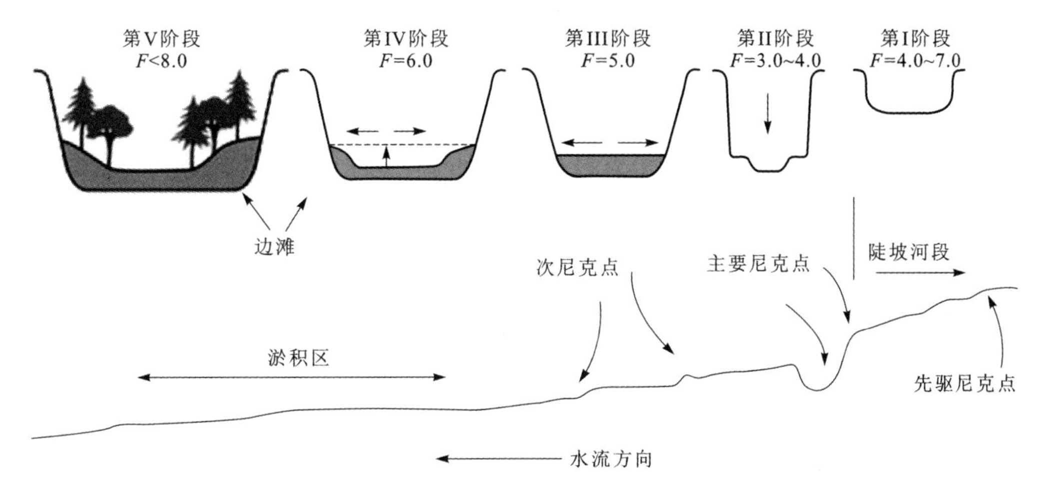

图 3.1.1　Schumm（1977）提出的河道演变阶段的概化模型

F 为河道宽深比，箭头表示河床或河岸边界发生变形的方向

不少学者对 Schumm（1977）提出的 CEM 进行了研究和改进。例如，Simon 和 Hupp（1987）针对美国田纳西州西部河流对河道整治的响应过程，提出了河道演变的六个阶段（图 3.1.2），包括：I 弯曲，扰动前；II 河道整治；III 河床冲刷；IV 河床冲刷，河道展宽；V 河床淤积，河道展宽；VI 准平衡。其中，阶段 III～VI 分别与 Schumm（1977）中的第 II～V 阶段基本对应，但 Simon 和 Hupp（1987）考虑了河床持续下切的影响，其阶段 IV 为“河床冲刷，河道展宽”，而 Schumm（1977）中的第 III 阶段为“河道展宽阶段”。

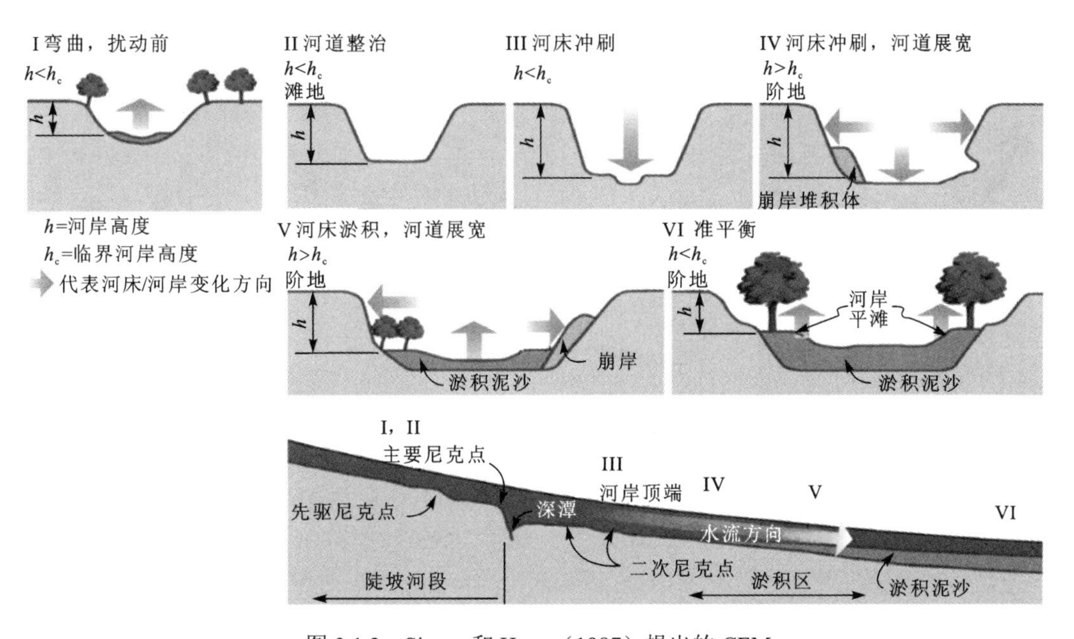

图 3.1.2　Simon 和 Hupp（1987）提出的 CEM

Cluer 和 Thorne（2014）认为冲刷型河道在发生图 3.1.2 中 CEM 的阶段 III～V 后不会立即达到阶段 VI 的准平衡，而会发生河道平面形态的调整，同时否认弯曲河流为唯一的平衡态河型的观点，认为在人类大规模开发土地之前河道是多汊的，河岸植被发育较好，湿地分布较广，多汊河网可能为河流平面形态调整的趋向目标。基于此，Cluer 和 Thorne（2014）在 Simon 和 Hupp（1987）提出的 CEM 的基础上增加了一个河道演变的先驱阶段和两个后期阶段，如图 3.1.3 所示，河道演变先驱阶段即第 0 阶段，河网密布，湿地分布较广；两个后期阶段为横向变化阶段（第 7 阶段）与河网形成阶段（第 8 阶段）。此外，Cluer 和 Thorne（2014）将河道的不同演变阶段表达为循环模式而非单向的线性模式，河道变化可遵循模式的演变阶段顺序，也可以越过某些阶段，向上一阶段或下一阶段发展。不同的阶段对应着河床的冲刷或淤积过程，以及河道的展宽或缩窄过程。图 3.1.3 中第 3a 阶段为河床冲刷受阻阶段，即河道冲刷因床沙粗化或冲刷至抗冲岩层而停止。

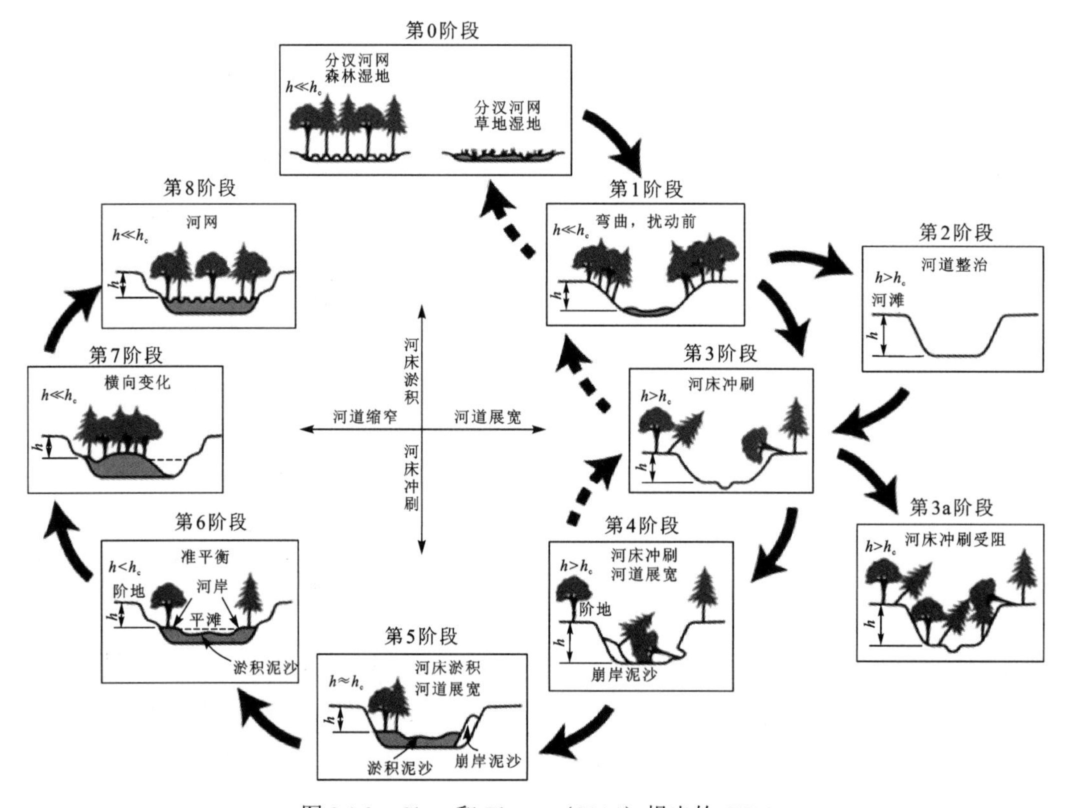

图 3.1.3 Cluer 和 Thorne（2014）提出的 CEM

CEM 在河床演变与河流地貌学中得到了广泛的应用。例如，Zheng 等（2017）将 Cluer 和 Thorne（2014）改进的 CEM 应用于美国华盛顿州图特尔河北汊受火山爆发崩塌体掩埋后的重新发育过程，结果表明该河道河床演变过程在时空上基本遵循 CEM，并采用 CEM 预测了该河道的演变方向；Hawley 等（2012）提出了适用于美国加利福尼亚州南部受城镇化影响的 CEM，为该区域河流的演变规律研究与科学管理提供参考；

Thompson 等（2016）提出了适用于澳大利亚亚热带河流的 CEM。

CEM 的理论基础为空间代替时间，它可以为河道时空冲淤演变的总体规律与宏观趋势研究提供参考，从而支撑河流修复与管理。例如，若河道处于 Simon 和 Hupp（1987）提出的 CEM 阶段 III 时对河道进行修复，可控制河床冲刷，阻碍河道向阶段 IV 发展；对处于阶段 IV 的河道进行修复的难度要相对大于处于阶段 V 的河道，若不修复正处于阶段 V 的河道，河道也可能在较短时段内达到阶段 VI 的准平衡状态。

尽管 CEM 已被应用于描述某些河道的时空演变过程，但其仍具有较大的改进空间，主要表现在目前 CEM 多用于冲刷下切型河道，缺乏以淤积调整为主的河道演变阶段。同时，CEM 的应用完全依赖研究者对演变阶段的判断，容易产生主观误差。此外，现有研究多针对具体的河流或河段提出不同的 CEM，在其他河流上的应用仍存在一定的局限性。

3.1.2　河床演变阶段模型的建立

针对上述 CEM 的缺陷，作者通过考虑河道垂向冲淤与横断面面积变化，提出了一种包含河床演变不同阶段的描述方法，称为河床演变阶段模型。该模型是以河道垂向变化和横断面面积变化分别为横、纵坐标的象限图，在这个象限图中共存在 7 个不同区间，根据河道断面形态的变化量和区间的数学定义，可以定量判断河道所处的演变阶段，从而克服 CEM 的主观误差。

根据河道断面形态观测资料，计算断面的河床高程（或深泓高程）及断面面积（或平滩面积）的变化，前者代表河道垂向变化，后者代表断面整体（包括横向和垂向）冲淤。河床垂向和断面面积变化具有四种组合情况[图 3.1.4（a）]，为区分河道调整是以横向还是垂向调整为主，假设对于横断面为矩形的主槽，其河床垂向冲淤均匀（河床高程变化为 ΔZ ），无横向调整变形，则断面面积的变化 ΔA 与 ΔZ 呈线性关系[见图 3.1.4（b）中的斜线及图 3.1.5（a）]：

$$\Delta A = -B\Delta Z \tag{3.1.1}$$

式中：B 为河道初始宽度，m，为图 3.1.4（b）中斜线的斜率。式（3.1.1）等号右边的负号表示当 $\Delta Z>0$ 即河床淤积时，$\Delta A<0$，即断面面积减小；反之，当 $\Delta Z<0$ 即河床冲刷时，$\Delta A>0$，即断面面积增大。当 ΔA 与 ΔZ 的变化正负相反，并存在

$$|\Delta A| > |B\Delta Z| \tag{3.1.2}$$

时，说明河道除河床发生垂向冲淤外，还发生了横向变形[图 3.1.5（b）和（c）]，因此，图 3.1.4（a）所示的第 I 和 III 区域又可以进一步划分为阶段④和⑤及阶段①和②，区分阶段①和②及阶段④和⑤的斜线满足式（3.1.1），即该斜线的斜率为河道宽度 B。阶段①和④满足 $|\Delta A|<|B\Delta Z|$，即河道以垂向冲淤为主，阶段②和⑤满足式（3.1.2），即断面面积变化包含横向变形。此外，图 3.1.4（b）中阶段③（河床淤高，断面面积增大）和⑥（河床冲深，断面面积减小）均以河道横向冲淤变形为主。当河床高程和面积变化均较小时，可以认为河道处于准平衡阶段，即阶段⓪。

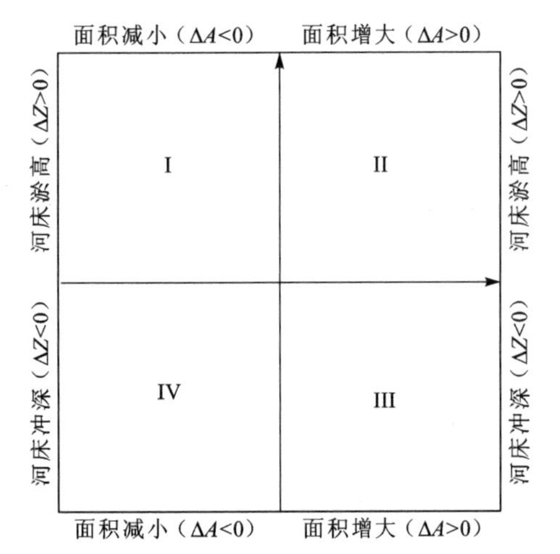

I为河床淤高，面积减小；II为河床淤高，面积增大；III为河床冲深，面积增大；IV为河床冲深，面积减小

（a）河床垂向和断面面积变化的组合

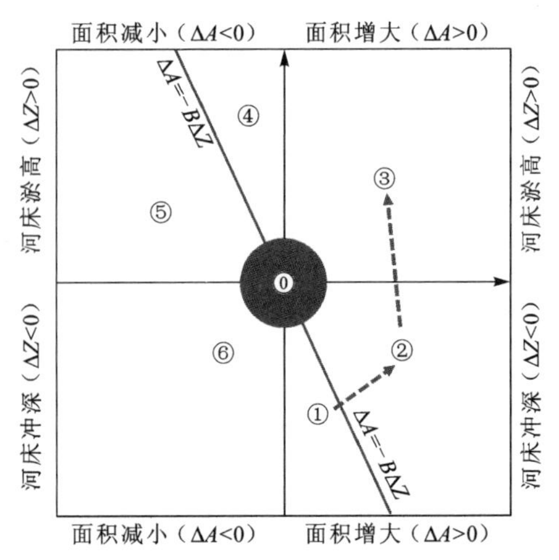

⓪准平衡；①河床冲深，$0<\Delta A<-B\Delta Z$；②河床冲深展宽，$\Delta A>-B\Delta Z>0$；③河床淤高展宽；④河床淤高，$0>\Delta A>-B\Delta Z$；⑤河床淤高缩窄，$\Delta A<-B\Delta Z<0$；⑥河床冲深变窄；- - - ➤发展方向

（b）河床演变阶段模型包含的七个阶段

图 3.1.4　河床演变阶段模型的阶段划分

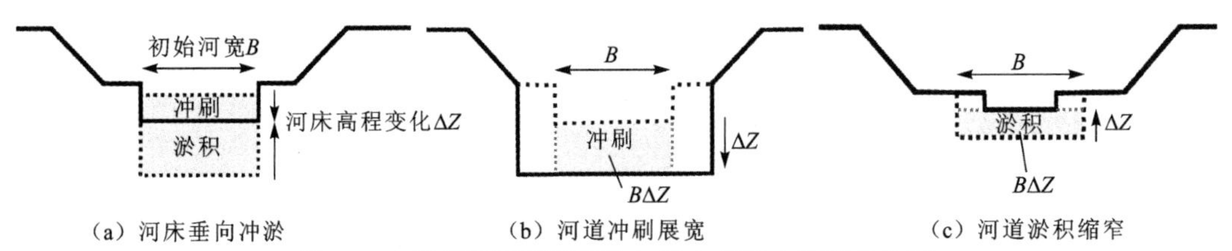

（a）河床垂向冲淤　　（b）河道冲刷展宽　　（c）河道淤积缩窄

图 3.1.5　河道断面面积变化与垂向和横向调整的关系

虚线和实线分别代表断面初始与变形后的形态

综上所述，河床演变阶段模型[图 3.1.4（b）]共包含七个阶段，除阶段⓪的准平衡外，其余六个阶段具体如下。

阶段①：河床冲深，断面面积增大，并且断面面积的增大主要由河床冲刷引起。

阶段②：河床冲深，河道展宽，断面面积增大由垂向和横向调整共同引起。

阶段③：河床垂向淤高，但横向调整（如主槽横向摆动等）使得断面面积增大，河道横向调整占主导作用，河道向宽浅方向发展。

阶段④：河床淤高，断面面积减小，其减小主要由河床垂向淤积引起。

阶段⑤：河床淤高，河岸或滩地也发生淤积，两者共同作用使得断面面积减小。

阶段⑥：河床冲深，但河岸和滩地淤积，断面面积减小，河道横向调整占主导作用，河道趋于窄深。

河床演变阶段模型涵盖了河道垂向和横向变化的不同组合，其中阶段①、②和③对应河道整体冲刷（$\Delta A>0$），阶段④、⑤、⑥则对应河道淤积（$\Delta A<0$），阶段①、②和③分别对应 Simon 和 Hupp（1987）提出的 CEM 中的阶段 III、IV 和 V（分别为河床冲刷下切、冲刷展宽和淤积展宽），根据空间代替时间的概念，河道在空间由上至下或随着时间的推移依次发生以上演变阶段。

3.2　河床演变的滞后响应模型

Wu 等（2012）、吴保生（2008a，2008b）基于冲积河流的自动调整作用和变率原理，假设河床演变特征量的调整速率与其当前值和平衡值的差距成正比，提出了变率原理的微分形式[式（2.1.1）]，式（2.1.1）的通解为

$$y = e^{-\int \beta dt}\left(\int \beta y_e e^{\int \beta dt} dt + c\right) \tag{3.2.1}$$

式中：c 为积分常数；y 为河床演变特征量；y_e 为特征量的平衡值；t 为时间；β 为大于零的系数，表征河道的调整速率参数。将初始条件（$t=0$ 时 $y=y_0$，y_0 为特征量初始值）代入式（3.2.1）可以得到该式的通用积分模式（模式 I）：

$$y = y_0 e^{-\beta t} + e^{-\beta t}\left(\int_0^t \beta y_e e^{\beta t} dt\right) \tag{3.2.2}$$

假设式（3.2.2）中β和 y_e 均为常数，积分可得单步解析模式（模式 II）：

$$y = (1-e^{-\beta t})y_e + e^{-\beta t} y_0 \tag{3.2.3}$$

式（3.2.3）为滞后响应模型的单步解析模式，可以用来描述瞬时扰动后特征量的调整过程。取等时间长度Δt，假设Δt足够短，并且在该时段内特征量的平衡值 y_e 和系数β均可假设为常数，在每个时段分别应用式（3.2.3），同时将上一个时段的计算值作为下一个时段的初始值，可以递推得到第 n 个时段特征量的计算值 y_n 的计算式，即多步递推模式（模式 IIIa）：

$$y_n = (1-e^{-\beta \Delta t})\sum_{i=1}^{n}[e^{-(n-i)\beta \Delta t} y_{e,i}] + e^{-n\beta \Delta t} y_0 \tag{3.2.4}$$

式中：n 为时段数；i 为时段编号。式（3.2.4）中特征量初始值 y_0 的系数为 $e^{-n\beta\Delta t}$（<1），与迭代时段数 n 成反比，说明河道的初始条件随着时间的推移对后续特征量的影响逐渐减弱。因此，当初始时刻特征量的平衡值 $y_{e,0}$ 与其真实值 y_0 相差较小时，可用 $y_{e,0}$ 近似代替 y_0 以消除模型计算对初始值 y_0 的依赖，由此可得

$$y_n = (1-e^{-\beta \Delta t})\sum_{i=1}^{n}[e^{-(n-i)\beta \Delta t} y_{e,i}] + e^{-n\beta \Delta t} y_{e,0} \tag{3.2.5}$$

式（3.2.4）和式（3.2.5）分别为含有初始条件和不含初始条件的多步递推模式，前者适用于已知特征量初始值的情况，若特征量的初始值未知并且估计初始值与其真实值相差不大时，可用式（3.2.5）近似计算特征量的变化过程，但该式存在初始年影响权重不合理的问题，该式中河床演变特征量 y_n 可以看作不同年份平衡值 $y_{e,i}$ 的加权平均，初始年（$i=0$）影响权重为 $e^{-n\beta}$，第 i（$i=1,2,\cdots,n$）年的影响权重为$(1-e^{-\beta\Delta t})e^{-(n-i)\beta\Delta t}$，距离当前年越近，相应的影响权重越大。李凌云和吴保生（2011）考虑到初始年（$i=0$）的影响权重 $e^{-n\beta\Delta t}$ 在$\beta>0.693$ 时大于其下一年的影响权重$(1-e^{-\beta\Delta t})e^{-(n-1)\beta\Delta t}$（$i=1$），与扰动发生后其影响随着时间衰减的认知矛盾，进而对式（3.2.5）进行了改进，提出了滞后响应模型的改进模式：

$$y_n = (1 - e^{-\beta\Delta t})\sum_{i=0}^{n}[e^{-(n-i)\beta\Delta t} y_{e,i}] \tag{3.2.6}$$

式（3.2.6）初始年的影响权重为$(1 - e^{-\beta\Delta t})e^{-n\beta\Delta t}$，小于其他年份。然而，改进后存在各年影响权重之和小于 1 的问题，即

$$(1 - e^{-\beta\Delta t})\sum_{i=0}^{n} e^{-(n-i)\beta} = 1 - e^{-(n+1)\beta\Delta t} < 1 \tag{3.2.7}$$

这可能引起对河床演变特征量平衡值的偏大估计，郑珊等（2019）对式（3.2.7）中各年影响权重进行了归一化处理，得到了滞后响应模型多步迭代的影响权重归一化模式[多步解析模式（模式 IIIb）]：

$$y_n = \sum_{i=0}^{n}(\lambda_i y_{e,i}),\quad \lambda_i = \frac{1 - e^{-\beta\Delta t}}{1 - e^{-(n+1)\beta\Delta t}} e^{-(n-i)\beta\Delta t} \tag{3.2.8}$$

式（3.2.8）适用于特征量初始值未知的情况，特征量各年影响权重λ_i符合扰动距当前年越远，其影响权重越小的一般规律，且影响权重之和为 1。

表 3.2.1 总结了滞后响应模型不同计算模式的适用条件和特点。通用积分模式即模式 I 适用于各种简单或复杂扰动的情况，但其计算较复杂；单步解析模式即模式 II，适用于瞬时扰动发生后特征量的平衡值变化不大的情况（图 1.3.1），当把模拟时段t分为多个子时段Δt，并且Δt时段内扰动变化不大时，可假设特征量的平衡值在每个计算时段Δt内维持不变，则模式 II 可用于每个Δt时段的计算，将上一时段末特征量的计算结果作为下一时段的初始值，依次迭代与直接应用模式 IIIa 相同；模式 IIIb 将特征量在初始时刻的平衡值$y_{e,0}$代替实测值y_0，因此适用于特征量的初始值与初始状态的平衡值相差不大的情况。除表 3.2.1 所示的不同模式外，滞后响应模型还有其他模式（吴保生和郑珊，2015），这里不再赘述。滞后响应模型避免了采用滑动平均、加权平均或几何平均来反映前期影响的经验性和任意性，对研究冲积河流河床演变的滞后响应现象和累积作用具有重要意义。

表 3.2.1　滞后响应模型不同计算模式的适用条件和特点

模式名称		计算公式	适用条件及特点
通用积分模式（模式 I）		$y = y_0 e^{-\beta t} + e^{-\beta t}\left(\int_0^t \beta y_e e^{\beta t} dt\right)$	通用，计算较复杂
单步解析模式（模式 II）		$y = (1 - e^{-\beta\Delta t})y_e + e^{-\beta\Delta t} y_0$	适用于模拟时段内特征量的平衡值不变的情况
多步解析模式	模式 IIIa	$y_n = (1 - e^{-\beta\Delta t})\sum_{i=1}^{n}[e^{-(n-i)\beta\Delta t} y_{e,i}] + e^{-n\beta\Delta t} y_0$	通用
	模式 IIIb	$y_n = \sum_{i=0}^{n}(\lambda_i y_{e,i}),\quad \lambda_i = \frac{1 - e^{-\beta\Delta t}}{1 - e^{-(n+1)\beta\Delta t}} e^{-(n-i)\beta\Delta t}$	适用于特征量的初始值与其平衡值相近的情况

应用滞后响应模型模拟河床演变特征量变化过程的步骤详见吴保生和郑珊（2015），其中最重要的是建立河床演变特征量平衡值的计算方法，此外，调整速率参数β的计算方法也可能对结果产生较大影响。在特征量平衡值与β的计算方法中不免会引入经验参数，需要实测数据对经验参数进行率定和验证，一般采用决定系数 R^2 和相对误差 MNE 评估模型计算的精度，其计算公式如下：

$$R^2=\frac{\left[\sum_{i=1}^{n}(y_{\mathrm{m},i}-\overline{y_{\mathrm{m}}})(y_{\mathrm{c},i}-\overline{y_{\mathrm{c}}})\right]^2}{\sum_{i=1}^{n}(y_{\mathrm{m},i}-\overline{y_{\mathrm{m}}})^2\sum_{i=1}^{n}(y_{\mathrm{c},i}-\overline{y_{\mathrm{c}}})^2} \tag{3.2.9}$$

$$\mathrm{MNE}=\frac{1}{n}\sum_{i=1}^{n}\left|\frac{y_{\mathrm{c},i}-y_{\mathrm{m},i}}{y_{\mathrm{m},i}}\right|\times 100\% \tag{3.2.10}$$

式中：$y_{\mathrm{m},i}$ 和 $y_{\mathrm{c},i}$ 分别为第 i 个时段特征量的实测值和计算值；$\overline{y_{\mathrm{m}}}$ 和 $\overline{y_{\mathrm{c}}}$ 分别为特征量在整个计算时段（包括 n 个时段）实测值和计算值的平均值。需要说明的是，当特征量的数值较小时，相对误差 MNE 会较大，因此，常选取决定系数 R^2 同时画出计算值与实测值的对比图，以分析和评价模型的计算效果。

3.3　识别河床演变冲淤重心的聚类机器学习方法

对于长时空尺度的河道演变过程，当要重点关注冲刷或淤积速率较大的河段及其变化时，可研究河道的冲刷与淤积重心，其一般对应冲刷或淤积速率最大的河段，然而，受水沙、地质、地形等条件的影响，较长时空尺度下冲淤规律复杂，传统的资料分析较难准确、客观地获取冲淤重心的位置，本节提出识别冲淤重心的聚类机器学习方法以解决这一问题。

3.3.1　冲淤重心的定义与研究意义

以冲刷重心为例，大型水利工程下游河道往往发生较强烈的冲刷，尤其是沙质河床河道，如科罗拉多河（Grams et al.，2007；Chien，1985）、密苏里河、密西西比河（An et al.，2018）、黄河（Naito et al.，2019）和长江（He et al.，2022；Yang et al.，2014）等。在冲刷重心附近可能发生快速的河岸侵蚀，引起河岸失稳，造成河道不稳定，给河道防洪、航运及修复等带来不利影响，同时，准确识别坝下冲刷重心位置可为坝下游人工加沙等河道修复设计提供科学参考（Czapiga et al.，2022；Chen et al.，2012；Sklar et al.，2009；Grams et al.，2007）。

受水沙条件、地质、地形及河流形貌等因素的复杂影响，在较长时空尺度上确定冲淤重心的位置存在一定的困难（Hassan et al.，2010；Wang et al.，2009）。例如，某坝下河道在 Δt_m 时段内冲刷重心的位置发生在子河段 x_i，但与 x_i 相邻的子河段并没有发生明显冲刷，并且 x_i 子河段在与 Δt_m 相邻的其他时段（如 Δt_{m-1} 和 Δt_{m+1}）没有发生明显冲刷，相反，在 x_j 子河段上冲刷速率较大（但非最大），x_j 子河段的相邻河段（x_{j-1} 和 x_{j+1}）发生较大冲刷，同时 x_j 子河段在 Δt_m 时段的相邻时段（Δt_{m-1} 和 Δt_{m+1}）也发生较大冲刷，在这种情况下，x_i 子河段在 Δt_m 时段内发生的最大冲刷可能受到的局部扰动影响，冲刷重心可能不在 x_i 而在 x_j 子河段，也就是说，在确定冲淤重心时需要在较长时空尺度上的冲淤速率变化进行综合考虑（Zheng et al.，2023a）。

以往学者虽未对冲淤重心直接开展研究，但实测资料分析、水槽试验和数值模拟研究均在一定程度上反映了冲淤重心的时空变化，尤其是大坝下游河道冲刷重心的迁移过程。例如，Chien（1985）研究了长江丹江口水库下游河道的冲刷发展规律，发现丹江口水库修建 13 年后坝下游紧邻的 26 km 长的河床冲刷粗化并趋于稳定，之后冲刷不明显；其下游 40 km 长的河段在较大洪水下发生冲刷，冲刷速率较快的位置迁移至坝下游 100～250 km 的河段范围内。冲刷重心所在河段往往对应较高的输沙率。钱宁（1958）对胡佛大坝和帕克大坝下游输沙率的研究显示，输沙率恢复最快的位置随时间不断向下游迁移，以胡佛大坝为例，1936 年输沙率沿程增加，增加速率较快的河段距大坝 50 km±20 km，1938 年输沙率沿程增加最快的河段位于坝下游约 80 km，1940～1941 年沿程输沙率增加速率减缓，输沙率增加最快的河段仍向下游迁移，至 1944 年，坝下游约 80 km 长河段内输沙率基本为 0，表明该河段已基本平衡，输沙率最大河段位于坝下 100～150 km 处。此外，在均匀沙的清水冲刷水槽试验中，同样发现含沙量沿程增加最快的位置具有向下游迁移的特点，对应着冲刷重心向下游迁移，具有不同床沙粒径的河道，其冲刷重心的下移特征不同（图 3.3.1）。在数值模拟方面，An 等（2018）采用一维水沙数值模型概化模拟密西西比河建坝后下游河道冲刷时发现，坝下游邻近河段首先出现较强的冲刷与床沙粗化，河道下游末端出现同等程度床沙粗化的时间晚于河段中游（图 3.3.2），由于强冲刷往往与河床粗化有关，这也在一定程度上反映了冲刷重心下移的现象。

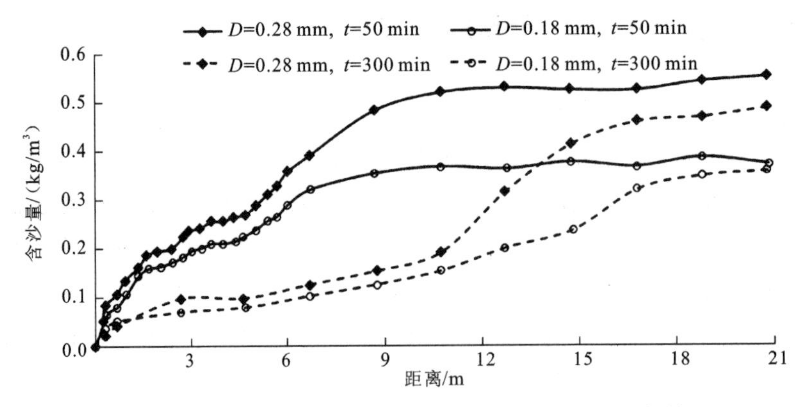

图 3.3.1　清水冲刷水槽试验中含沙量的沿程恢复过程（郭小虎 等，2017）

D 为床沙粒径

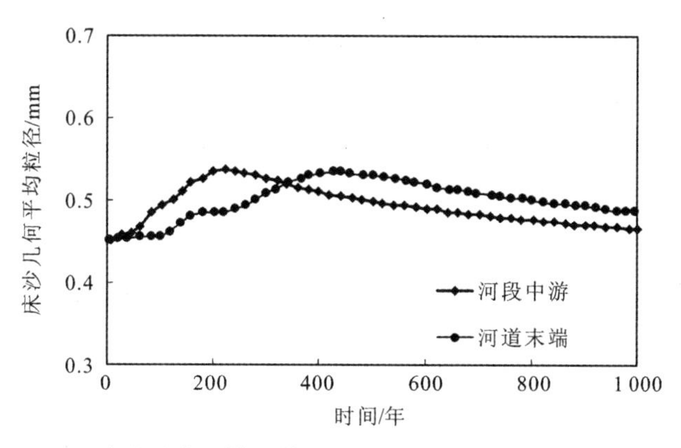

图 3.3.2　一维水沙数学模型模拟床沙粒径的变化（An et al.，2018）

综上所述，研究冲淤重心的时空变化规律具有重要的科学与工程意义。然而，较长时空尺度下冲淤重心的变化往往受到局部扰动（如地质、地形、地貌、水文及人类活动等）的影响，需要建立一种能够排除短期、局部和小幅度冲淤的方法，得到较长时空尺度下冲淤强度较大河段的时空分布，识别冲淤重心的位置，并研究其迁移变化规律。下面介绍识别冲淤重心的聚类机器学习方法。

3.3.2　冲淤速率等级划分

聚类机器学习方法是一种对模式（观测值、数据项或特征向量）进行无监督分类的方法（Jain et al.，1999），该方法已被用于许多学科，以探索数据点之间的相互关系并评估其结构（Clubb et al.，2019；Islam et al.，2019；Kain et al.，2017；Jain et al.，1999）。在河流地貌学领域，该方法被用于梯田（Alberti et al.，2013）、河流纵剖面（Clubb et al.，2019）、洪泛平原（Phillips and Desloges，2015）、河网（Hooshyar et al.，2016）和河流管理（Dallaire et al.，2020）等研究。

在较长时空尺度下进行河道冲淤重心聚类识别的思路为，将长时空尺度划分为多个子河段与子时段，计算不同子时段内子河段的冲淤量或冲淤速率，对所有子时段内各子河段的冲淤速率统一进行排序与频率分析，根据频率分布与划分，选取冲淤速率较大的子河段数据点，根据这些数据点的时空分布，采用聚类机器学习方法得到冲淤重心。下面以三峡大坝下游宜昌—城陵矶河段为例，介绍识别冲刷重心的聚类机器学习方法。

将宜昌—城陵矶河段（约 400 km）按照河型划分为 32 个子河段，根据河道断面形态变化，计算 2003～2020 年 32 个子河段平滩面积的变化，取绝对值后按从小到大进行排序。将平滩面积变化的绝对值前 5%的数据归为河道调整速率的第 0 等级，即河道冲淤速率最小，将剩余数据按频率等分为四类等级，各类等级出现频率均为 23.75%，其中第±1 等级对应平滩面积变化的绝对值较小的冲淤速率等级（冲淤速率仅大于第 0 等级），第±4 等级对应平滩面积变化的绝对值最大的等级。在各类等级中平滩面积的变化有正有负，正数等级代表淤积，即平滩面积减小，负数等级代表冲刷，即平滩面积增大（图 3.3.3），选取冲刷速率较大的第-4 等级数据点用于聚类分析。参考上述思路，可以采用不同的标准对河道冲淤速率进行分级，得到较大的冲淤速率样本点，但需要保证最强冲淤速率等级对应的样本点数量充足，以便进行后续聚类分析，样本点太少可能影响聚类效果。

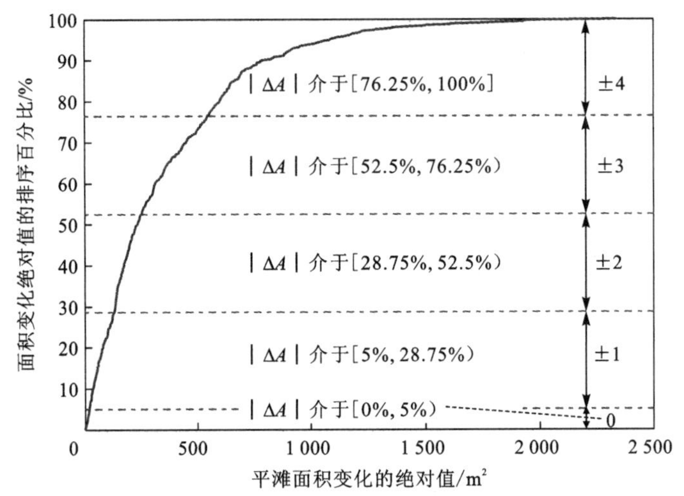

图 3.3.3　宜昌—城陵矶河段 32 个子河段平滩面积变化速率的等级划分

3.3.3　冲淤重心聚类识别

基于 3.3.2 小节得到的冲淤速率较大的样本点，采用广泛应用的 k means++方法进行聚类分析，该方法将距离作为相似性的评价指标，即两个对象距离越近，相似度越高，基于此得到紧凑且独立的簇。如图 3.3.4 所示，以 $k = 2$ 为例说明采用简化的 k means++方法进行聚类的过程。

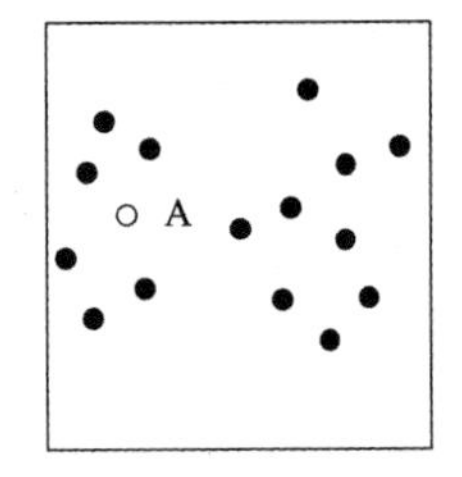

(a) 随机选取第一个初始中心点

A B

(b) 计算选取下一个中心点

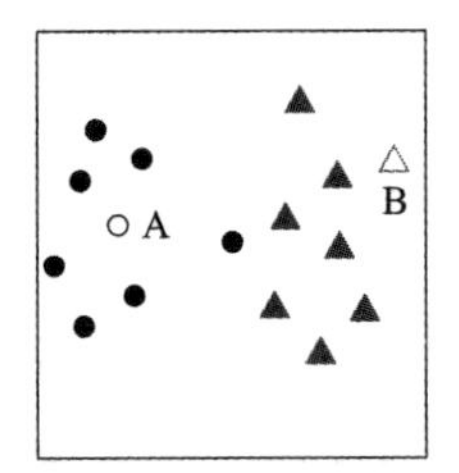

(c) 将样本点分为两类

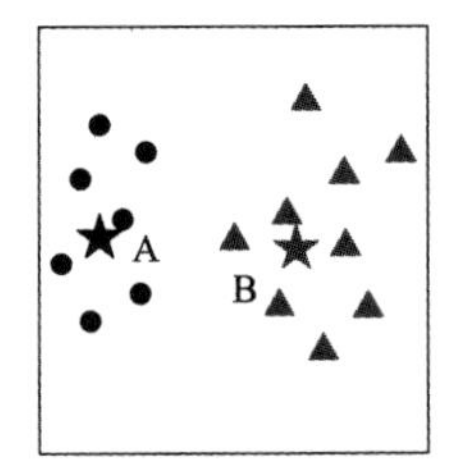

(d) 重新计算中心点

图 3.3.4　简化的 k means++方法示意图

(1) 在 N 个样本点中随机选择第一个初始中心点 A。

(2) 计算其余 N-1 个样本点到已有中心点的最短距离 $D(x)$，计算各点被选为下一个中心点的概率 P：

$$P = D(x)^2 \Big/ \sum_{i=1}^{N-1} D(x)^2 \tag{3.3.1}$$

取概率最大的点为第二个中心点，离上一个中心点最远的点B具有最大的机会作为下一次选取的中心点。

（3）计算各点到两个聚类中心点A和B的距离，按照距离就近原则分类，图3.3.4（c）中圆点属于一类，其中心点为A，三角形点属于另一类，其中心点为B。

（4）按现有分类计算两类点重心的位置，得到新的聚类中心，重复步骤（3）得到新类簇；迭代至重心位置不再变化。

k means++方法在步骤（2）采用轮盘赌算法确定下一个中心点的位置，在此对这一方法进行了简化，取概率 P 最大的点为中心点，反映了 k means++方法的核心思想，即离上一个中心点较远的点更有机会作为下一次选取的中心点。

聚类中心个数 k 的数值对聚类结果有一定的影响，随着聚类中心个数 k 的增大，用聚类中心代表总样本时信息量的丢失程度减小，而当 k 增大至等于样本点个数时，没有信息量的丢失，但达不到分类的效果，因此，需针对不同样本点选择合适大小的 k，使得既能够达到聚类的效果，又尽量减少样本点信息的丢失。可通过“肘部法则”确定 k，其过程为：分别计算不同 k(由1逐渐增大至样本点个数)对应的样本点的畸变函数，其为所有样本点到各样本点所在类簇质心距离的平方和：

$$\mathrm{SSE}=\sum_{i=1}^{N-1}D(x)^2 \tag{3.3.2}$$

图3.3.5展示了根据上述宜昌—城陵矶河段32个子河段平滩面积变化第-4等级样本点计算得到的随着 k 变化的畸变函数，随着 k 的增大，畸变函数逐渐减小，当 k 达到10左右时，畸变函数趋近平稳，因此，k 可取10左右，同时可以对比不同 k 的聚类结果，进行敏感性分析。

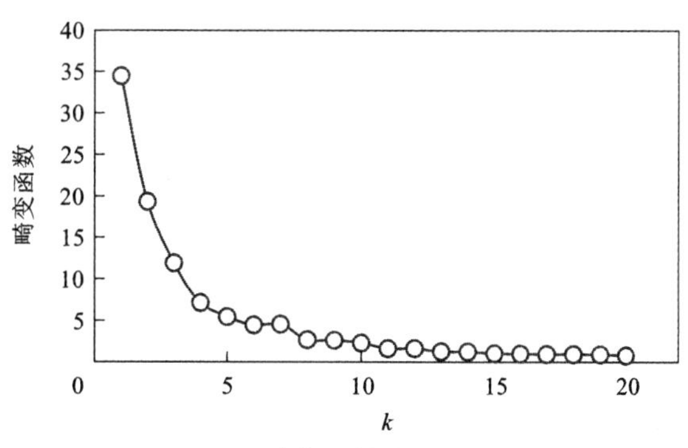

图 3.3.5　畸变函数随 k 的变化图

综上所述，冲淤重心聚类识别的步骤为：对子河段调整速率进行等级划分，根据冲淤速率最大等级的数据点，计算不同聚类中心个数 k 对应的畸变函数，从而确定 k，采用 k means++方法得到聚类中心即冲淤重心，其代表较大冲淤速率点的平均时空分布。

3.4 本章小结

本章介绍了三种研究河床演变时间滞后与空间联动的方法，包括河床演变阶段模型、滞后响应模型及识别冲淤重心的聚类机器学习方法，根据研究目标与数据情况，可单独或同时使用上述方法。

（1）河床演变阶段模型借鉴国际上广泛使用的 CEM 与空间代替时间，以河道垂向变化和横断面面积变化分别为横、纵坐标建立象限图，同时考虑河道垂向与横向变化在河道变形中的相对大小，得到包含七个阶段的概化模型，可通过定量计算河道垂向与横断面面积变化的关系，判断河道所处的演变阶段，避免了 CEM 在判断演变阶段时依赖使用者的经验判断而产生主观误差，应用这一模型可以得到河床演变阶段在时空上的分布矩阵，从总体上把握河道上、下游及时间维度上的联系，同时反映河道垂向与横向调整的差异。

（2）河床演变的滞后响应模型能够定量计算固定河段的演变特征量在较长时间尺度上的变化过程，包括通用积分模式、单步解析模式和多步解析模式，其中多步解析模式不依赖演变特征量的初始值，并且具有距离当前时间越短，前期条件影响越大的特征，反映了河床演变的滞后响应特点。滞后响应模型应用的关键在于特征量平衡值y_e的计算方法，需要根据特征量的主要影响与驱动因素建立，此外，调整速率参数β的取值方法也影响模型的计算结果。

（3）识别冲淤重心的聚类机器学习方法能够识别较长时空尺度下最强冲淤速率所在河段的分布，在应用时首先对子河段调整速率进行等级划分，得到冲淤速率等级的时空分布矩阵，选取冲淤速率最大等级的数据点，采用 k means++方法进行聚类分析，得到的聚类中心即冲淤重心。

第4章 三峡大坝下游宜昌—城陵矶河段的时空演变与滞后响应

本章以宜昌—城陵矶河段的时空演变为研究对象，基于实测水沙与断面形态数据，采用滞后响应模型和识别冲淤重心的聚类机器学习方法对该河段的时空冲淤特性进行研究。由于该河段以河床冲深为主，河岸展宽较小，演变阶段相对单一，所以没有应用河床演变阶段模型。

4.1 宜昌—城陵矶河段概况与水沙条件

4.1.1 研究区域概况

三峡水库是世界上最大的综合性水利枢纽工程，其兴建深刻地改变了下游河道的水沙条件，如来沙量大幅减少、洪水频率和洪水持续时间降低、中小水流量出现频率增加等，引起了大坝下游河道的强烈冲刷，同时三峡水库上游梯级水库群的修建和流域内生态修复工程等的综合作用明显改变了三峡水库的入库水沙条件，给三峡水库出入库水沙和下游河道冲淤带来了进一步的影响。以往研究显示，宜昌—城陵矶河段、城陵矶—汉口河段、汉口—湖口河段2002～2016年累计冲刷量分别为11亿m^3、4.6亿m^3和5.2亿m^3，单位河长冲刷强度分别为18.7万m^3/（km·a）、12.6万m^3/（km·a）和12.2万m^3/（km·a），可见宜昌—城陵矶河段冲刷强度最大（董炳江 等，2019）。

宜昌—城陵矶河段位于长江中游，上距三峡大坝38 km，由长约60 km的宜昌—枝城河段和长约340 km的荆江河段组成，其中荆江河段又常分为上荆江河段（枝城—藕池口河段）和下荆江河段（藕池口—城陵矶河段）。以上荆江河段杨家垴为界，宜昌—杨家垴河段为卵石夹沙河床河段，属于山区河流向平原河流的过渡段，以顺直微弯河型为主，三峡水库修建后该河段经历剧烈冲刷，暴露的河床表层床沙粒径较粗，覆盖有20～25 m厚的砾石层；杨家垴—城陵矶河段为沙质河床河段，其中杨家垴至藕池口的上荆江河段以微弯分汊河型为主，河床主要为中细沙；藕池口下游的下荆江河段以弯曲分汊河型为主，河床覆盖有厚达数十米的细沙。宜昌—枝城河段右岸有清江汇入，荆江河段右岸有松滋口、太平口、藕池口和调弦口（已建闸控制）向洞庭湖分流，左岸有沮漳河汇入，洞庭湖出流在城陵矶附近汇入长江。

宜昌—城陵矶河段内布置有宜昌站、枝城站、沙市站和监利站共计 4 个水文站，分别位于三峡大坝下游约 45 km、105 km、198 km 和 347 km（图 4.1.1）。可将宜昌—城陵矶河段分为三个子河段进行研究，如图 4.1.1 所示，河段 I（即宜昌—枝城河段和枝江河段）为山区河流与平原河流间的过渡河段，属于顺直微弯型河道，河道两岸受堤防和山丘的控制，河床表面覆盖层主要由沙、砾石、卵石组成，表层粒径较粗，平均厚度为 20～25 m。河段 II（即沙市河段和公安河段）为微弯分汊型河道，河床主要由中细沙组成，卵石埋藏较浅。河段 III（即石首河段和监利河段）为典型的蜿蜒弯曲型河道，该河段均为沙质河床，大部分河岸由疏松沉积物组成，并且常常呈层状，河床沉积物主要由细沙组成，沙层厚达数十米。

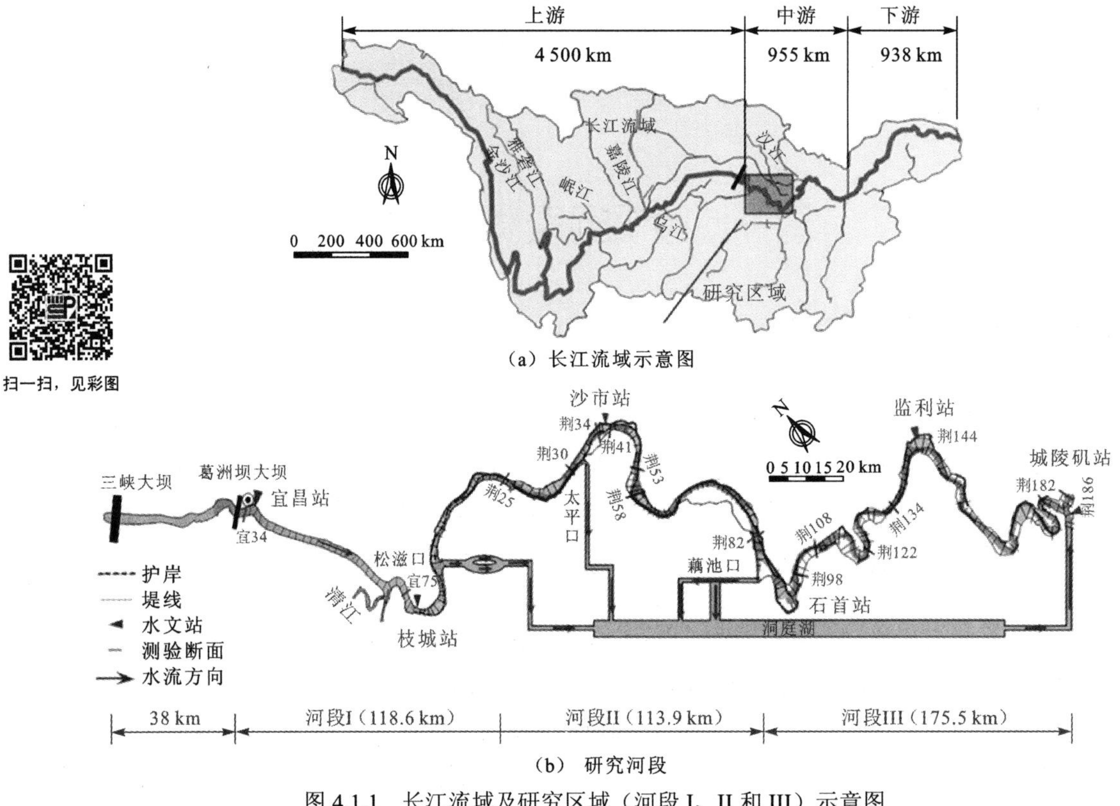

（a）长江流域示意图

（b）研究河段

图 4.1.1　长江流域及研究区域（河段 I、II 和 III）示意图

为了抵御特大洪水，宜昌—城陵矶河段内修建了大量的河道整治工程，并且多集中在河段 II 和 III 中（即沙市—城陵矶河段）（余文畴和卢金友，2008）。据不完全统计，宜昌—城陵矶河段大约 270 km 的岸线已得到工程守护，约占河段总长的 66%，大范围的崩岸已基本得到控制，平滩河宽调整较小（夏军强 等，2015；余文畴和卢金友，2008）。

在研究坝下冲刷重心的时空分布时，为细化研究河段，进一步将宜昌—城陵矶河段划分为 32 个子河段，如图 4.1.2 所示。根据河道平面特征和 162 个观测资料较全的断面（宜 34 至荆 181 断面）的分布来划分子河段，共考虑了 6 种河型（单一顺直、单一微弯、单一弯曲、顺直分汊、微弯分汊和弯曲分汊），其中分汊型子河段包含完整的江心滩，弯曲型子河段包含弯顶段及部分上、下游衔接段，在考虑河型的同时，尽量避免各子河段的河长差别太大。河道曲率大于1.2为弯曲型，小于1.2为顺直微弯型，为进一步区分顺直与微弯河型，以1.05为界，认为曲率介于1.05～1.2为微弯河型，小于1.05为顺直河型。

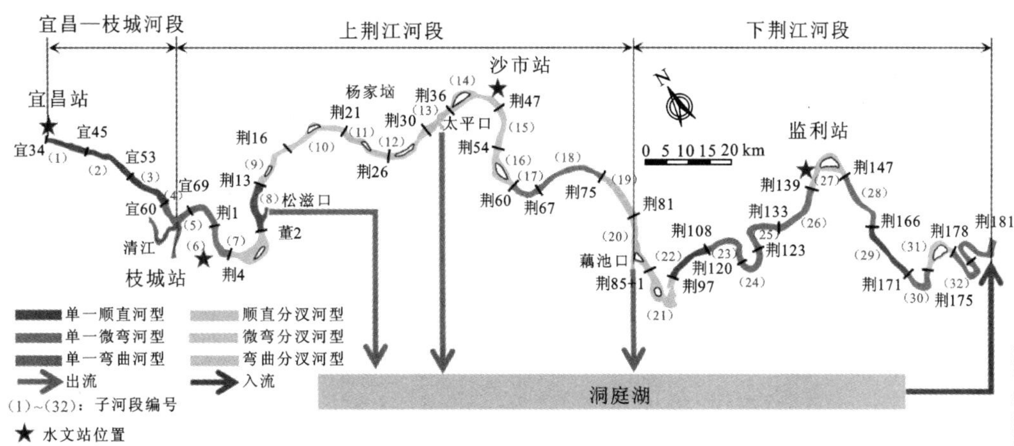

图 4.1.2　将宜昌—城陵矶河段划分为 32 个子河段

扫一扫，见彩图

关于宜昌—城陵矶河段演变的现有研究表明，冲刷主要集中在中枯水河槽（Wen et al.，2020；Lyu et al.，2019），深泓普遍下切（Lyu et al.，2018），床沙粗化且沿程粗化程度趋于减弱（杨云平 等，2017），粗颗粒泥沙在监利站附近恢复至建坝前水平，而细颗粒悬沙由于河床补给不足，恢复距离较长（郭小虎 等，2014）。不同河型河段的演变发生较大变化，如弯曲河段多发生崩岸与“撇弯切滩”，断面由单槽向 W 形双槽转化（张卫军 等，2013），分汊河段发生支汊冲刷发展等演变现象（杨燕华和张明进，2016）。同时，冲刷具有向坝下游传播、发展及强度减弱的变化特点（许全喜 等，2021；董炳江 等，2019；罗方冰 等，2019）。例如，董炳江等（2019）对 2002～2016 年宜昌—湖口河段进行冲淤研究发现，2012 年后城陵矶以下河道河床冲刷明显，认为坝下冲刷已发展至城陵矶以下；许全喜等（2021）研究发现，三峡大坝下游粗沙补给带逐渐由宜昌—枝城河段下移至沙市—监利河段。三峡水库蓄水前长江中游河、湖呈淤积状态，蓄水后则呈冲刷状态（许全喜 等，2013）。坝下河道冲淤也会影响航运，三峡水库调蓄后，坝下游枯水水深增加，有利于航运，但在个别分汊河段，江心洲及岸滩冲刷使枯水河槽宽深比有所增加，对航运不利（夏军强 等，2021）。

4.1.2　水沙条件变化

三峡水库 2003 年开始运行，2008 年进行 175 m 试验性蓄水，三峡水库上游的溪洛渡水库、向家坝水库和乌东德水库等大型梯级水库（库容分别约为 115.7 亿 m^3、51.6 亿 m^3 和 74.08 亿 m^3）自 2013 年左右开始陆续投入使用。综合考虑三峡水库的蓄水运用与上游梯级水库投入运用的影响，将 2003～2020 年的研究时段分为三段：①2003～2007 年，三峡水库蓄水初期；②2008～2012 年，三峡水库开始 175 m 蓄水运用，上游梯级水库尚未运用；③2013～2020 年，三峡水库 175 m 蓄水运用，上游梯级水库陆续运行。以下将分析水沙条件的年际变化并对比这三个时段的平均水沙条件。

三峡水库运行后，宜昌—城陵矶河段水量整体变化不大，但径流年内分配发生变化，中低水流量持续时间增加，洪水出现频率减少（He et al.，2022）。沙量急剧减少，宜昌站、枝城站、沙市站和监利站的沙量分别减少91%、89%、85%和79%，由于河道沿程冲刷补给泥沙，沙量减小幅度沿程减弱。2003～2018 年三峡水库平均拦沙率（出库沙量与入库沙量的比值）约为78%（Liu et al.，2022）。受长江上游干支流梯级水库修建及水土保持工程的影响，三峡水库的入库沙量在 2013 年左右进一步减少（见清溪场站来沙量），水库下泄的沙量也有所减少[图 4.1.3（b）]（Jiang et al.，2023；Yang et al.，2023）。

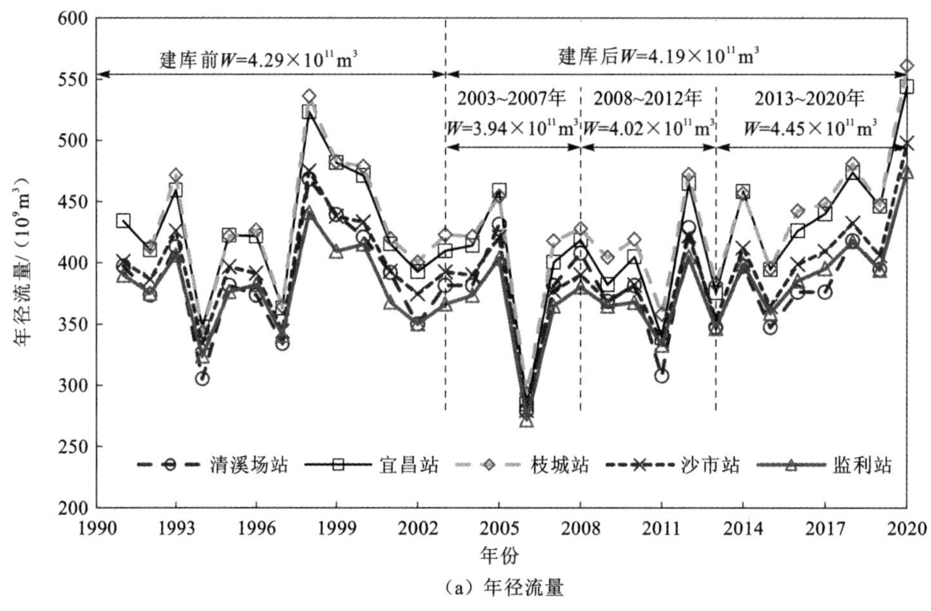

（a）年径流量

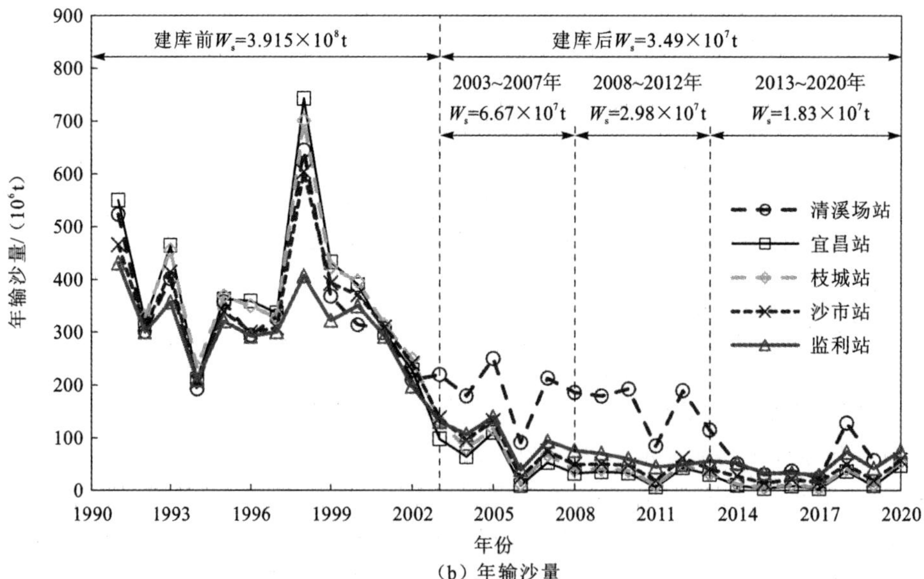

（b）年输沙量

扫一扫，见彩图

图 4.1.3　三峡水库运用前后清溪场站及坝下游各水文站水沙变化

如图4.1.4所示，4个水文站中宜昌站的悬沙中值粒径最细，可见三峡水库出库以细沙为主，对粗沙的拦截率较大；监利站的悬沙中值粒径最粗，沿程悬沙呈粗化趋势，反映了河床粗化及床沙对悬沙的补给作用，在床沙补给作用下，悬沙中的粗沙部分得到较大程度的恢复。

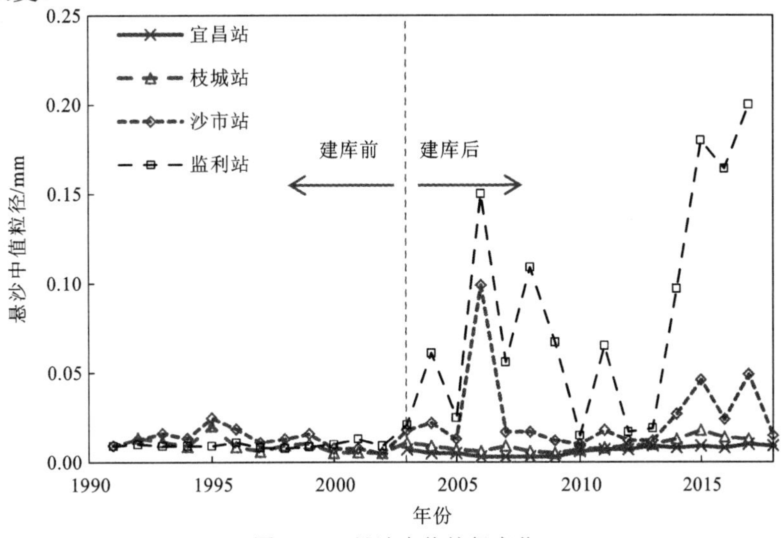

图 4.1.4　悬沙中值粒径变化

宜昌—城陵矶河段随冲刷发生床沙粗化，沿程粗化逐渐减弱，宜昌站与沙市站的床沙粗化明显，而沙市站和监利站的床沙级配范围变化不大（图 4.1.5）。宜昌站和枝城站位于卵石夹沙河床河段，床沙中值粒径分别从建库前2002年的0.3 mm和0.16 mm增加至2020年的34.6 mm和0.45 mm。从床沙级配的变化范围来看，宜昌站的床沙级配范围从建库前的0.125～1 mm（2002年）变为0.25～128 mm（2020年），床沙中较细的粒径组（0.125～0.25 mm）在冲刷过程中基本消失，同时出现了比建库前表层床沙更粗的粒径组（1～64 mm）。这一现象在枝城站中同样存在。这表明在三峡水库修建前，宜昌—枝城河段的河床表层有沙层覆盖，沙层以下埋藏有砾石层，且埋藏深度较浅，三峡水库建库后较细的床沙被冲刷挟带，砾石层逐渐暴露，床沙级配的范围随即发生较大的调整。然而，沙市站和监利站所在河段具有厚达数十米的沙质河床，由于水流对非均匀沙的分选作用，河床表层床沙同样发生粗化，但床沙的级配范围变化较小。

为了表征不同粒径组泥沙的沿程恢复程度，定义河段的泥沙输移比为

$$\mathrm{STR}_i(\%) = \frac{\mathrm{SSL}_{\mathrm{O},i}}{\mathrm{SSL}_{\mathrm{I},i}} \times 100 \tag{4.1.1}$$

式中：$\mathrm{SSL}_{\mathrm{O},i}$和$\mathrm{SSL}_{\mathrm{I},i}$分别为河段第 i 组粒径泥沙的输出和输入沙量。三个子河段输入沙量的控制站分别为宜昌站、枝城站和沙市站，输出沙量的控制站分别为枝城站、沙市站和监利站，计算结果如表 4.1.1 所示。由表 4.1.1 可知，三峡水库蓄水后，小于0.062 mm 的粒径组沿程泥沙输移比在 99%～109%波动，表明该粒径组泥沙颗粒仍以上游来沙为主，泥沙补给的现象并不明显；粒径大于 0.062 mm 的泥沙沿程补给显著，沿程泥沙输移比均明显大于 100%。

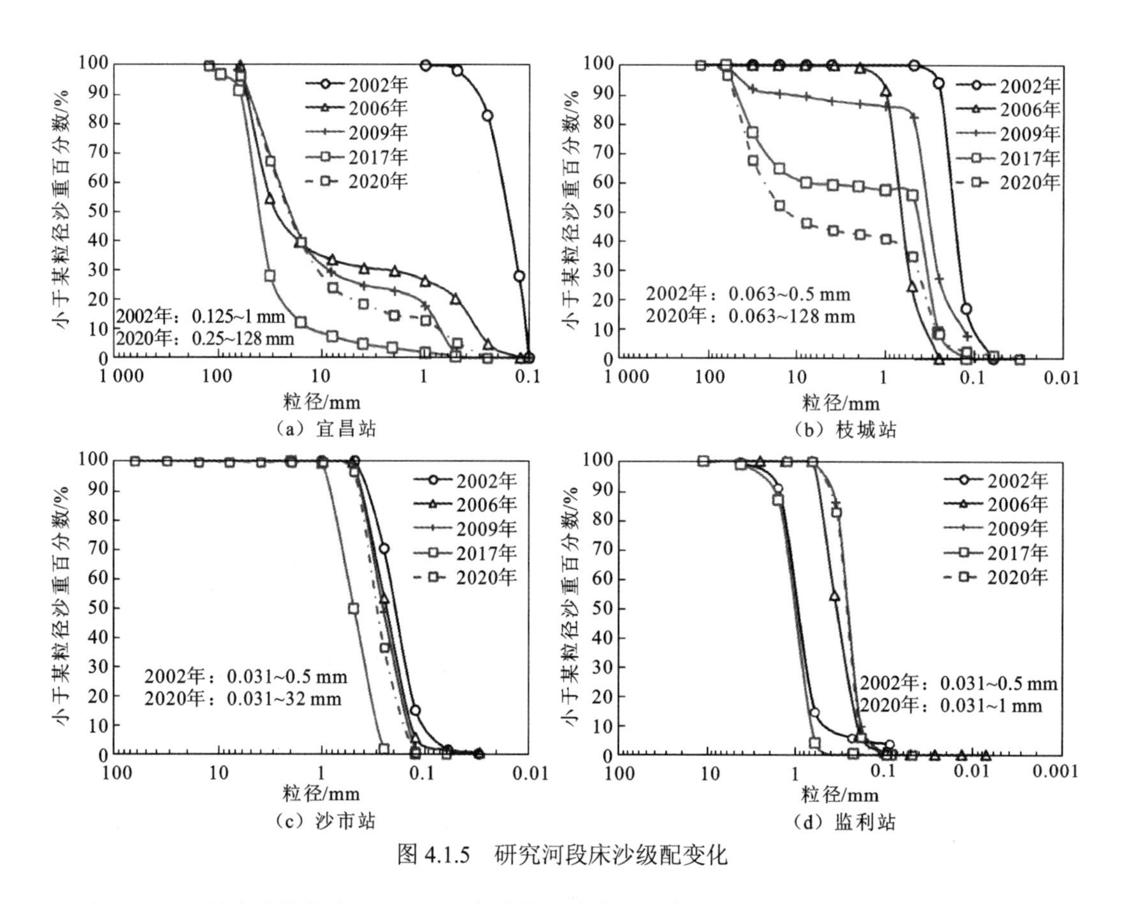

图 4.1.5 研究河段床沙级配变化

表 4.1.1 三峡水库蓄水后 2003～2020 年宜昌—城陵矶河段不同粒径组泥沙输移比（单位：%）

研究区域	水文站	悬沙粒径			
		< 0.062 mm	0.062～0.125 mm	0.125～0.25 mm	> 0.25 mm
河段 I（宜昌—枝城河段和枝江河段）	枝城站/宜昌站	109	168	292	383
河段 II（沙市河段和公安河段）	沙市站/枝城站	101	253	330	159
河段 III（石首河段和监利河段）	监利站/沙市站	99	225	194	173

就上、下游沿程变化而言，泥沙输移比最大（或称恢复程度最高）对应的粒径沿程逐渐减小，例如，泥沙输移比最大对应的粒径组在河段 I 中为大于 0.25 mm 粒径组（泥沙输移比为 383%），在河段 II 中为 0.125～0.25 mm 粒径组（泥沙输移比为 330%），在河段 III 中为 0.062～0.125 mm 粒径组（泥沙输移比为 225%），表明泥沙粒径越粗，沿程补给恢复速度越快。此外，小于 0.062 mm 粒径组的泥沙输移比沿程变化不大，表明其基本未参与水流的造床作用，0.062～0.125 mm 粒径组的泥沙补给主要集中在河段 II 中，这与床沙的组成有关，河段 I 的床沙组成为砂卵石，床沙中该粒径组泥沙的占比在 10%左右，补给量有限。

4.2　宜昌—城陵矶河段冲淤演变特征

4.2.1　河槽形态参数计算方法

基于 2003～2020 年宜昌—城陵矶河段 162 个断面的连续观测形态资料，计算各断面的河床演变特征量，包括深泓高程、深泓横向摆动速率、平滩水深和平滩面积。平滩面积指平滩高程以下的横断面面积，平滩高程根据断面滩唇位置选取，对于无明显滩唇的断面，根据上、下游有滩唇、可确定平滩高程的断面的资料，拟合各断面沿程平滩高程与河长的关系式，插值得到无明显滩唇断面处的平滩高程。根据平滩高程确定平滩河宽 B 和平滩面积 A，计算得到平滩水深 H。

采用式（4.2.1）计算各断面的年际深泓横向摆动速率 Δx（m/a）：

$$\Delta x = | x_{i+1} - x_i | \tag{4.2.1}$$

式中：x_i 和 x_{i+1} 分别为第 i 和 i+1 年断面深泓点的起点距，m。

根据各断面的河床形态特征量，采用式（4.2.2）计算河段平均形态特征量：

$$\overline{G} = \frac{\sum_{j=1}^{Y-1} \frac{(G_j + G_{j+1})}{2} \times L_{j,j+1}}{L_{1,Y}} \tag{4.2.2}$$

式中：$\overline{G}$ 为河床演变特征量的河段尺度平均值；G 为某一断面的形态特征量，可指断面的深泓高程变化、深泓横向摆动速率 Δx、平滩面积或平滩水深，G_j 和 G_{j+1} 分别为第 j 和 j+1 个断面的形态特征量；$L_{j,j+1}$ 为第 j 与 j+1 个断面之间的河长，km；$L_{1,Y}$ 为河段长度，km；Y 为河段的断面数。

根据各断面的平滩面积，采用式（4.2.3）计算河段冲淤量 V（m^3）：

$$V = \sum_{j=1}^{Y-1} \frac{(\Delta A_j + \Delta A_{j+1})}{2} \times L_{j,j+1} \tag{4.2.3}$$

式中：ΔA_j、ΔA_{j+1} 分别为第 j 和 j+1 个断面平滩面积的变化，m^2。

4.2.2　河槽纵向及横向变化

2003～2020 年宜昌—城陵矶河段河床普遍冲刷下降，河床冲深在空间呈不均衡分布（图 4.2.1）。平滩水深与深泓高程的变化趋势基本成反比（图 4.2.2），在 2003～2007 年、2008～2012 年和 2013～2020 年三个研究时段内，深泓高程变化速率分别为 −0.41 m/a、−0.17 m/a 和 −0.17 m/a，平滩水深变化速率分别为 0.20 m/a、0.12 m/a 和 0.13 m/a，发生冲刷的子河段河长分别占全河段总长的 93%、69%和 91%（表 4.2.1），由此可见，蓄水初期河床冲刷强度最大，175 m 蓄水运用后冲刷减弱，三峡水库上游梯级水库运用后冲刷增强，但强度弱于蓄水初期。175 m 蓄水运用后冲刷减弱可能与河床

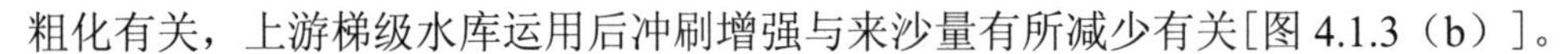
粗化有关，上游梯级水库运用后冲刷增强与来沙量有所减少有关[图 4.1.3（b）]。

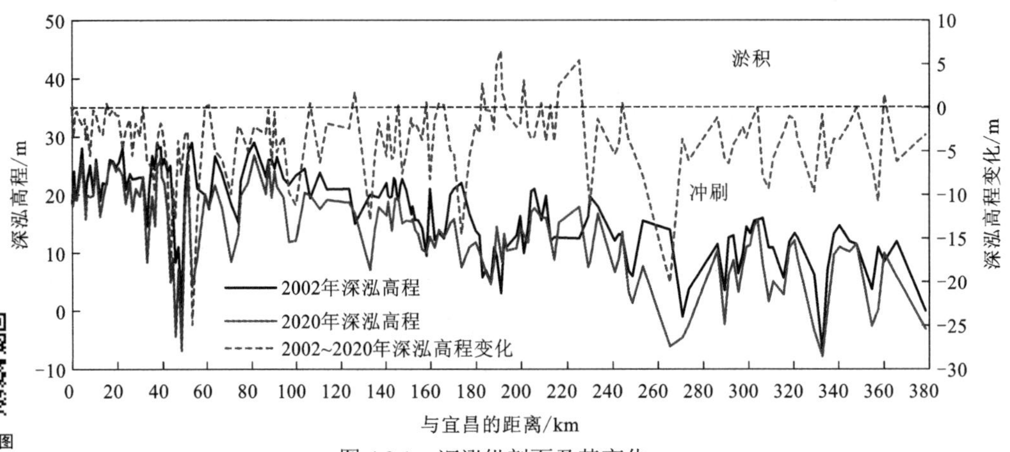

扫一扫，见彩图

图 4.2.1 深泓纵剖面及其变化

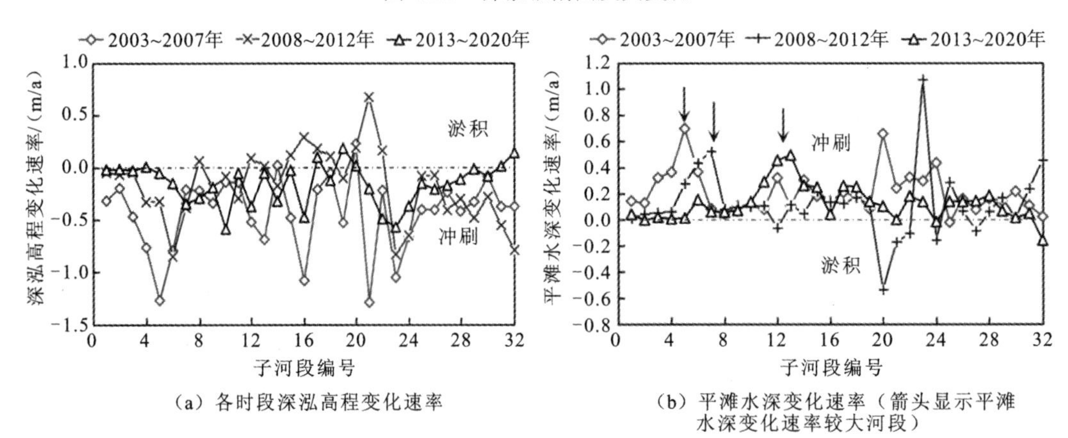

（a）各时段深泓高程变化速率

（b）平滩水深变化速率（箭头显示平滩水深变化速率较大河段）

图 4.2.2 河床深泓高程与平滩水深的变化

表 4.2.1 宜昌—城陵矶河段在三个时段内的平均河槽形态变化

河槽形态参数		时段		
		2003～2007 年	2008～2012 年	2013～2020 年
冲刷河段长度占全河段长度的百分比/%		93	69	91
深泓高程变化速率/（m/a）		−0.41	−0.17	−0.17
平滩水深变化速率/（m/a）		0.20	0.12	0.13
深泓横向摆动速率/（m/a）	单一河段	72.0	62.6	62.3
	分汊河段	175.6	124.8	62.7

由于分汊河段包含多个汊道，采用式（4.2.1）分别计算单一河段及分汊河段中每个汊道的深泓横向摆动速率，对分汊河段所有汊道的深泓摆动速率取平均值，结果如表 4.2.1 所示，可见单一河段和分汊河段的深泓摆动速率随时间推移均有所降低，其中

单一河段的深泓摆动速率减慢幅度较小，而分汊河段的深泓摆动速率明显降低。图 4.2.3 显示以单一河段为主的宜昌—枝城河段受河道边界条件控制横向摆动较弱，2013～2020 年单一河段和分汊河段的深泓摆动强度明显弱于前期两个时段（除个别子河段外，如子河段 18 和 28）。图 4.2.4 给出了单一河段和分汊河段的典型断面形态，单一河段的宜 70 断面以垂向深泓冲深为主，分汊河段荆 35 断面的深泓摆动主要由主汊崩岸引起。

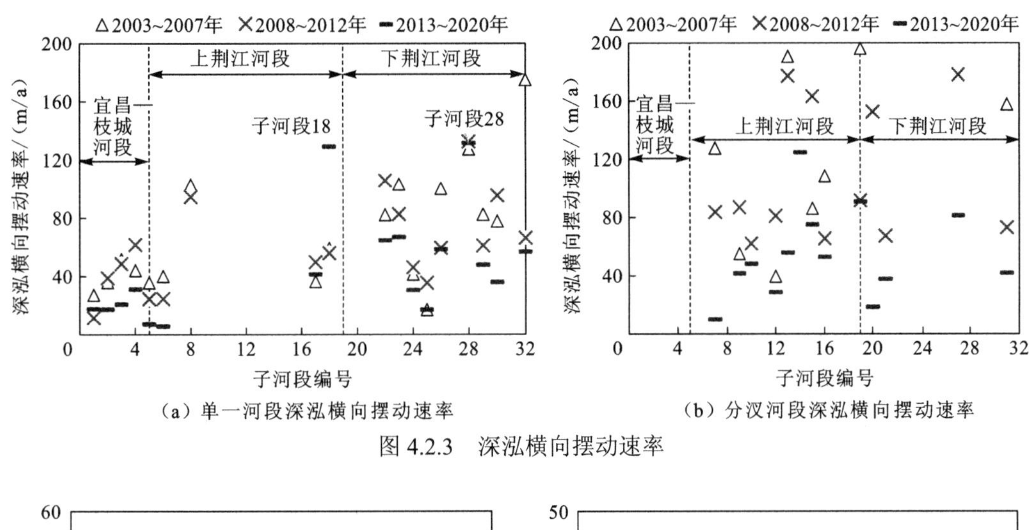

图 4.2.3　深泓横向摆动速率

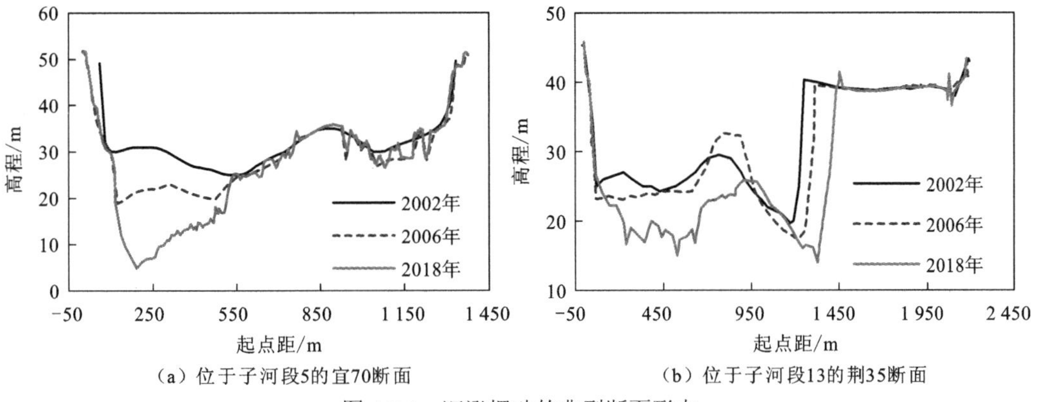

图 4.2.4　深泓摆动的典型断面形态

4.2.3　河槽冲淤调整

采用式（4.2.3）计算得到的 2003～2020 年宜昌—城陵矶河段平滩河槽累计冲刷量约为 12.4 亿 m^3。该公式计算结果与其他学者计算得到的不同时段及河段的平滩河槽冲淤量结果如表 4.2.2 所示，不同方法相对差异的绝对值在 13%以内，考虑不同方法及公式对冲淤量计算结果的影响，认为式（4.2.3）的计算结果基本可信。

表 4.2.2　式（4.2.3）与以往研究方法冲淤量计算结果的对比

文献	时段	河段	计算方法	冲刷量/亿 m^3		相对差异[a]
				文献	本书	
Xia 等（2016）	2003～2013 年	宜昌—城陵矶河段	断面法	7	6.7	-4%
Han 等（2017）	2003～2012 年	宜昌—沙市河段	输沙量法	3.1	3.2	3%
Lyu 等（2019）	2003～2016 年	宜昌—城陵矶河段	断面法[b]	11	9.9	-11%
董炳江 等（2019）	2003～2016 年	宜昌—城陵矶河段	断面法	11.2	9.9	-13%

a 相对差异 = （本书冲刷量-文献冲刷量）/本书冲刷量×100%。

b 断面法采用截锥公式 $V_j=(A_j+A_{j+1}+\sqrt{A_jA_{j+1}})L_{j,j+1}/3$ 进行计算，其中 V_j 为两段面间河段槽蓄量（m^3），A_j 和 A_{j+1} 分别为河段起止断面面积（m^2），$L_{j,j+1}$ 为两段面间河段长度（m）。

宜昌—城陵矶河段在 2003～2007 年、2008～2012 年和 2013～2020 年三个时段内的年均冲刷量分别约为 0.86 亿 m^3、0.59 亿 m^3 和 0.64 亿 m^3，再次证明河道在梯级水库运行后冲刷速率增大，但冲刷强度仍弱于三峡水库运行初期。2003～2020 年宜昌—枝城河段、上荆江河段和下荆江河段单位河长冲刷速率分别为 15.7 万 m^3/（km·a）、22.1 万 m^3/（km·a）和 15.6 万 m^3/（km·a），可见上荆江河段的冲刷强度最大，宜昌—枝城河段和下荆江河段较小（图 4.2.5）。

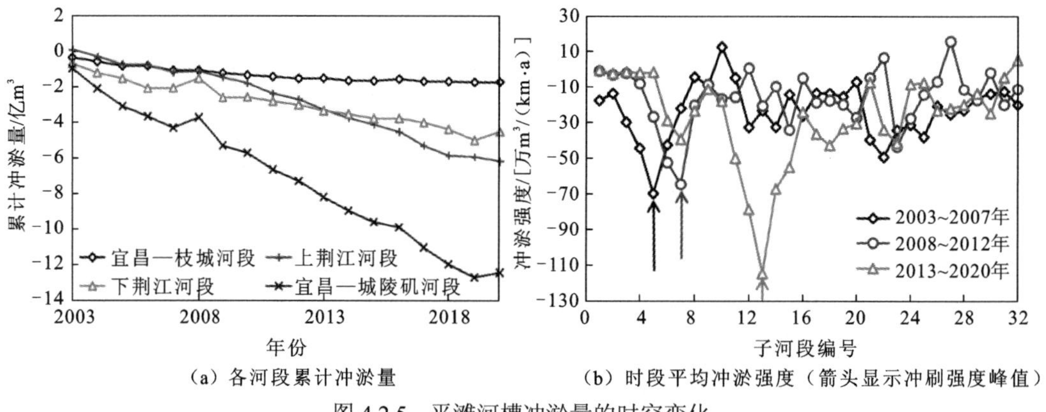

（a）各河段累计冲淤量　（b）时段平均冲淤强度（箭头显示冲刷强度峰值）

图 4.2.5　平滩河槽冲淤量的时空变化

在上述三个时段内，冲刷强度峰值分别出现在子河段 5、7、13[如图 4.2.5（b）中箭头所示]，这些子河段分别位于坝下游约 85 km、106 km 和 178 km，相应冲刷强度分别为 70 万 m^3/（km·a）、65 万 m^3/（km·a）和 115 万 m^3/（km·a）。冲刷强度峰值随时间不断下移，但第三个时段内的冲刷强度峰值最大，可能与梯级水库运用后河道冲刷增强及其他影响因素（如河道边界条件、采砂等）有关。对比图 4.2.5（b）和图 4.2.2（b）可知，冲刷强度峰值的位置与平滩水深变化速率最大的位置一致，说明河道垂向冲深与断面面积增大基本同步，这与以往研究认为宜昌—城陵矶河段冲刷总体为垂向冲深、横向展宽居次要地位的结论一致。

4.3 宜昌—城陵矶河段冲淤的滞后响应模型计算

4.3.1 累计冲刷量的滞后响应模型计算方法

采用第 3 章滞后响应模型的权重归一化模式计算宜昌—城陵矶河段三个子河段的冲淤量 V：

$$V=\sum_{i=0}^{n}(\lambda_i V_{\mathrm{e}i}),\quad \lambda_i=\frac{1-\mathrm{e}^{-\beta\Delta t}}{1-\mathrm{e}^{-(n+1)\beta\Delta t}}\mathrm{e}^{-(n-i)\beta\Delta t} \tag{4.3.1}$$

滞后响应模型运用的关键在于确定特征量平衡值的计算表达式，下面通过影响河道冲淤的水沙关系建立冲淤量平衡值的计算方法。根据张瑞瑾水流挟沙能力公式（张玮，2012）：

$$S_*=K\left(\frac{U^3}{gP\omega}\right)^m \tag{4.3.2}$$

式中：U 为断面平均流速，m/s；g 为重力加速度，m/s^2；P 为水力半径，m；ω 为床沙质沉速，m/s；K 为系数，为正值；m 为指数，为正值。将过水断面概化为矩形河槽，把 $U=Q/A$，断面面积 $A=Bh$，$P=A/\chi=Bh/(B+2h)\approx\alpha h$ 代入式（4.3.2）可得

$$S_*=K\left(\frac{Q^3}{\alpha gB^3h^4\omega}\right)^x \tag{4.3.3}$$

式中：B 为平均河宽，m；h 为平均水深，m；Q 为平均流量，m^3/s; x 为湿周，m; α 为指数。

对于床沙质沉速 ω，在泥沙粒径 $d<0.15$ mm 时，由冈恰洛夫（B.H. Goncharov）公式（张玮，2012）可知：

$$\omega=\frac{1}{24}\frac{\gamma_{\mathrm{s}}-\gamma}{\gamma}g\frac{d^2}{\upsilon} \tag{4.3.4}$$

式中：υ 为水的运动黏滞性系数；γ_{s} 和 γ 分别为泥沙和水的重度。由式（4.3.4）可知，当 γ_{s}、γ 和 υ 保持不变时，$\omega\propto d^2$，将其代入式（4.3.3）可知，水流挟沙能力 S_* 与 $\dfrac{Q^3}{B^3h^4d^2}$ 呈正相关关系，当河宽变化不大时，S_* 与 $\dfrac{Q^3}{h^4d^2}$ 呈正相关关系。河道冲淤还与来沙量（尤其是汛期来沙量）密切相关，以水流挟沙能力与汛期平均含沙量之间的相对大小关系，建立宜昌—城陵矶河段累计冲刷量平衡值 $V_{\mathrm{e}i}$ 的计算表达式：

$$V_{\mathrm{e}i}=K\left(\frac{Q_i^3}{h_i^4d_i^2}\right)^a\Big/S_{\mathrm{f}i}^b \tag{4.3.5}$$

式中：$V_{\mathrm{e}i}$ 为第 i 年累计冲刷量的平衡值；Q_i 为第 i 年的平均流量；h_i 为第 i 年的河段平均水深；d_i 为第 i 年河段内悬移质泥沙的中值粒径；$S_{\mathrm{f}i}$ 为第 i 年的汛期平均含沙量；K 为系数；a、b 为指数，由实测资料率定得到。式（4.3.5）表明水流挟沙能力越强，冲

刷越剧烈，V_{ei}越大；来流含沙量S_{fi}越大，次饱和水流的挟沙能力与含沙量之间的差值越小，河床冲刷作用越弱，V_{ei}越小。因此，在模型中应有$a>0$，$b>0$。

将式（4.3.5）代入式（4.3.1），取$\Delta t=1$年，得到宜昌—城陵矶河段累计冲刷量的滞后响应模型：

$$V=\sum_{i=0}^{n}(\lambda_i V_{\mathrm{ei}})=\frac{1-\mathrm{e}^{-\beta}}{1-\mathrm{e}^{-(n+1)\beta}}\sum_{i=0}^{n}\left[\mathrm{e}^{-(n-i)\beta}K\left(\frac{Q_i^3}{h_i^4 d_i^2}\right)^a\Big/S_{\mathrm{fi}}^b\right] \tag{4.3.6}$$

4.3.2 累计冲刷量变化过程模拟

针对图 4.1.1 所示的三个子河段，采用 2002～2015 年河道实测水沙条件与枯水河槽累计冲刷量，对建立的累计冲刷量的滞后响应模型式（4.3.6）中的参数进行率定，采用2016～2018 年的实测值对率定的模型进行验证。三个子河段的具体计算结果如图 4.3.1所示。随着前期影响年数n的增加，三个子河段在考虑前期水沙条件影响时的精度均高

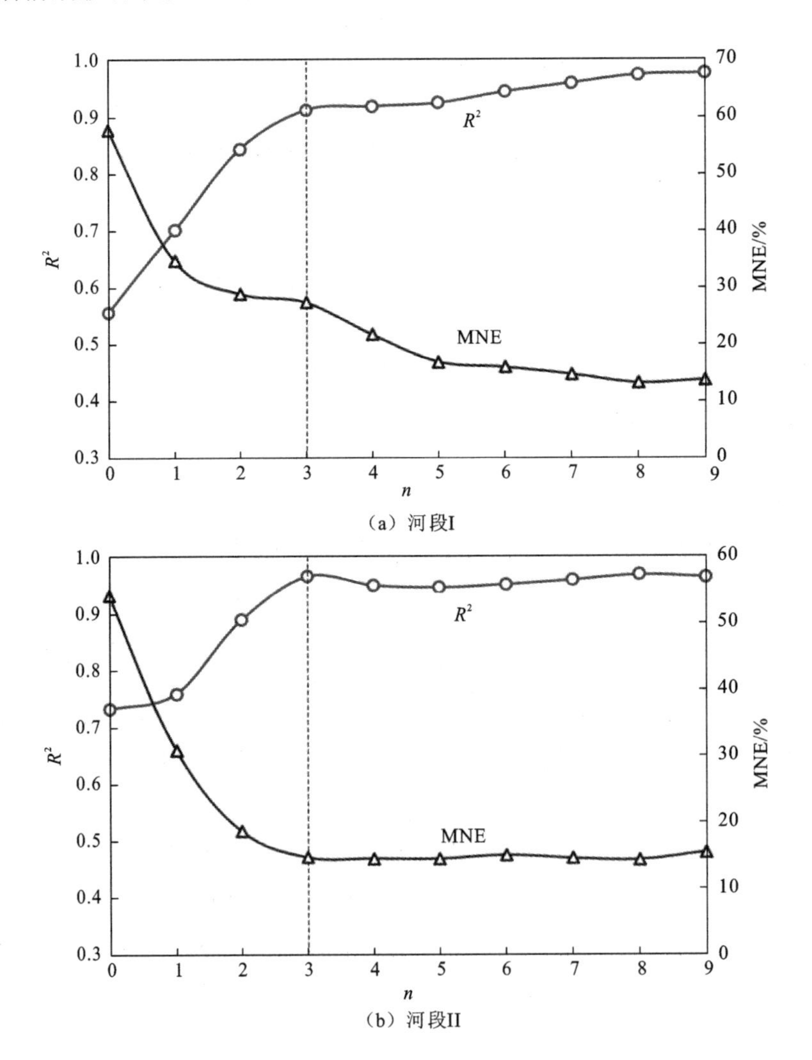

（a）河段I

（b）河段II

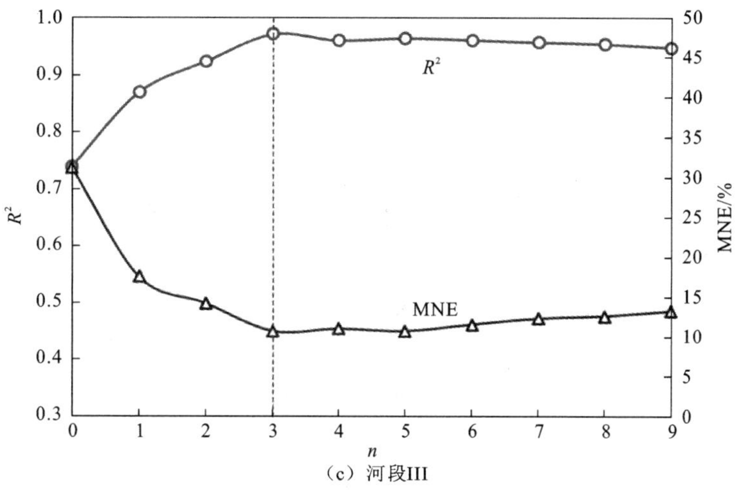

（c）河段III

图 4.3.1　不同前期影响年数 n 下的模型计算精度变化

于仅考虑当年水沙条件（即 $n=0$）时的精度，河段 II 和 III 均在考虑包含当年在内的前期 4 年（即 $n=3$）的水沙条件时，决定系数 R^2 达到最大值并趋于稳定，相对误差 MNE 在最小值附近趋于稳定，对于河段 I 而言，当 $n \leqslant 3$ 时，模型计算精度随着 n 的增加而迅速提高，当 $n>3$ 时，模型计算精度的增长趋势减缓，表明对河道累计冲刷量影响最显著的是包括当年在内的前 4 年（$n=3$）的水沙条件，即三峡水库蓄水后宜昌—城陵矶河段河床冲淤调整受前期 4 年的水沙条件影响较大。

图 4.3.2 展示了 $n=3$ 时三个子河段的模型计算结果，模型相关参数见表 4.3.1。计算结果表明，在考虑前 4 年水沙条件的影响后，三个子河段的模型计算值与实测值的决定系数为 0.91～0.97，相对误差介于 11%～27%，采用 2016～2018 年的实测数据对式(4.3.6)的预测精度进行验证，从图 4.3.2 中可以看出，验证值与实测值较为接近，表明模型计算较为准确。

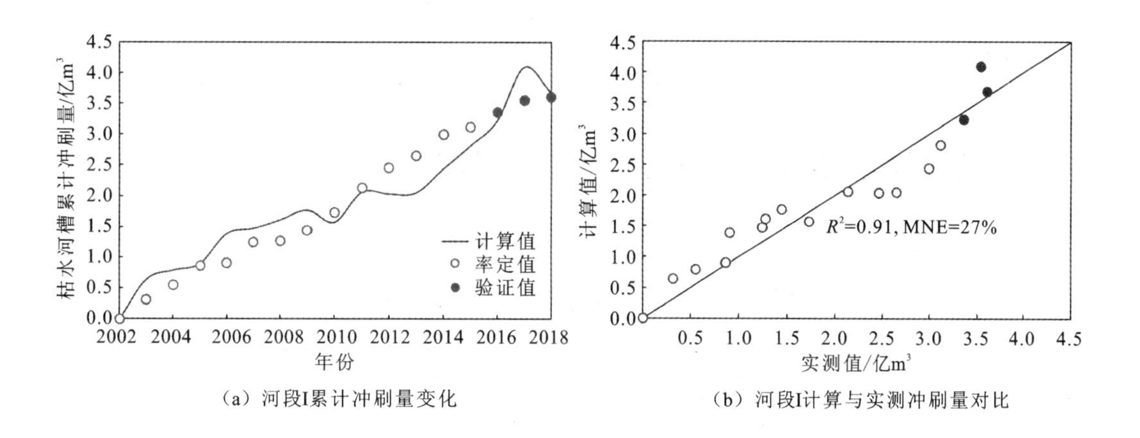

（a）河段I累计冲刷量变化　（b）河段I计算与实测冲刷量对比

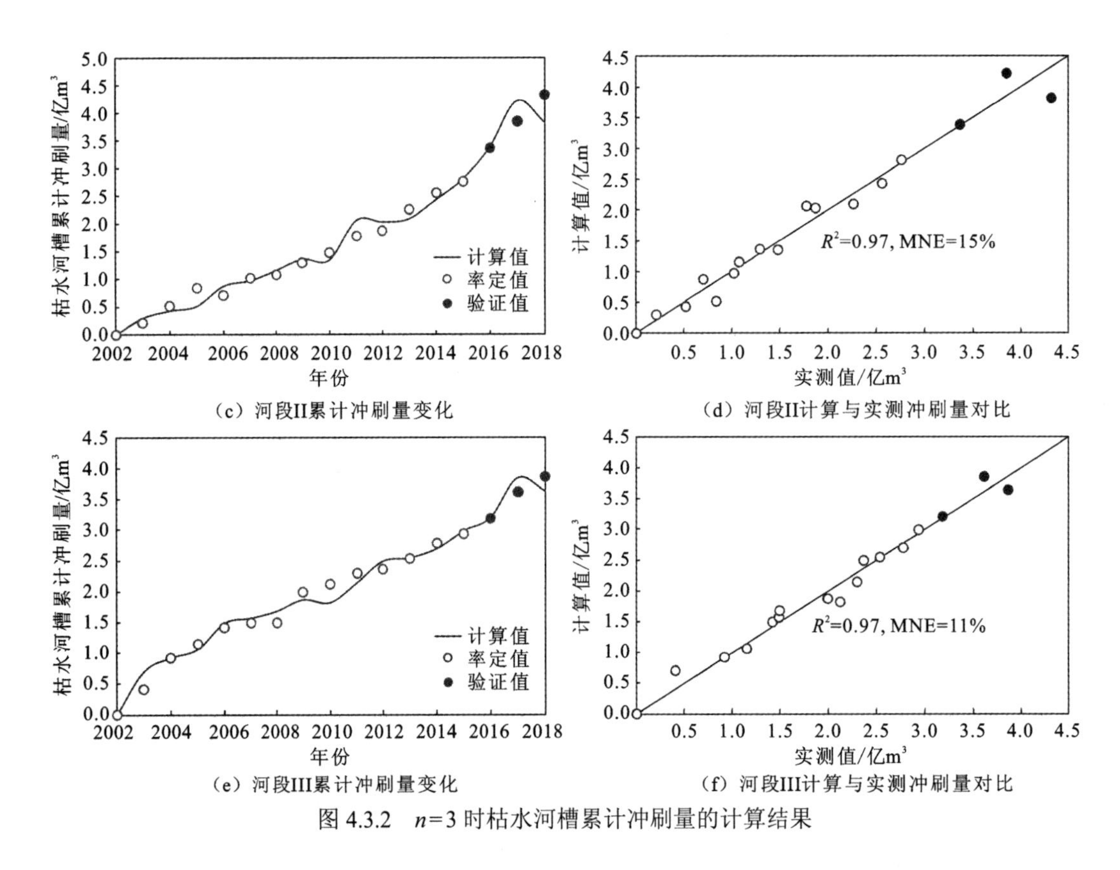

（c）河段II累计冲刷量变化

（d）河段II计算与实测冲刷量对比

（e）河段III累计冲刷量变化

（f）河段III计算与实测冲刷量对比

图 4.3.2　n=3 时枯水河槽累计冲刷量的计算结果

表 4.3.1　式（4.3.6）中模型参数及计算效果

研究河段	模型参数				计算效果	
	K	a	b	β/a^{-1}	R^2	MNE/%
河段 I	0.374	0.028	0.564	0.010	0.91	27
河段 II	0.086	0.080	1.167	0.012	0.97	15
河段 III	0.492	0.003	0.906	0.015	0.97	11

4.3.3　前期水沙条件对累计冲刷量的影响

图 4.3.3 对比了在考虑前期水沙条件（$n=3$）与仅考虑当年水沙条件（$n=0$）时的计算效果，考虑前期水沙条件时累计冲刷量的计算效果明显较优。随着 n 的继续增大，模型计算精度基本维持不变或降低（即 R^2 降低，MNE 增加，见图 4.3.1），这是因为较远年份的水沙条件对当前河床形态调整的影响已经基本消失。

为量化前期水沙条件对当前枯水河槽累计冲刷量的影响，将 $n=3$ 时累计冲刷量的计算公式式（4.3.6）等号右边展开如下：

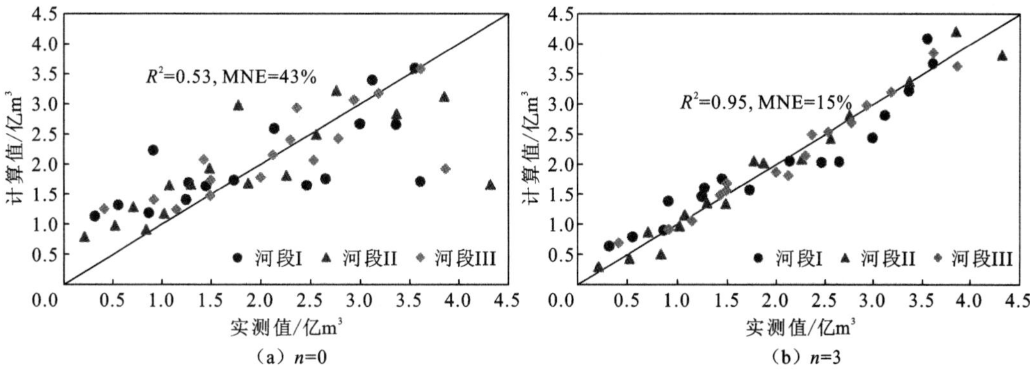

（a）n=0　　（b）n=3

图 4.3.3　$n=0$ 和 $n=3$ 时河段累计冲刷量模型计算效果对比

$$V=\frac{1-\mathrm{e}^{-\beta}}{1-\mathrm{e}^{-4\beta}}\sum_{i=0}^{3}\left[\mathrm{e}^{-(3-i)\beta}K\left(\frac{Q_i^3}{h_i^4 d_i^2}\right)^a/S_{\mathrm{f}i}^b\right]=V_0+V_1+V_2+V_3 \tag{4.3.7}$$

其中，

$$V_0=\frac{1-\mathrm{e}^{-\beta}}{1-\mathrm{e}^{-4\beta}}\mathrm{e}^{-3\beta}K\left(\frac{Q_0^3}{h_0^4\cdot d_0^2}\right)^a/S_{\mathrm{f}0}^b \tag{4.3.8}$$

$$V_1=\frac{1-\mathrm{e}^{-\beta}}{1-\mathrm{e}^{-4\beta}}\mathrm{e}^{-2\beta}K\left(\frac{Q_1^3}{h_1^4\cdot d_1^2}\right)^a/S_{\mathrm{f}1}^b \tag{4.3.9}$$

$$V_2=\frac{1-\mathrm{e}^{-\beta}}{1-\mathrm{e}^{-4\beta}}\mathrm{e}^{-\beta}K\left(\frac{Q_2^3}{h_2^4\cdot d_2^2}\right)^a/S_{\mathrm{f}2}^b \tag{4.3.10}$$

$$V_3=\frac{1-\mathrm{e}^{-\beta}}{1-\mathrm{e}^{-4\beta}}K\left(\frac{Q_3^3}{h_3^4\cdot d_3^2}\right)^a/S_{\mathrm{f}3}^b \tag{4.3.11}$$

V_0、V_1、V_2和V_3分别对应当年、前期 1 年、前期 2 年和前期 3 年的水沙条件的影响，将其分别与累计冲刷量的计算值 V 相除，得到的百分数分别反映当年和前期 1～3 年水沙条件对当前河道累计冲刷量的影响，结果如表 4.3.2 所示。

表 4.3.2　前期水沙条件对河道累计冲刷量的影响权重

年份	影响权重/%			
	当年	前期 1 年	前期 2 年	前期 3 年
2003	39	24	19	18
2004	39	29	18	14
2005	27	33	25	15
2006	46	17	21	16
2007	23	42	16	19
2008	29	20	37	14

续表

年份	影响权重/%			
	当年	前期 1 年	前期 2 年	前期 3 年
2009	25	25	18	32
2010	30	26	26	18
2011	39	22	20	19
2012	23	38	21	18
2013	21	22	37	20
2014	31	18	20	32
2015	41	26	16	17
2016	28	35	23	14
2017	31	23	28	18
2018	12	34	24	30
平均值	30	27	23	20

由表 4.3.2 可知，不同年份前期水沙条件的影响权重有所不同，计算 2003～2018 年当年、前期 1～3 年的水沙条件对当前河道累计冲刷量的影响权重的平均值，结果分别为 30%、27%、23%和 20%，反映了越靠近当前时刻的水沙条件对河道演变影响越大的特点，符合河床演变学的基本认识，并且前期 1～3 年水沙条件的平均影响权重之和高达 70%，说明前期水沙条件对当前河道演变的影响不可忽略。

在个别年份出现了前期水沙条件对累计冲刷量的影响权重高于当年水沙条件影响权重的情况，这往往与较极端的水沙条件有关，极端水沙条件对河道冲淤影响较大，在极端水沙条件发生后的一段时间内其影响虽然逐渐消减但在短时段内仍较高。例如，表 4.3.2 显示当年水沙条件影响权重的峰值出现在 2006 年（46%），2007 年累计冲刷量的影响中，前一年（即 2006 年）的影响（23%）；2008 年累计冲刷量的影响中，前期第 2 年（即 2006 年）的影响（37%）仍大于前一年（20%）和当前年（29%）的影响；2009 年累计冲刷量仍受 2006 年水沙条件影响较大，且明显高于其他年份；同样的现象还出现在 2011～2014 年，这是因为 2006 年和 2011 年是三峡水库蓄水后最为典型的枯水枯沙年，水量和沙量的骤然减少自然会对河道形态调整产生较大影响。

4.4　宜昌—城陵矶河段冲刷重心的时空迁移规律

4.4.1　冲淤速率时空分布矩阵

根据第 3 章提出的识别冲淤重心的聚类机器学习方法对三峡水库运行后宜昌—城陵矶河段的冲刷重心进行识别，研究冲刷重心的时空分布规律。首先根据该河段 2003～

2020 年 32 个子河段的河段平均平滩面积的变化[采用式（4.2.2）计算，得到共 576 个平滩面积变化数据]，对河段平均平滩面积的变化速率进行排序与分级，河段平均平滩面积的变化速率代表单位河长河段的冲淤强度。如 3.3.2 小节所述，将平滩面积变化最小的前 5%的数据归为第 0 等级（准平衡状态），对剩余数据进行频率等分（各等级出现频率均为 23.75%），得到±1、±2、±3 和±4 四类等级，负数等级代表冲刷，即平滩面积增大，正数等级代表淤积，即平滩面积减小，将第-4 等级即冲刷最剧烈的数据点用来进行聚类分析，这一过程如图 4.4.1 所示。

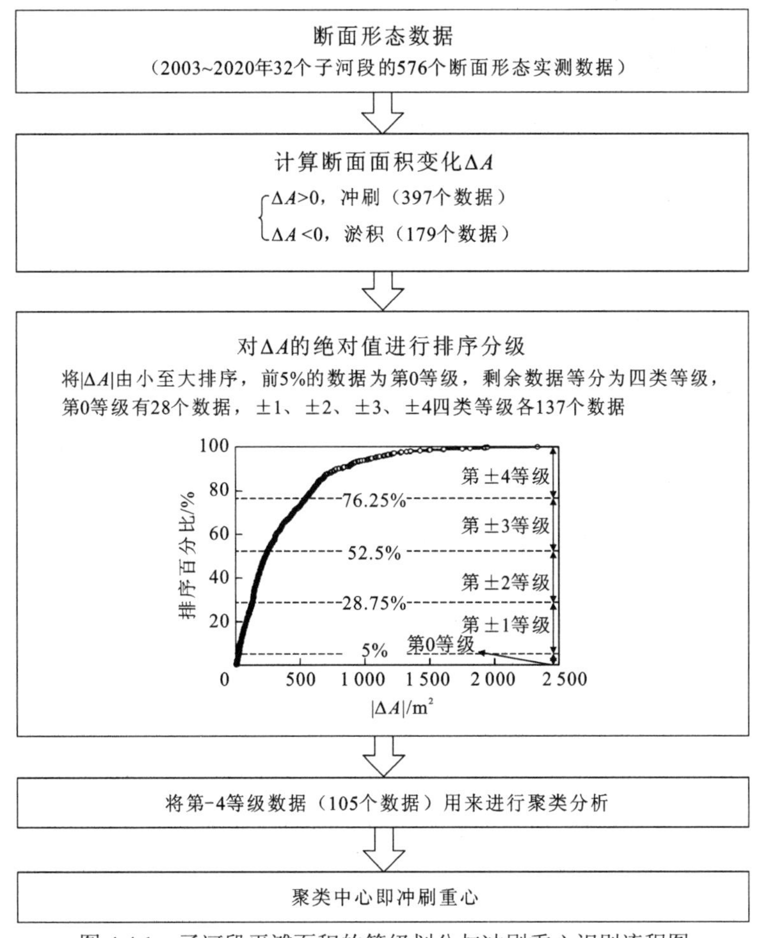

图 4.4.1　子河段平滩面积的等级划分与冲刷重心识别流程图

根据各子河段平滩面积变化速率的等级，得到 2003～2020 年 32 个子河段平滩面积变化速率等级的时空矩阵，如图 4.4.2 所示，图中蓝色系代表冲刷（平滩面积增大），橘色系代表淤积（平滩面积减小），颜色越深代表冲淤越剧烈。

计算 2003～2020 年 32 个子河段的平滩面积变化速率等级的均值和方差，结果如图 4.4.3 所示，平滩面积变化速率等级的均值越大，说明淤积越严重，方差越大说明越易发生冲淤交替或不同冲淤速率的变化越大。除砂卵石河床的宜昌—枝城河段以外，平滩面积变化速率等级的均值和方差具有较显著的沿程增大趋势，其等级的均值沿程增

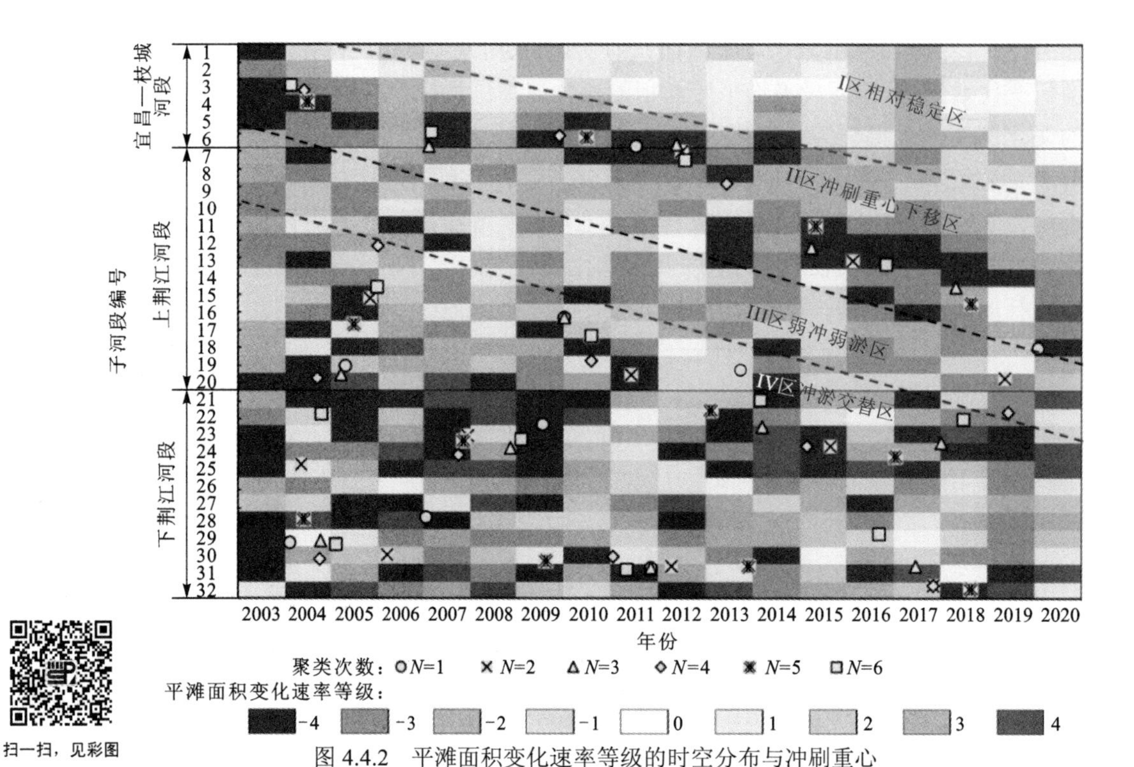

扫一扫，见彩图

图 4.4.2　平滩面积变化速率等级的时空分布与冲刷重心

大，反映了越往下游河段冲刷越弱或越易发生淤积，方差沿程增大说明越往下游河段冲淤等级差异性越大，或者越易发生冲淤交替。图 4.4.2 冲淤等级的时空分布矩阵也显示下荆江河段相对于上荆江河段更易出现冲淤波动。需要说明的是，由于宜昌—枝城河段属于山区到平原河流的过渡河段，河床抗冲性较强，仅在三峡水库运用后前几年冲刷较大，后期冲刷强度明显减小，甚至在一些年份发生淤积（图 4.4.2），因此其在 2003～2020 年的冲淤等级均值较大。

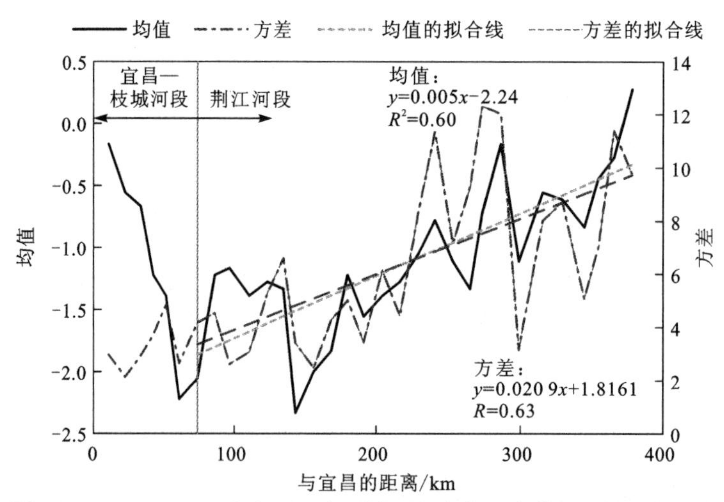

图 4.4.3　2003～2020 年各子河段平滩面积变化速率等级的均值与方差

采用 3.3.3 小节介绍的冲淤重心聚类识别的 *k* means++方法对冲刷强度最大的第-4 等级的样本点进行聚类分析，根据“肘部法则”确定聚类中心的个数 *k*，结果表明在 *k*=9 附近，畸变函数趋于不变。此外，*k* means++方法随机给出初始聚类中心，每次采用该方法对冲刷重心进行聚类识别时，初始聚类中心的位置均不同，因此，分别选取聚类中心个数 *k*=9，11，13 和聚类次数 *N*=3，6，9，组合得到 9 组条件，根据这 9 组条件分别对第-4 等级样本点进行聚类分析，得到不同 *k* 与 *N* 情况下冲刷重心的位置分布，结果如图 4.4.4 所示，多次聚类得到的聚类中心的位置较邻近或有重叠，说明初始中心点的随机选取及聚类次数对聚类中心结果的影响不大，认为聚类结果对聚类中心个数与聚类次数这两个参数不敏感。图 4.4.2 显示了聚类中心个数 *k*=13 和聚类次数 *N*=6 情况下的结果，可以作为该河段冲刷重心聚类识别的最终结果。

4.4.2　冲刷重心的时空分布

如图 4.4.2 所示，根据平滩面积变化速率等级的时空分布，结合对第-4 等级样本点聚类分析得到的冲刷重心结果，可将宜昌—城陵矶河段 32 个子河段在 2003～2020 年的平滩面积变化划分为四个区域。

I 区为相对稳定区：红色虚线以上、矩阵右上角的三角形区域，在这一区域内河道冲淤幅度较小，河道相对稳定，稳定河段的区域随时间不断增大，至 2020 年坝下游约 140 km 长河段处于相对稳定区。

II 区为冲刷重心下移区：红色虚线与黑色虚线内的倾斜带状区域，在这一区域内分布着多个冲刷重心，这些冲刷重心形成随时间向下游迁移的总体分布趋势。4.2.3 小节中三个时段冲刷强度峰值分别所在子河段（子河段 5、7 和 13）均位于这一区域。

III 区为弱冲弱淤区：黑色虚线与紫色虚线内的倾斜带状区域，这一区域内河道冲淤幅度较小，约 2010 年前河床以弱淤为主，之后以弱冲为主，但冲刷强度明显弱于冲刷重心下移区。

IV 区为冲淤交替区：冲刷和淤积交替出现的概率较大，冲刷重心上、下游波动明显。该区域主要集中于下荆江河段（子河段 20～28），如图 4.4.5 所示，典型子河段（子河段 26、28、29）冲淤交替频繁，但冲淤幅度随时间不断降低。IV 区内河道冲刷仍占主导，河道整体表现为冲刷。

需要说明的是，上述四个分区并没有严格的界线，通过聚类机器学习方法得到的冲刷重心位置，反映了较长时空尺度下冲刷重心的平均位置变化。

图 4.4.6 分别给出了四个分区对应的典型子河段累计冲刷量的变化过程。子河段 1 位于相对稳定区（I 区），累计冲刷量随时间变化不大；子河段 4 于 2010 年左右由冲刷重心下移区（II 区）进入相对稳定区（I 区），冲刷速率由快变慢；子河段 13 于 2012 年左右由弱冲弱淤区（III 区）进入冲刷重心下移区（II 区），冲刷速率由慢变快；子河段 28 位于冲淤交替区（IV 区），河道以冲刷为主，但累计冲刷量波动较明显。

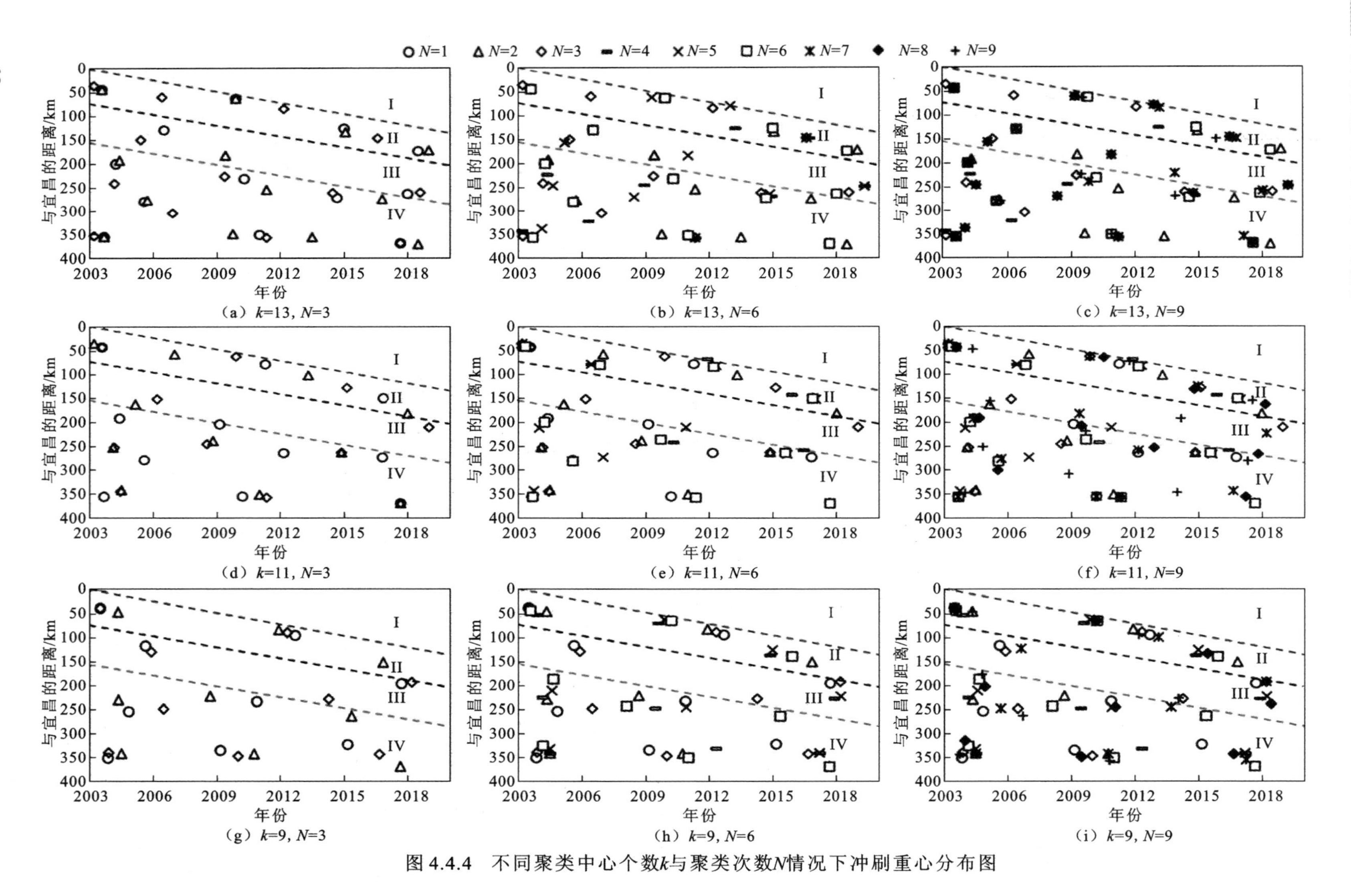

（a）k=13, N=3

（b）k=13, N=6

（c）k=13, N=9

（d）k=11, N=3

（e）k=11, N=6

（f）k=11, N=9

（g）k=9, N=3

（h）k=9, N=6

（i）k=9, N=9

图 4.4.4 不同聚类中心个数k与聚类次数N情况下冲刷重心分布图

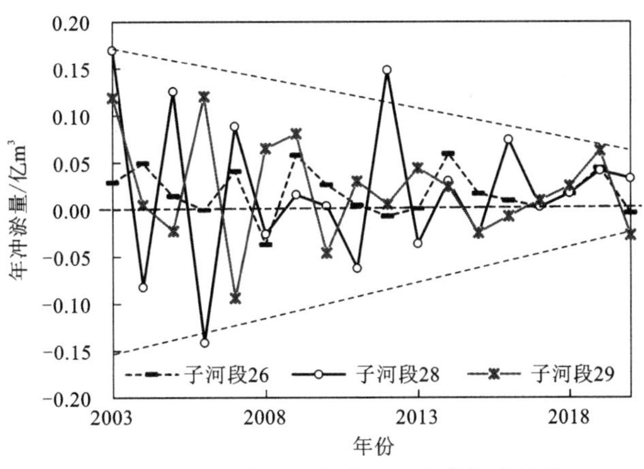

图 4.4.5　冲淤交替区代表子河段的年冲淤量

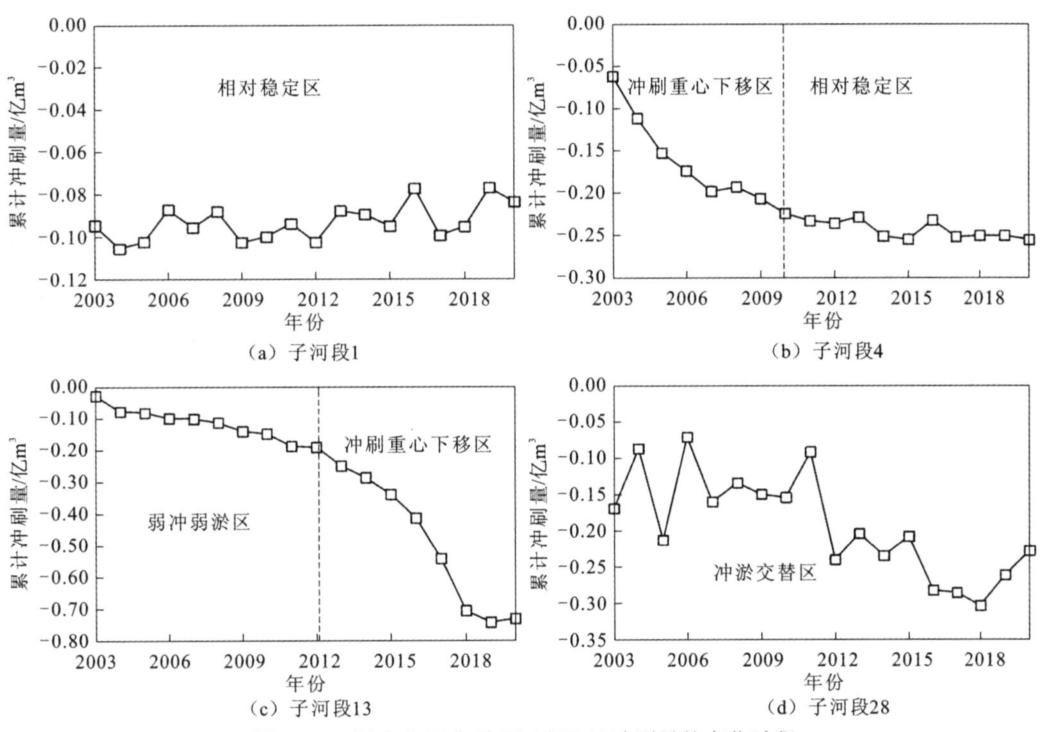

图 4.4.6　四个分区典型子河段累计冲刷量的变化过程

4.4.3　冲刷重心的迁移特性

将 II 区即冲刷重心下移区内的冲刷重心单独画出，结果如图 4.4.7 所示。由图 4.4.7 可见，蓄水初期冲刷重心下移速率较快，2008 年左右逐渐减慢，2013 年左右冲刷重心进入具有沙质河床的上荆江河段，边界条件发生较大变化，冲刷重心下移速率明显加快（图 4.4.2）。这与 4.2.3 小节河道冲淤规律一致，即宜昌—城陵矶河段在 2003～2007 年蓄水初期和 2013～2020 年上游梯级水库陆续运用期冲刷速率较快。可以采用指数方程较好地拟合2003～2020年冲刷重心的下移过程，在2003～2020年冲刷重心下移200 km左右，平均下移速率约为10 km/a。

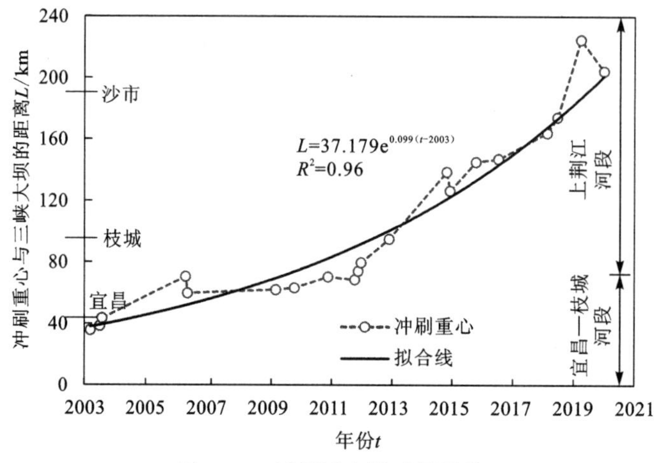

图 4.4.7　冲刷重心随时间下移

图4.4.2与图4.4.7显示冲刷重心在2010年左右迁移至宜昌—枝城河段末端附近，之后下移至上荆江河段，宜昌—枝城河段冲淤幅度减弱，这一结果与以往研究结论基本一致。例如，耿旭等（2017）对宜昌—枝城河段床沙粗化的研究表明三峡水库蓄水运用后宜昌—枝城河段床沙中值粒径明显变大，由蓄水前的0.2～0.6 mm增大至15～70 mm，2010年后该河段粗化层已基本形成。岳红艳等（2020）研究发现，松滋口以上河段在2013年以后冲刷速率明显减缓，河道平面形态、水流主流和河势均保持稳定，聚类结果显示2013年强冲刷带迁移至宜昌下游约100 km处（图4.4.2与图4.4.7），相对稳定区基本涵盖松滋口及其上游河段范围。袁文昊等（2016）的研究也显示从三峡水库蓄水至2011年左右宜昌下游约100 km河段床沙中值粒径明显变粗（图4.4.8），说明河道强冲刷引起了明显的河床粗化。

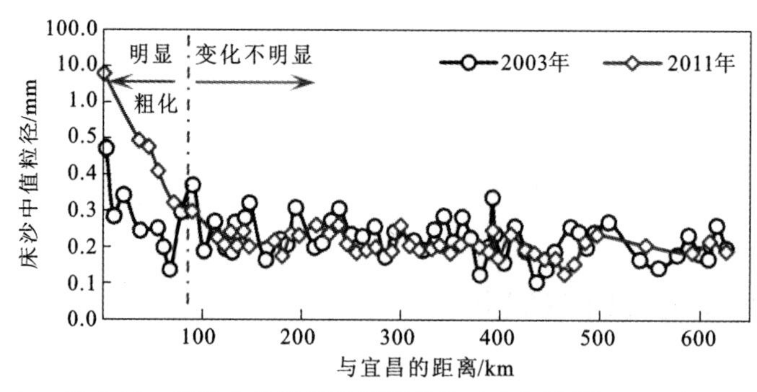

图 4.4.8　床沙中值粒径的沿程变化（袁文昊 等，2016）

弱冲弱淤区（III区）河段的冲刷强度和床沙粒径粗化程度相对于冲刷重心下移区（II区）河段较低。例如，对比位于冲刷重心下移区的枝江河段（约对应子河段8）与位于弱冲弱淤区的沙市河段（约对应子河段14）2003～2009年的床沙中值粒径变化（图4.4.9）

可以发现，枝江河段和沙市河段床沙中值粒径均随时间的推移而粗化，但枝江河段床沙中值粒径与时间的线性回归方程的斜率远大于沙市河段，表明位于冲刷重心下移区的枝江河段的床沙粗化速率比位于弱冲弱淤区的沙市河段的床沙粗化速率快。

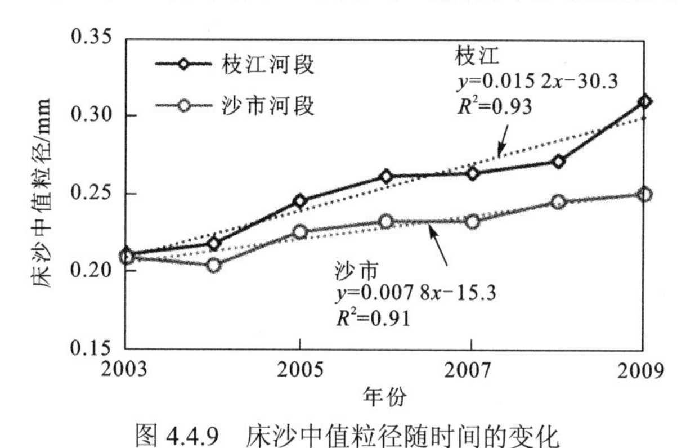

图 4.4.9　床沙中值粒径随时间的变化

4.4.4　冲刷重心下移与河床粗化的数值模拟

本小节采用一维非均匀沙水沙数学模型，研究不同河床泥沙组成对建库后河道冲刷特性及冲刷重心下移的影响机理，重点探究冲刷重心下移与河床粗化的关系。

1. 数值模型的建立

1）模型简介

本节采用 An 等（2020）中的一维非均匀沙水沙数学模型进行数值模拟，在此对其进行简要介绍。该模型水流演进方程采用一维浅水圣维南方程组：

$$\frac{1}{I_{\mathrm{f}}}\frac{\partial h}{\partial t}+\frac{\partial q_{\mathrm{w}}}{\partial x}=0 \tag{4.4.1}$$

$$\frac{1}{I_{\mathrm{f}}}\frac{\partial q_{\mathrm{w}}}{\partial t}+\frac{\partial}{\partial x}\left(\frac{q_{\mathrm{w}}^{2}}{h}+\frac{1}{2}gh^{2}\right)=ghJ-C_{\mathrm{f}}U^{2} \tag{4.4.2}$$

$$C_{\mathrm{f}}=C_{\mathrm{z}}^{-2} \tag{4.4.3}$$

式中：x 为沿水流流向的坐标；t 为时间；g 为重力加速度，取 9.81 m/s^2；h 为平均水深，m；U 为断面平均流速，m/s；$q_{\mathrm{w}}=hU$ 为单宽流量，m^2/s；J 为河床比降；I_{f} 为将每年实际洪水过程转化为恒定水流的洪水间歇因子，即采用占全部洪水过程时间 I_{f} 比例的恒定水流来代替整个洪水过程；C_{f} 为量纲为一的阻力系数；C_{z} 为量纲为一的谢才（Chézy）系数。

非均匀沙的泥沙守恒埃克斯纳方程为

$$\frac{1}{I_{\mathrm{f}}}(1-\lambda_{\mathrm{p}})\frac{\partial z_{\mathrm{b}}}{\partial t}=-\frac{\partial q_{\mathrm{sT}}}{\partial x} \tag{4.4.4}$$

式中：λ_{p} 为床沙孔隙率；z_{b} 为河床高程，m；q_{sT} 为非均匀沙条件下各组床沙质单宽输沙

率之和，m^2/s。将非均匀沙划分为 x 组，则 $\sum_{i=1}^{x} q_{si} = q_{sT}$，$q_{si}$ 为第 i 组泥沙的单宽输沙率。

根据活动层理论，将河床沿垂向划分为活动层和底层，活动层为河床直接与水流挟带的床沙质发生交换的部分，其厚度与当地水深或沙波波高有关，底层泥沙具有多年河床垂向沉积结构，级配通常与河床垂向深度有关（Hirano，1971）。图 4.4.10 为河床垂向分层示意图。

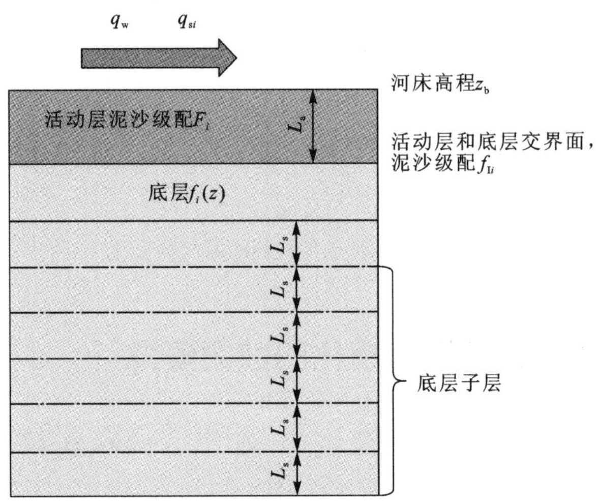

图 4.4.10　基于活动层理论的河床垂向分层示意图

$f_i(z)$为底层泥沙垂向结构；L_g 为底层子层厚度

各组非均匀沙的泥沙守恒方程如下（Parker，2004）：

$$(1-\lambda_p)\left[f_{Ii}\frac{\partial}{\partial t}(z_b - L_a) + \frac{\partial}{\partial t}(F_i L_a)\right] = -\frac{\partial q_{si}}{\partial x} \tag{4.4.5}$$

式中：F_i 为活动层中第 i 组泥沙的百分比；f_{Ii} 为活动层和底层交界面上第 i 组泥沙的百分比，满足 $\sum_{i=1}^{x} F_i = \sum_{i=1}^{x} f_{Ii} = 1$；$L_a$ 为活动层厚度，m。

将式（4.4.4）代入式（4.4.5）可以得到活动层泥沙级配调整计算式：

$$\frac{1}{I_f}(1-\lambda_p)\left[L_a\frac{\partial F_i}{\partial t} + \left(F_i - f_{Ii}\right)\frac{\partial L_a}{\partial t}\right] = f_{Ii}\frac{\partial q_{sT}}{\partial x} - \frac{\partial q_{si}}{\partial x} \tag{4.4.6}$$

交界面泥沙级配 f_{Ii} 的计算方法如下（Hoey and Ferguson，1994）：

$$f_{Ii} = \begin{cases} f_{i|z_b - L_a}, & \dfrac{\partial(z_b - L_a)}{\partial t} \leqslant 0 \\ \alpha' F_i + (1-\alpha')p_{si}, & \dfrac{\partial(z_b - L_a)}{\partial t} > 0 \end{cases} \tag{4.4.7}$$

式中：$f_{i|z_b - L_a}$ 为第 i 组泥沙在活动层和底层交界面上的百分比；$p_{si} = q_{si} / q_{sT}$，为第 i 组泥沙在床沙质中的百分比；α' 为表示活动层床沙与淤积床沙质混合程度的参数，在此取 0.5。

各组泥沙的单宽输沙率 q_{si} 采用恩格伦德-汉森（Engelund-Hansen）输沙率公式计算（An et al.，2020）：

$$N_i^* = A_i(\tau_i^*)^{B_i} \tag{4.4.8}$$

$$A_i = 0.037\left(\frac{D_i}{D_{sg}}\right)^{0.445} \tag{4.4.9}$$

$$B_i = 0.876\left(\frac{D_i}{D_{sg}}\right)^{-0.348} \tag{4.4.10}$$

式中：N_i^*和 τ_i^* 分别为第 i 组泥沙量纲为一的床沙质单宽输沙率和壁面切应力；D_{sg} 为表层床沙几何平均粒径，m；D_i 为第 i 组泥沙在床沙质中的百分比。量纲为一的壁面切应力按式（4.4.11）、式（4.4.12）计算：

$$\tau_i^* = \frac{\tau_b}{\rho g R D_i} \tag{4.4.11}$$

$$\tau_b = \rho C_f U^2 \tag{4.4.12}$$

式中：τ_b 为壁面切应力，Pa；ρ 为水的密度，取 1 000 kg/m^3；g 为重力加速度，m/s^2；R 为泥沙水下相对密度，取 1.65；C_f 为量纲为一的阻力系数；U 为断面平均流速，m/s。计算得到 N_i^* 后，代入式（4.4.13）计算各组泥沙的单宽输沙率：

$$q_{si} = \frac{N_i^* u_*^3 F_i}{C_f R g} \tag{4.4.13}$$

式中：u_* 为摩阻流速，m/s。

底层泥沙垂向结构：

$$f_{i,M}\big|_{t+\Delta t} = \frac{\{f_{i,M}[z_b - L_a - (M-1)L_s]\}\big|_t + \delta f_{Ii}}{[z_b - L_a - (M-1)L_s]\big|_t + \delta} \tag{4.4.14}$$

式中：$f_{i,M}$为顶端子层中第 i 组泥沙所占百分比；Δt 为泥沙守恒方程的计算时间步长，取 1 年；δ 为新淤厚度，m；f_{Ii} 为活动层与底层交界面上第 i 组泥沙所占百分比，可由式（4.4.7）确定。当淤积高度与原来顶端子层的厚度之和大于底层子层厚度 L_s 时，底层子层个数增加，旧顶端底层床沙仅与部分新淤泥沙混合，两者厚度之和为子层厚度 L_s，级配为两者按厚度加权平均；而新淤泥沙的其他部分置于原顶端子层之上作为新的底层子层，级配为 f_{Ii}，同时增加底层子层的个数

$$f_{i,M}\big|_{t+\Delta t} = \frac{\{f_{i,M}[z_b - L_a - (M-1)L_s]\}\big|_t + [ML_s - (z_b - L_a)]\big|_t\, f_{Ii}}{L_s} \tag{4.4.15}$$

采用基于有限体积法的戈杜诺夫（Godunov）型格式和哈滕-拉克斯-范里尔（Harten-Lax-van Leer，HLL）黎曼（Riemann）近似求解器求解圣维南方程组，泥沙守恒方程[式（4.4.4）和式（4.4.6）]采用一阶迎风格式和一阶显格式分别离散空间项与时间项，具体求解过程可参考安晨歌（2018）。

2）参数及边界条件设置

模型中假定出口边界处为侵蚀基准面，即出口断面的河床高程不变，而宜昌—城陵矶河段下游边界处河床为沙质河床，不满足作为侵蚀基准面的条件，因此将计算河长由实际河长 400 km 延长至 1 000 km，用以削弱出口边界高程固定对研究河长范围内床面冲淤的影响。模型中各参数取值如表 4.4.1 所示。计算时所采用的活动层厚度与当地河段的沙波高度接近（Blom，2008）。长江中游河段的小型沙波和大型沙波的高度分别为 1～2 m 和 3～5 m（Chen et al.，2012），因此活动层厚度 L_a 取 1.5 m 和 3 m 两种情况。在之后的分析过程中，为探究活动层厚度的取值对冲刷分布规律的影响，将 2020 年实测的年均床沙级配作为底层床沙，增加活动层厚度取 0.5 m 的算例以作为补充。

表 4.4.1　模型计算参数及相关资料来源

计算参数	取值	参考文献/依据
进口平滩流量 Q_{bf}	26 000 m^3/s	Huang 等（2014）
河床比降 J	4.89×10^{-5}	
平滩河宽 B_{bf}	1 300 m	
平滩水深 H_{bf}	16 m	
流速 U	20 m/s	
进口河床供沙率 q_f	4.82×10^{-5} m^2/s	
量纲为一的阻力系数 C_f	4.91×10^{-3}	
泥沙水下比重 R	1.65	—
水的密度 ρ	1 000 kg/m^3	
河床孔隙率 λ_p	0.35	
洪水间歇因子 I_f	0.73	
计算河长 L	1 000 km	根据本次模拟具体确定
空间步长 Δx	10 km	
河床演变的时间步长 Δt_m	10^{-3} 年	
水力计算时间步长 Δt_h	10^{-5} 年	
活动层厚度 L_a	1.5 m 或 3 m	郭小虎等（2020）；Chen 等（2012）；Blom（2008）
活动层泥沙级配 F_i	—	
底层泥沙级配 f_i	—	水利部长江水利委员会
进口悬沙级配	—	曹广晶和王俊（2015）

根据宜昌站附近的河床钻孔数据设置底层泥沙级配。注意到 2020 年宜昌站床沙最粗粒径达 128 mm（图 4.4.11），而钻孔数据中最粗粒径只有 32 mm，若不考虑上游卵石推移质来沙，将钻孔泥沙级配作为底层床沙，冲刷后仍达不到实测泥沙级配的粗化程度。因此，将 2020 年实测年均床沙级配与钻孔泥沙级配组合，即将 32～128 mm 的粗沙按照 2020 年实测床沙的比例添加到钻孔泥沙级配上，设计 4 组不同粗细的底层床沙级

配，如表 4.4.2 所示。具体做法为：将钻孔泥沙级配中各粒径组的比例分别乘以 80%、70%、60%和 50%，再将 2020 年实测的 32～64 mm 及 64～128 mm 两粒径组的泥沙比例归一化处理后分别乘以 20%、30%、40%和 50%，然后分别加到之前得到的 4 组钻孔泥沙级配上，得到分别补充 20%、30%、40%和 50%粗沙的 4 组底层泥沙级配。活动层初始级配参照 2002 年三峡水库开始运用时，宜昌站的实测床沙级配来设置。图 4.4.11 显示设计的各组底层泥沙级配与 2020 年实测年均床沙级配的范围比较接近，设计范围较合理。

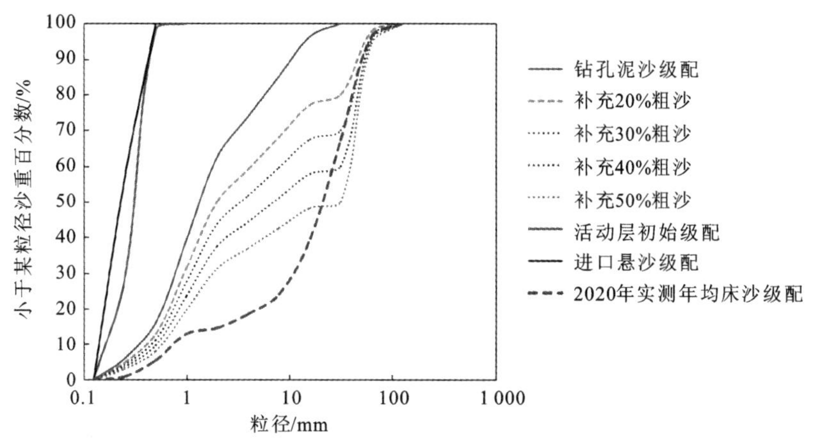

图 4.4.11　设计底层泥沙级配、进口悬沙级配及活动层初始泥级配

表 4.4.2　设计底层泥沙级配

泥沙级配	小于某粒径沙重百分数/%										
	0.125 mm	0.25 mm	0.5 mm	1 mm	2 mm	4 mm	8 mm	16 mm	32 mm	64 mm	128 mm
钻孔泥沙级配	0.0	5.9	16.1	39.3	62.6	73.8	85.1	96.4	100.0		
2020 年实测年均床沙级配	0.0	0.9	5.4	12.9	14.6	18.5	24.0	39.7	67.3	96.4	100.0
补充 20%粗沙	0.0	4.7	12.9	31.5	50.1	59.1	68.1	77.1	80.0	97.8	100.0
补充 30%粗沙	0.0	4.1	11.3	27.5	43.8	51.7	59.6	67.5	70.0	96.7	100.0
补充 40%粗沙	0.0	3.5	9.6	23.6	37.5	44.3	51.1	57.8	60.0	95.6	100.0
补充 50%粗沙	0.0	2.9	8.0	19.7	31.3	36.9	42.6	48.2	50.0	94.5	100.0

在模型应用前，需校核模型中输沙率公式在宜昌—城陵矶河段的适用性，这一过程通过对比模型计算得到的三峡水库运用前的床沙质输沙率与实际输沙率完成。根据表 4.4.1 中参数及 2002 年宜昌站的床沙级配，采用式（4.4.8）～式（4.4.13）计算床沙质输沙率，计算得到床沙质输沙率约为 4 012 万 t/a。将 0.125 mm 作为床沙质与冲泻质的分界，如表 4.4.3 所示，建库前宜昌站大于 0.125 mm 粒径的泥沙占比约为 10%，由图 4.1.3 可知，三峡水库运用前宜昌站年均输沙率约为 3.915 亿 t/a，该数值乘以 10%得到床沙质输移率为 3 915 万 t/a，与计算得到的床沙质输沙率 4 012 万 t/a 接近，因此认为上述输沙率公式适用于该河段。

表 4.4.3　建库前宜昌站床沙及悬沙级配

项目	粒径								
	0.004 mm	0.008 mm	0.015 6 mm	0.031 3 mm	0.062 5 mm	0.125 mm	0.25 mm	0.5 mm	1 mm
床沙中小于该粒径的比例/%						0	27.92	98.21	100
悬沙中小于该粒径的比例/%	30.87	46.89	60.68	72.55	82.2	90	96.5	100	

2. 模型计算结果与讨论

采用 2003～2020 年平均水沙条件进行计算，得到不同底层床沙级配下 2020 年床沙级配的计算值，各计算工况下进口河段与2020年实测宜昌站的床沙级配对比结果如图 4.4.12 所示，各计算条件下的床沙级配基本位于实测床沙级配范围之间，表明数值模拟的结果基本可信。

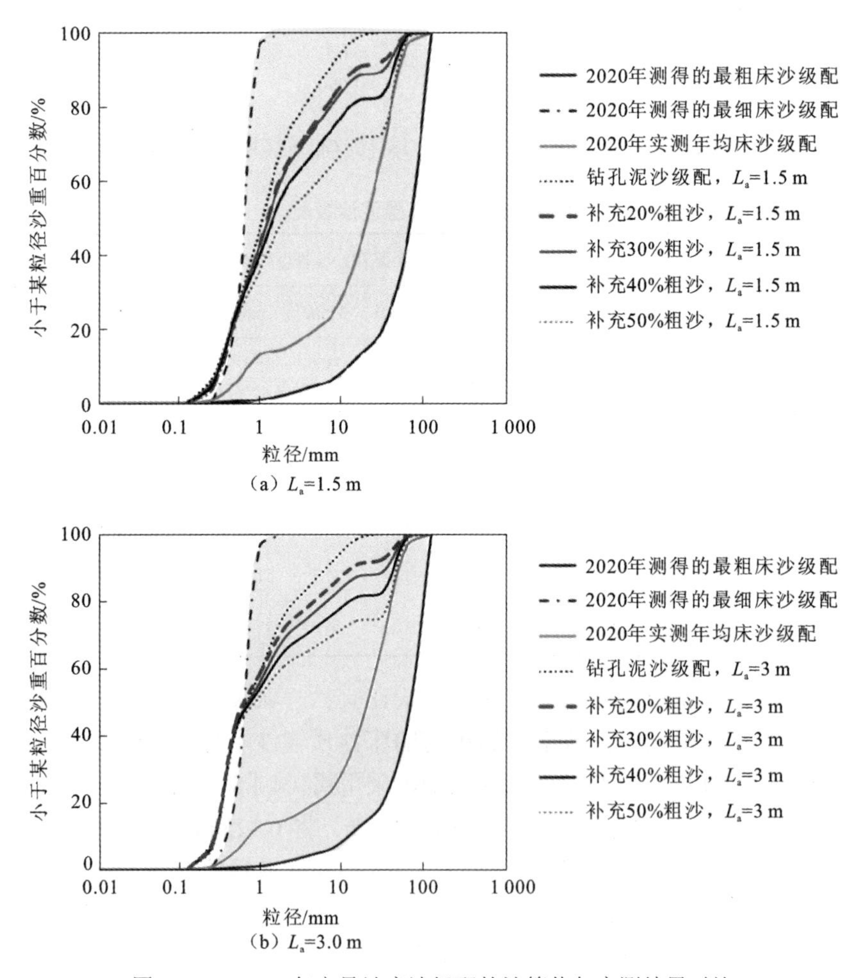

扫一扫，见彩图

图 4.4.12　2020 年宜昌站床沙级配的计算值与实测结果对比

一维非均匀沙水沙数学模型中河道冲淤沿程呈渐变趋势，因此，直接将沿程冲刷强度最大的位置作为冲刷重心。对比不同计算工况发现，当活动层厚度相同时，底层床沙级配越粗，越早出现冲刷重心迁移现象；当底层床沙级配相同时，活动层越薄，越容易出现冲刷重心迁移现象。如图 4.4.13（a）所示，当活动层厚度 L_a=1.5 m 时，以实测钻孔数据和补充 20%粗沙作为底层床沙条件的两组算例均未出现冲刷重心迁移现象，冲刷强度最大的位置位于研究河段的进口处；增加活动层厚度（L_a=3 m）后，仅在补充 50%粗沙的底层床沙条件下出现了冲刷重心迁移现象，并且迁移速率小于 L_a=1.5 m 时的迁移速率[图 4.4.13（b）]，表明活动层厚度和底层床沙级配分别影响冲刷重心的迁移速率和迁移出现的时间。此外，图 4.4.13 中，L_a=1.5 m 时数值模拟得到的冲刷重心迁移速率与基于实测资料得到的冲刷重心迁移速率较为接近。

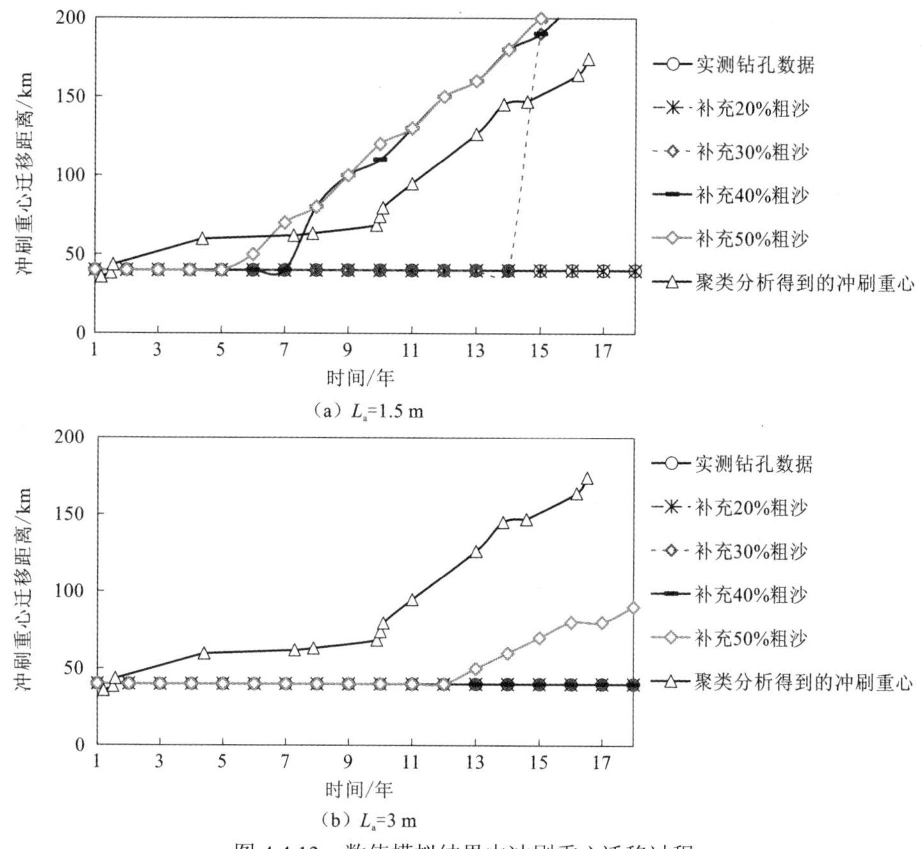

（a）L_a=1.5 m

（b）L_a=3 m

图 4.4.13　数值模拟结果中冲刷重心迁移过程

以上结果表明冲刷重心的迁移速率受到河床垂向沉积结构的影响。河床垂向沉积结构包括冲刷之前的表面沙层厚度和级配及沙层以下的垂向泥沙级配，反映在数值模拟中分别为活动层厚度及活动层和底层泥沙的级配。当底层泥沙级配相同时，活动层越厚，冲刷重心的迁移速率越小；活动层的泥沙级配比底层泥沙级配更细，活动层的泥沙级配及厚度近似代表建库之前下伏砾石层之上的沙层级配及厚度；冲刷重心的迁移速率随着活动层厚度的增大而减小表明前期沙层越厚，河床中能够被水流挟带的泥沙储量越多，水流挟沙量恢复速率越快，越不容易出现冲刷重心迁移现象；反之，活动层厚度减小，相当于降低了前期沙层细沙的储备量，水流难以立即达到输沙平衡，紧邻水库下游的河床沙层被快速冲刷，河床迅速粗化，以抑制河床的进一步冲刷，冲刷重心易向下游迁移。

在图 4.4.13 中，部分算例冲刷重心的迁移并不是连续的。例如，在底层床沙级配分别补充 30%和 40%粗沙的算例中，冲刷重心在部分年份出现了空间上的跳跃迁移，称为“空间跃迁”。为了进一步探讨底层床沙级配对冲刷重心空间跃迁的影响，增加三组算例，即在实测钻孔数据的基础上分别补充 33%、35%和 37%的粗沙作为底层床沙级配，结果如图 4.4.14 所示，可见冲刷重心空间跃迁现象出现在不同算例中，这与冲刷波的沿程发展有关。图 4.4.15 显示出河床冲刷波随时间不断向下游传播，冲刷重心的位置往往取决于进口河段附近的冲刷强度与冲刷波最大冲刷强度（峰值）的对比关系。在冲刷初期，进口河段附近河床最先受到冲刷，床沙粗化速率较快，进而抑制了河床冲刷，同时上游河床粗化导致河床对下游水流含沙量的补给作用减弱，下游河段冲刷增强，表现为冲刷波的峰值逐渐增大，当冲刷波的峰值增大至超过进口河段附近的冲刷强度时，冲刷重心即由进口河段附近跳跃至冲刷波峰值处，从而使得冲刷重心在空间上发生不连续的跃迁。

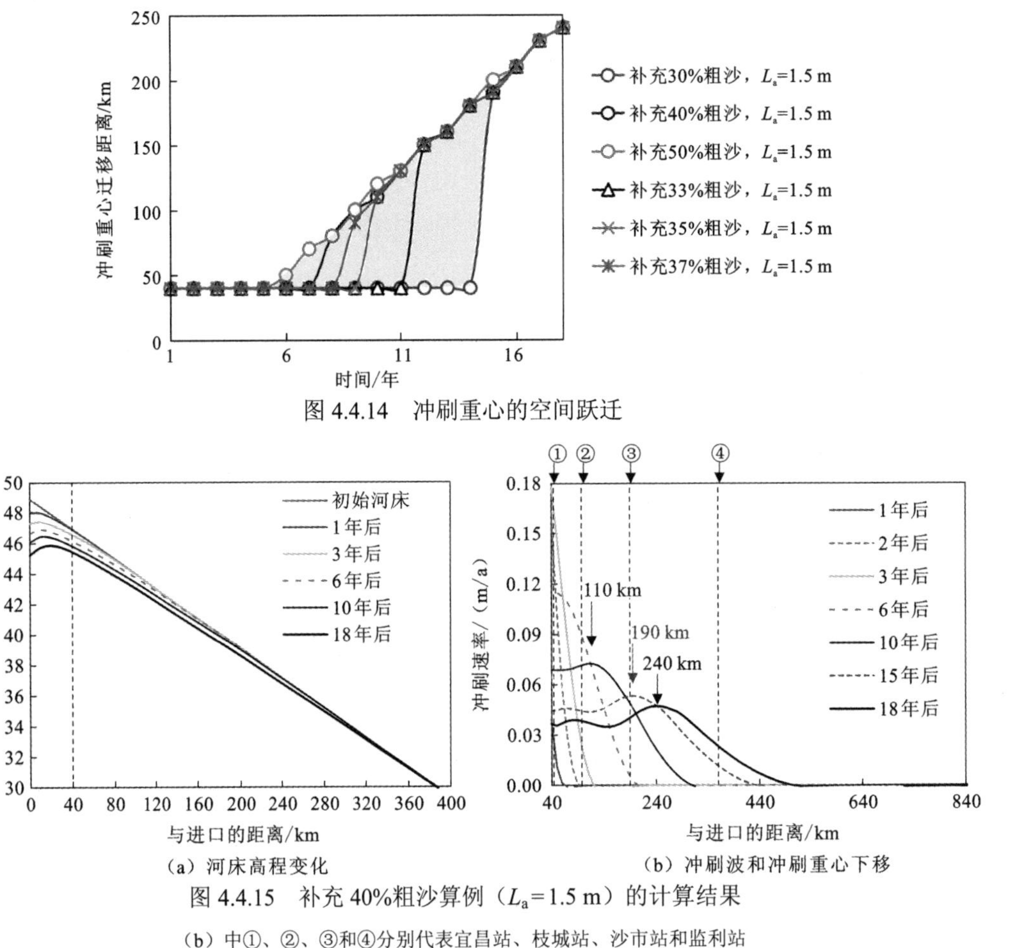

图 4.4.14 冲刷重心的空间跃迁

（a）河床高程变化 （b）冲刷波和冲刷重心下移

图 4.4.15 补充 40%粗沙算例（L_a=1.5 m）的计算结果

（b）中①、②、③和④分别代表宜昌站、枝城站、沙市站和监利站

扫一扫，见彩图

定义指标 Δ 以衡量年际床沙粗化速率：

$$\Delta = d_i - d_{i-1} \tag{4.4.16}$$

式中：d_i 和 d_{i-1} 分别为第 i 年和第 i-1 年表层床沙的几何平均粒径。定义粗化最快位置为“粗化重心”。

对比各算例中床沙粗化重心和冲刷重心的位置发现，当 L_a=1.5 m 时，无论是否出现冲刷重心迁移，粗化重心均向下游迁移（图 4.4.16）；随着活动层厚度的增加（L_a=3 m），粗化重心仍向下游迁移，但迁移速率减慢。在出现冲刷重心迁移的算例中，冲刷重心迁移速率等于床沙粗化位置的迁移速率。两者的同步关系表明冲刷越强，河床粗化速率越快，粗化程度越高；床沙粗化虽然会抑制河床冲刷，但在粗化程度较低的情况下，床沙粗化不一定会导致冲刷重心迁移。

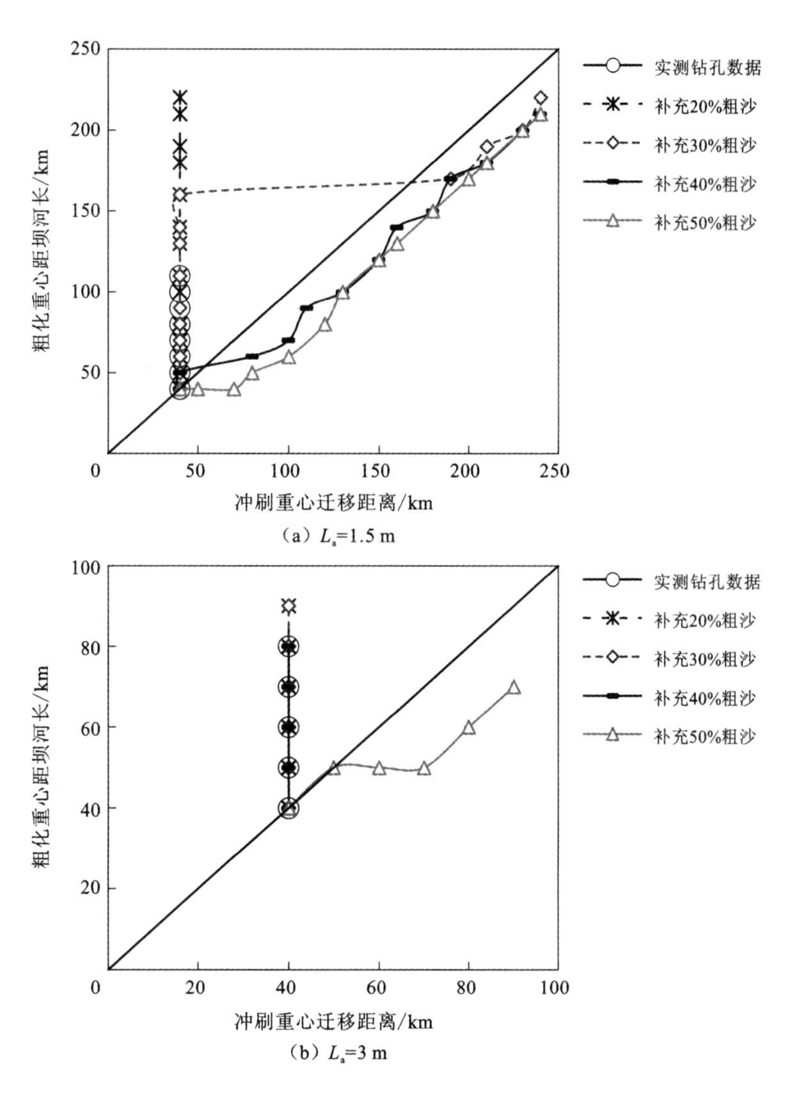

（a）L_a=1.5 m

（b）L_a=3 m

图 4.4.16　不同设计工况下床沙粗化重心与冲刷重心的对比

4.5 本章小结

本章在分析三峡水库运用后长江中游宜昌—城陵矶河段的水沙条件与冲淤特征的基础上，采用河床演变的滞后响应模型和识别冲刷重心的聚类机器学习方法，结合一维非均匀沙水沙数学模型，研究了该河段在强非平衡态下的时空冲淤滞后响应与空间联动特性，主要结论如下。

（1）三峡水库蓄水后宜昌—城陵矶河段的年径流量变化不大，年输沙量大幅减少，随着 2013 年后上游梯级水库的修建，三峡大坝下游输沙量进一步减少。三峡水库蓄水后宜昌—城陵矶河段依次经历蓄水初期冲刷较强（2003～2007 年）、175 m 正常蓄水后冲刷减弱（2008～2012 年）和上游梯级水库运用后冲刷增强（2013～2018 年）三个阶段，但 2013 年后河段冲刷强度弱于蓄水初期。宜昌—枝城河段、上荆江河段和下荆江河段的横向摆动幅度随时间减弱，上荆江河段累计冲刷量最大，下荆江河段冲淤交替频繁，仍以冲刷为主。

（2）采用滞后响应模型建立了宜昌—城陵矶河段不同子河段累计冲刷量的计算方法，结果表明，该计算方法可以较准确地模拟三峡水库蓄水后该河段的冲刷调整过程，该河段河床演变与前期 4 年的水沙条件密切相关，前期水沙条件的综合影响权重达 70%，说明河床演变的滞后响应特征或前期水沙条件的影响是不可忽略的。

（3）采用识别冲刷重心的聚类机器学习方法，得到了宜昌—城陵矶河段冲刷重心的时空分布特征，发现冲刷重心在蓄水初期下移速率较快，2008 年后下移速率减慢，2013 年上游梯级水库运用后，冲刷重心由宜昌—枝城河段下移至上荆江河段，并在上荆江河段下移速率加快，2003～2020 年冲刷重心平均下移速率约为 10 km/a。采用一维非均匀沙水沙数学模型，研究了冲刷重心与河床泥沙组成及粗化的关系，发现底层床沙级配越粗，越容易出现冲刷重心迁移现象，粗砂层（如河床下伏砾石层）埋藏深度越浅，冲刷重心迁移速率越快，并且河床粗化并不一定会出现冲刷重心迁移，但冲刷重心迁移一定伴随着河床粗化。

第5章 三门峡库区冲淤与潼关高程的时空滞后响应

三门峡水库为黄河干流第一座大型水库，水库修建后引起了严重的溯源淤积，潼关高程抬升，威胁上游地区的防洪安全。为减缓库区淤积、降低潼关高程，三门峡水库经过了多次改建与运行方式调整，引起了上游库区与回水区复杂的时空冲淤响应。本章在分析三门峡库区及回水区时空冲淤与潼关高程变化规律的基础上，采用河床演变阶段模型分析了库区河道演变阶段的时空变化，研究了汛期与非汛期冲淤重心的时空响应规律及其对潼关高程的影响，最后基于河床演变的滞后响应模型建立了库区淤积与潼关高程的计算方法。

5.1 研究背景

修建大坝是人类对河流最强烈的干扰之一，目前关于大坝影响的研究多关注大坝下游河段(Petts and Gurnell，2005；Brandt，2000)，对大坝上游河段的研究较少(Liro，2019，2015)。大坝修建后上游河段受到水库运行的影响发生溯源冲淤（陈建国 等，2014），同时上游来水来沙条件不断变化，上游水沙与下游水库运行协同作用，使库区河道的时空冲淤规律十分复杂。研究大坝上游河段对来水来沙与水库运行的响应过程及时空演变规律，有助于深化对库区河道演变规律的认识，为水库运行及泥沙管理提供科学参考。

大坝上游河段不仅在时间上对水库运行及水沙变化等具有滞后响应的特征，而且在空间上存在沿程与溯源冲淤的传播及联动。例如，郑珊和吴保生（2014）的研究认为渭河下游及黄河小北干流的河道演变滞后于来水来沙变化和三门峡水库运行；Wu 等(2012，2007)研究发现潼关高程的变化滞后于来水来沙变化 4～6 年；王兆印等(2004)发现潼关高程大幅抬升和下降引起了溯源淤积和冲刷行波，其向上游传播的速度约为 10 km/a，传播过程中冲淤幅度不断衰减；Zheng 等(2014a)对渭河下游时空冲淤规律的研究表明，该河道受到来水来沙和水库运行的协同作用，在不同时段具有不同的时空冲淤分布特征。综上所述，关于大坝上游河床演变的时间滞后规律研究开展较早，并已取得一定的认识，但关于库区河道冲淤的时空联动规律研究较少。

以往学者研究了三门峡水库冲淤量和潼关高程的年际变化及其滞后响应规律（吴保生 等，2020；林秀芝 等，2018a，2018b；李文文 等，2010；杨五喜和张根广，2007；Wu et al.，2007；吴保生 等，2004）。例如，吴保生等（2004）基于三门峡水库 1961～

2001 年的实测资料进行了研究，认为不同时段内水沙和水库运行起到的作用不同，1974 年蓄清排浑运用以来，水沙条件对降低潼关高程起到的作用强于水库运行，林秀芝等（2018a）在分析了 1961～2017 年的库区冲淤变化后得出了相似结论；杨五喜和张根广（2007）认为来水来沙和水库运行是 1960～2000 年潼关高程上升的直接原因，次要因素包括库区泥沙淤积和潼关至坫垮段冲淤变化；李文文等（2010）采用神经网络模型和滑动平均方法分析认为，潼关高程的变化与大于 2 500 m^3/s 流量的持续天数及非汛期水库高水位运行持续的时间关系密切，并且潼关高程的升降滞后于非汛期库水位变化约 6 年；林秀芝等（2018b）对比蓄清排浑运用后潼关上、下游河段的累计淤积量发现，潼关高程的变化与黄河小北干流各河段的累计淤积量具有较好的正相关关系。此外，潼关高程与库区泥沙淤积量具有较好的线性关系（林秀芝 等，2018b；杨五喜和张根广，2007），Wu 等（2007）通过分析认为 1969～2001 年潼关高程的变化滞后于库区累计淤积量约 2 年（相关系数 R=0.88），及河床调整滞后于水沙条件变化 5～7 年的规律。然而，上述研究多关注三门峡库区及潼关高程的年际变化，对季节性库区冲淤和潼关高程变化及冲淤量的空间分布特征研究不足，季节性库区冲淤对水沙条件变化的滞后响应仍需深入研究。

三门峡水库因泥沙淤积和回水问题，先后经历了两次改建和多次运行方式的调整，1974 年开始蓄清排浑运用，2003 年以来又在蓄清排浑运用的基础上开展了“318 控制运用”原型试验，即非汛期最高运用水位不超过 318 m，汛期平水期按照 305 m 控制，当汛期入库流量大于 1 500 m^3/s 时敞泄排沙（杨光彬 等，2020；侯素珍 等，2019；郑珊 等，2019）。在 2003～2018 年“318 控制运用”期间，潼关高程下降 0.8 m，潼关以下库区累计冲刷 1.9 亿 m^3。与此同时，这一时段与 1996～2002 年相比来水量增加近三成，来沙量减少一半。2003 年后潼关高程下降的主要原因是“318 控制运用”或水沙条件较好，但关于两因素哪个作用较大争议较大。例如，侯素珍等（2019）发现“318 控制运用”后库区非汛期泥沙淤积重心向坝前移动，淤积部位有所改善，认为淤积重心下移与“318 控制运用”后最高运用水位的持续下降有关；杨光彬等（2020）及吴保生和邓玥（2007）认为“318 控制运用”后虽然最高运用水位有所降低，但非汛期水位长期维持在 318 m 附近，水位高于 315 m 的天数增加，汛期水量增加和含沙量减少对水库泥沙淤积减少与潼关高程降低起主要作用；焦恩泽等（2009）根据 2003～2006 年资料分析认为应控制非汛期最高蓄水位，使淤积重心下移，但同时指出，应关注不同来沙量情况下库区可能产生的累积性淤积；王平等（2007）认为 2003～2005 年潼关高程下降是有利的水沙条件和水库运用方式共同作用的结果。

目前较少有针对蓄清排浑运用以来三门峡库区长时段冲淤和潼关高程变化的定量计算方法，缺乏对“318 控制运用”后水沙和水库运用影响的定量比较。林秀芝等（2018a）根据近 60 年的实测资料，计算了潼关以下库区的累计淤积量和潼关高程，但并未给出其与水沙和库水位等驱动因素之间的定量关系；杨光彬等（2020）建立了 1980～2016 年潼关高程与前期 5 年汛期入库水沙条件和运用水位的滞后响应计算公式，但忽略了非汛期条件的影响，因而建立的计算公式无法评估“318 控制运用”后非汛期水位对潼关高程的影响。

本章基于 1960 年以来三门峡水库出入库水沙条件、库区冲淤及潼关高程变化的实测资料，研究了河道对上、下游扰动的时间滞后响应及其随时空的传播特征，明确了季节性冲淤变化对水沙和水库运用的滞后响应特点，建立了考虑年内入库水沙和库水位变化的库区累计淤积量和潼关高程的计算方法，进而定量分析了水沙条件和“318 控制运用”对库区冲淤和潼关高程升降变化的贡献大小，为水库进一步精细化调度提供科学参考。

需要说明的是，由于资料限制原因，本章水沙数据和部分河段冲淤量分析的时段为 1960～2018 年，而部分断面形态等分析时段为 1960～2016 年或 1960～2011 年。

5.2　三门峡水库运用与入库水沙条件

5.2.1　三门峡水库概况

三门峡水库控制黄河流域面积 68.84 万 km^2，占黄河流域面积的 91.5%，控制黄河 89%的来水量和 98%的来沙量（林秀芝 等，2018a）。水库上起潼关，下至三门峡大坝，全长 113.5 km（图 5.2.1）。三门峡水库运行后库区迅速淤积，同时引起了渭河下游和黄河小北干流（潼关—龙门河段，见图 5.2.1）严重的回水淤积。

为减轻上游河道淤积并控制潼关高程抬升，水库先后采用了不同的运用方式。

（1）1960～1961 年蓄水拦沙，水库严重淤积，淤积范围向大坝上游延伸。

（2）1962～1973 年滞洪排沙，其中 1966 年 7 月～1968 年 8 月和 1969 年 12 月～1973 年 11 月对三门峡大坝进行了两次增建、改建。在 1964 年丰水丰沙的有利条件下，三门峡水库降低库水位约 16 m，水库内泥沙排空，库区内发生溯源冲刷。第一次改建期间，库区汛期淤积，非汛期冲刷；在第二次改建期间水沙较丰，有利于排沙，水库汛期冲刷，非汛期淤积。此时，汛期库水位降至 300 m 左右，水库持续溯源冲刷，多次溯源冲刷缓解了三门峡水库淤积严重的问题。

（3）1974 年开始蓄清排浑运用，即在非汛期抬高水位蓄水，在汛期降低库水位泄洪排沙，每年 6～10 月是水库主要的排沙期。

（4）2003 年起在蓄清排浑的基础上进行“318 控制运用”，即控制非汛期水库的最高运用水位不超过 318 m，汛期水位不超过 305 m，当汛期入库流量超过 1 500 m^3/s 时泄洪排沙（吴保生 等，2020；陈建国 等，2014）。

5.2.2　库水位变化

三门峡水库水位随着运行方式的调整发生变化（图 5.2.2）。可以看到，1960 年水库蓄水使库水位迅速上升（9～10 月上升约 30 m），1961 年水库高水位运行，1962～1973 年滞洪排沙运用后库水位明显降低，1974～2002 年蓄清排浑运用期间，汛期与非汛期平均库水位分别约为 304 m 和 316 m；自 2003 年“318 控制运用”以来，汛期平均库水位约

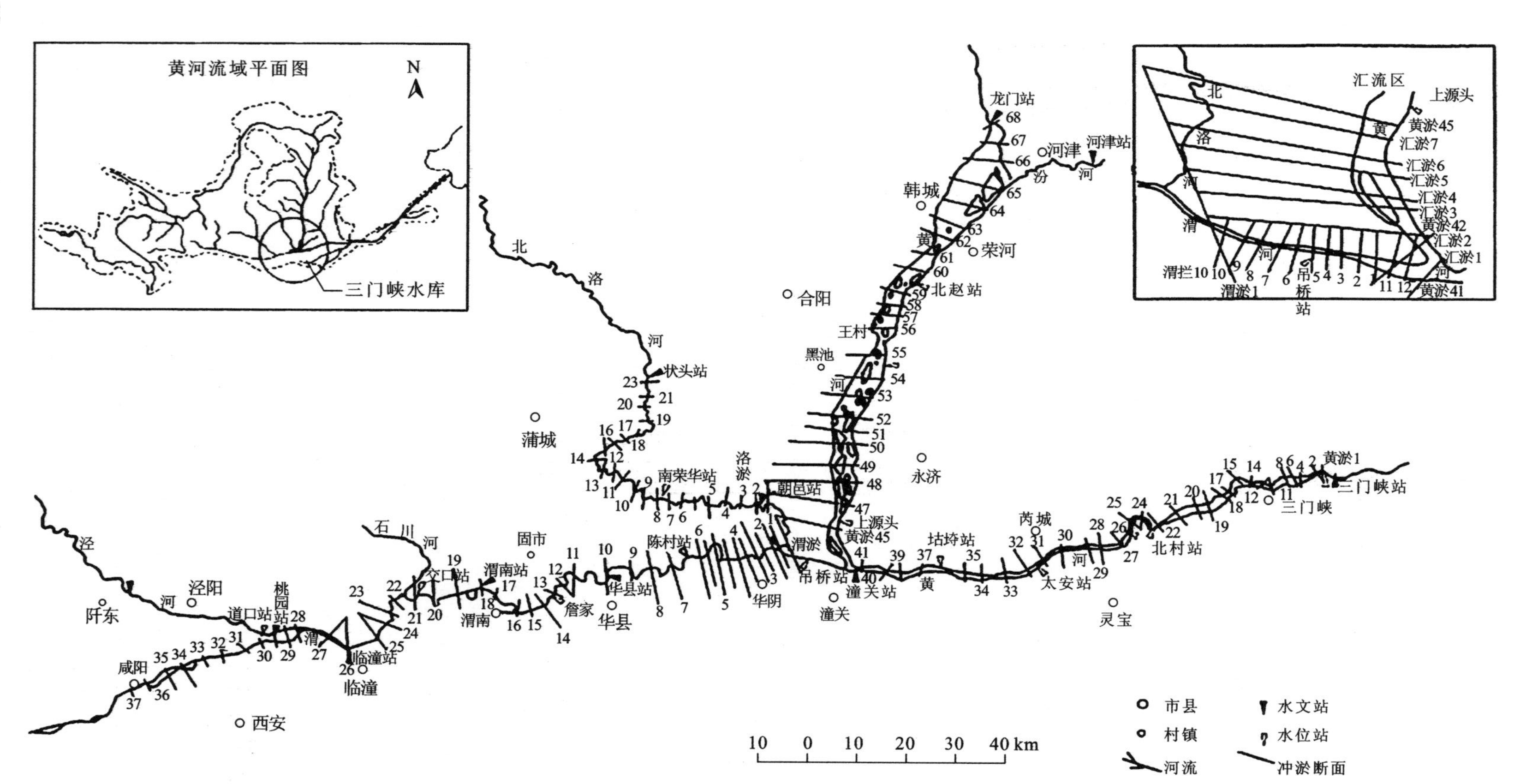

图5.2.1 三门峡水库平面位置和测量断面布置示意图

三门峡至潼关库区断面为黄淤1~黄淤41断面，渭河下游断面为渭淤1~渭淤37断面

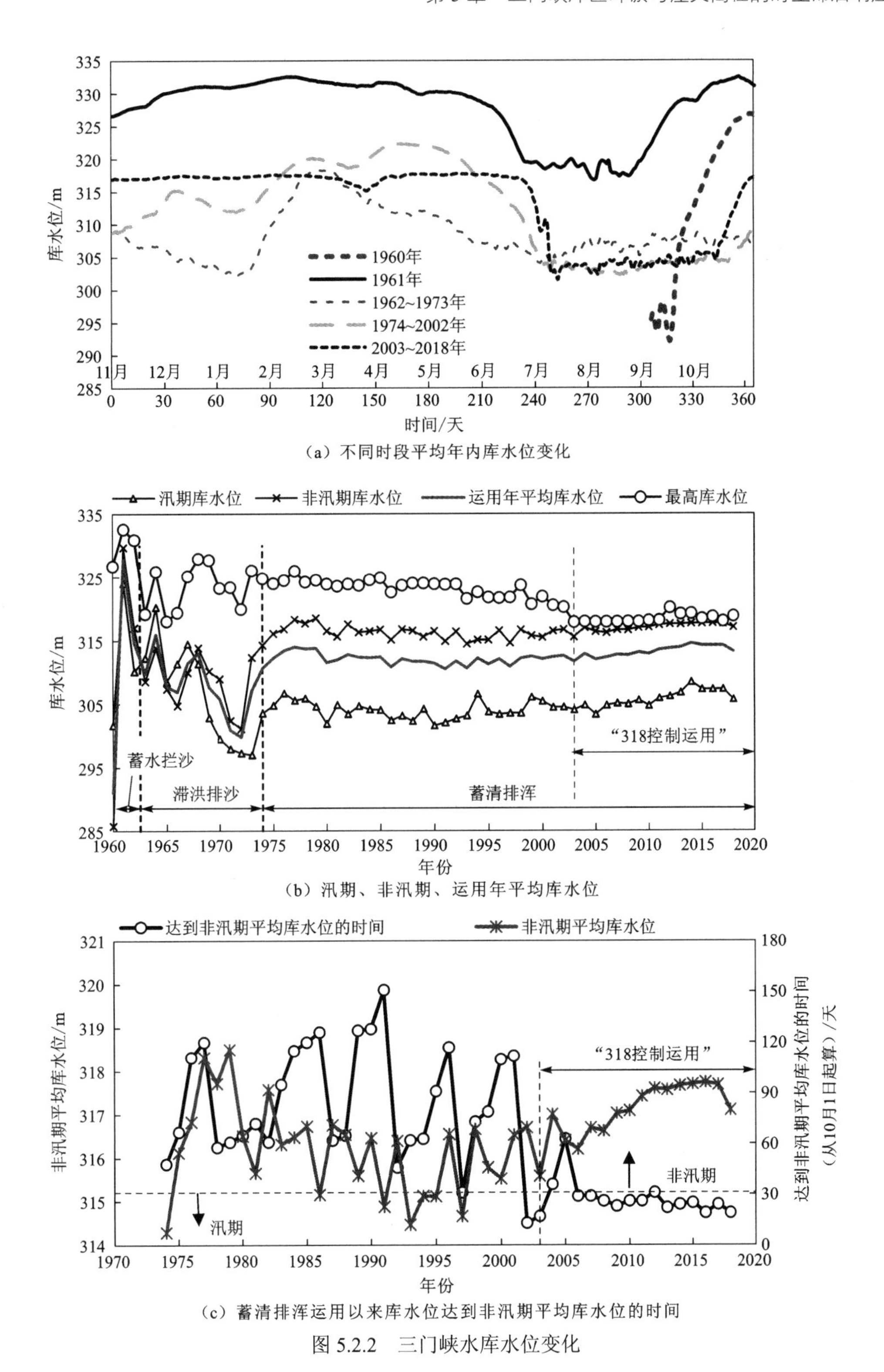

（a）不同时段平均年内库水位变化

（b）汛期、非汛期、运用年平均库水位

（c）蓄清排浑运用以来库水位达到非汛期平均库水位的时间

图 5.2.2　三门峡水库水位变化

为 306 m，非汛期平均库水位维持在 317 m 且波动较小，该段时间内汛期和非汛期平均库水位缓慢抬升，且汛期抬升更大，2018 年汛期和非汛期库水位分别比 2003 年抬高约

1.7 m 与 1.5 m[图 5.2.2（b）]。从最高库水位来看，蓄清排浑运用后，最高库水位缓慢下降，从 1974 年的 324.8 m 下降至 2003 年的 317.9 m。

基于库水位资料，计算三门峡水库水位达到非汛期平均库水位的时间，该时间一般在非汛期（汛期结束后水库开始蓄水），该时间越早说明非汛期高水位蓄水开始得越早，越不利于汛末或汛后库区冲刷和潼关高程降低。图 5.2.2（c）显示 2003 年前该时间波动较大，但具有一定的提前趋势，2003 年后该时间明显提前，往往在汛期还没有结束库水位就已蓄至非汛期平均水平。

5.2.3 入库水沙条件

1960～2018 年三门峡水库入库水沙量具有明显的减小趋势（图 5.2.3），以 1986 年（黄河上游龙羊峡水库开始运行）和 2003 年（开始“318 控制运用”）为时间节点，将蓄清排浑运用以来分为三个时段：1974～1985 年、1986～2002 年和 2003～2018 年。表 5.2.1 对比了三个时段的年均入库水沙条件，1986 年后入库水量明显减少，汛期水量占全年水量之比减小，出现非汛期水量大于汛期水量的情况，入库沙量持续锐减，2003～2018 年入库沙量仅为 1960～1973 年的 18%，需要说明的是 2018 年潼关站来水来沙量均较大。

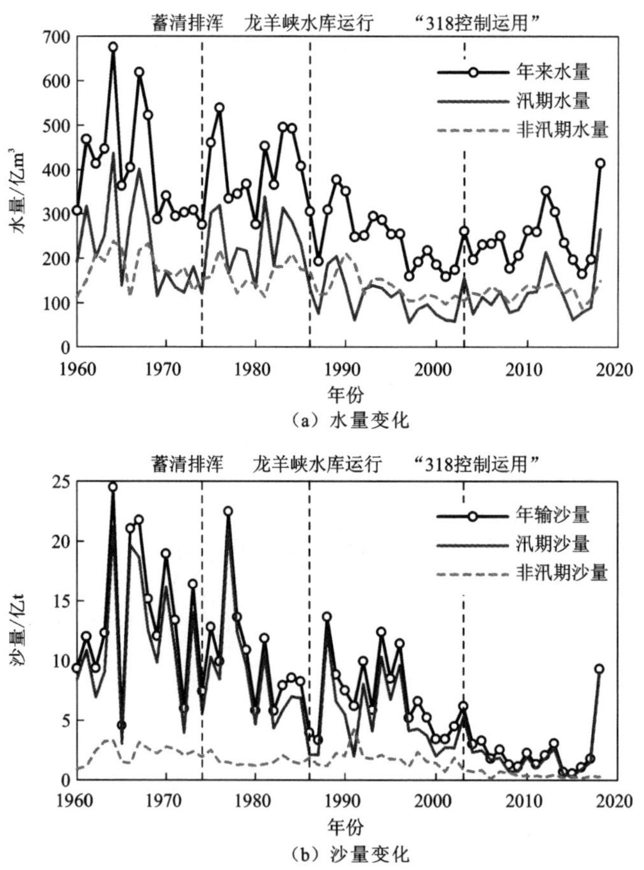

图 5.2.3 1960～2018 年潼关站实测水沙量变化

表 5.2.1 年均入库水沙条件

时段	水量			沙量			平均含沙量/(kg/m³)	
	年入库水量/亿 m³	汛期水量/亿 m³	汛期水量占比/%	年入库沙量/亿 t	汛期沙量/亿 t	汛期沙量占比/%	年平均含沙量	汛期平均含沙量
1960～1973 年	411	232	56.4	14.1	11.8	83.7	34.8	53.3
1974～1985 年	401	236	58.9	10.5	8.9	84.8	26.1	37.6
1986～2002 年	248	111	44.8	7.1	5.2	73.2	28.5	47.4
2003～2018 年	247	122	49.4	2.6	2.2	84.6	10.5	17.7

定义三门峡水库排沙比为入库潼关站沙量与出库三门峡站沙量之比，排沙比大于100%表示库区冲刷，反之库区淤积。不同月份的排沙比显示（图 5.2.4），1962～1973年滞洪排沙期间非汛期排沙效果较好，1974 年蓄清排浑运用后，主要排沙期在 6～10月，2005 年后 6～7 月排沙比明显增加，排沙时间比以往提前且更为集中；2002 年后8～10 月排沙比减小，部分年份甚至小于 100%（即库区淤积）。

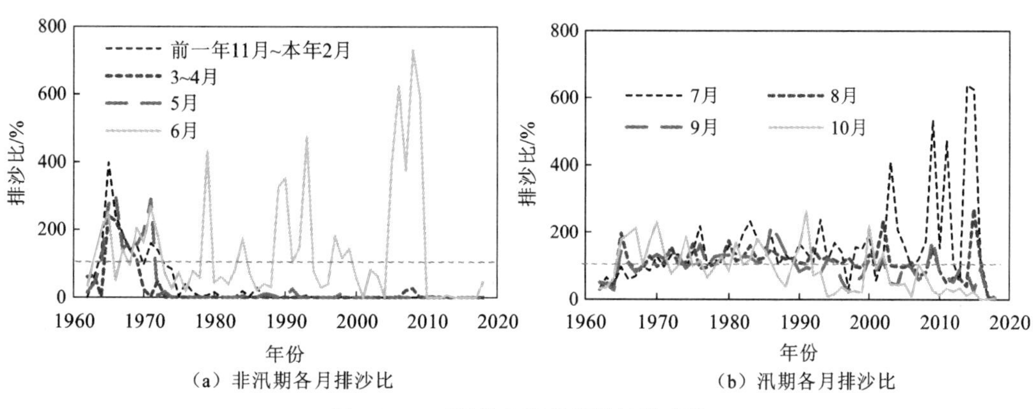

（a）非汛期各月排沙比 （b）汛期各月排沙比

图 5.2.4 三门峡水库各月排沙比变化

对比三个时段内汛期不同流量级出现的频率发现，1986 年后大流量出现频率显著降低，如 1986 年后未出现大于等于 6 000 m³/s 的流量，[5 000，6 000) m³/s 流量在1986～2002年和2003～2018年仅分别出现5天和3天。小流量出现频率增大，如1974～1985 年汛期出现频率较高的流量介于[1 000，2 500)m³/s（频率 P=50%），而 1986 年后小于 1 500 m³/s 的流量的出现频率达 70%以上[图 5.2.5（a）]。

分别对同一流量级内的日均流量及其对应的日均库水位取平均值，发现同流量级对应的平均流量在三个时段内差别不大，但平均库水位相差较大[图 5.2.5(b)]，1986～2002 年不同流量级对应的库水位总体比 1974～1985 年偏低，2003～2018 年与 1974～1985 年相比则表现为中高水（如流量 Q>1 500 m³/s）时库水位偏低，小流量时库水位偏高。大流量时库水位偏低一方面是由于大流量出现频率下降，出现连续多日大流量时水库壅水的概率减小，另一方面可能与水库敞泄排沙的临界入库流量下降、相对更早泄水

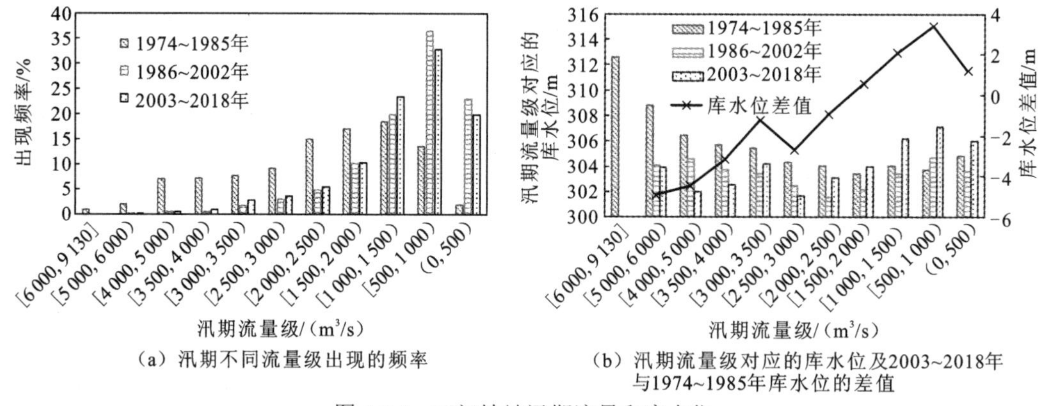

(a) 汛期不同流量级出现的频率

(b) 汛期流量级对应的库水位及2003~2018年与1974~1985年库水位的差值

图 5.2.5　三门峡站汛期流量和库水位

有关。由于小流量出现的频率较高，2003～2018 年出现小流量相对高水位是汛期平均控制运用水位抬高[图 5.2.5（b）]的结果。

水库汛期控制运用水位为 305 m，考虑在控制水位附近的水位波动，认为当库水位低于或等于 304 m 时，水库敞泄，据此统计汛期敞泄排沙的天数及相应敞泄期的平均流量和平均库水位，结果显示（图 5.2.6），三个时段内敞泄排沙天数分别为 42 天、48 天和 27 天，平均库水位在三个时段内依次递减，平均流量在 1986～2002 年内最小。

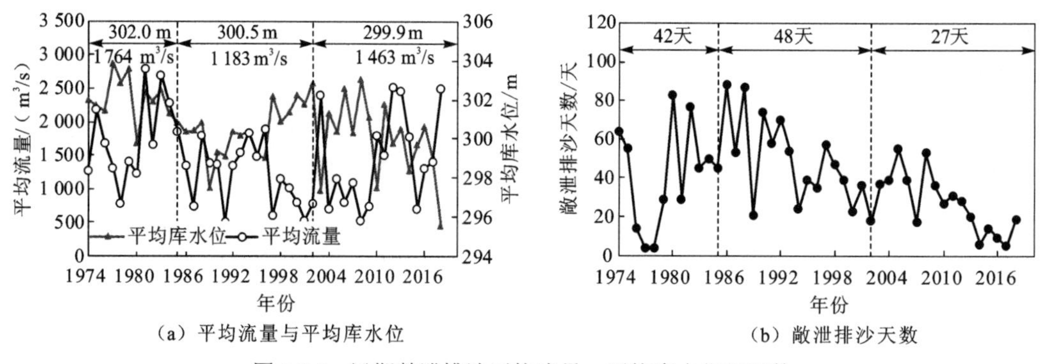

(a) 平均流量与平均库水位

(b) 敞泄排沙天数

图 5.2.6　汛期敞泄排沙平均流量、平均库水位和天数

5.3　三门峡库区及回水区的冲淤与滞后响应

5.3.1　库区河道纵向冲淤变化

根据库区黄淤 1～黄淤 41 断面（位置见图 5.2.1）的实测资料，得到库区河床深泓纵剖面的年际变化，对其进行线性拟合，假设当拟合线的决定系数 $R^2>0.5$ 时，其斜率可近似为河床比降，从而得到河床深泓纵剖面及比降的变化（图 5.3.1、图 5.3.2），据此将河床冲淤变化分为如下四个阶段。

（1）1960～1969 年淤积期。该时段内来水来沙量较大，多年平均来水量为 450 亿 m^3，来沙量为 14.2 亿 t，库水位较高，多年平均值为 311 m，库区年均水面比降（定义为潼关与三门峡平均水位差和河长的比值）较小（约为 0.14‰），同时水库泄流能力不足，导致河床不断淤积抬高。1960～1964 年河道以溯源淤积为主，靠近大坝处淤积厚度最

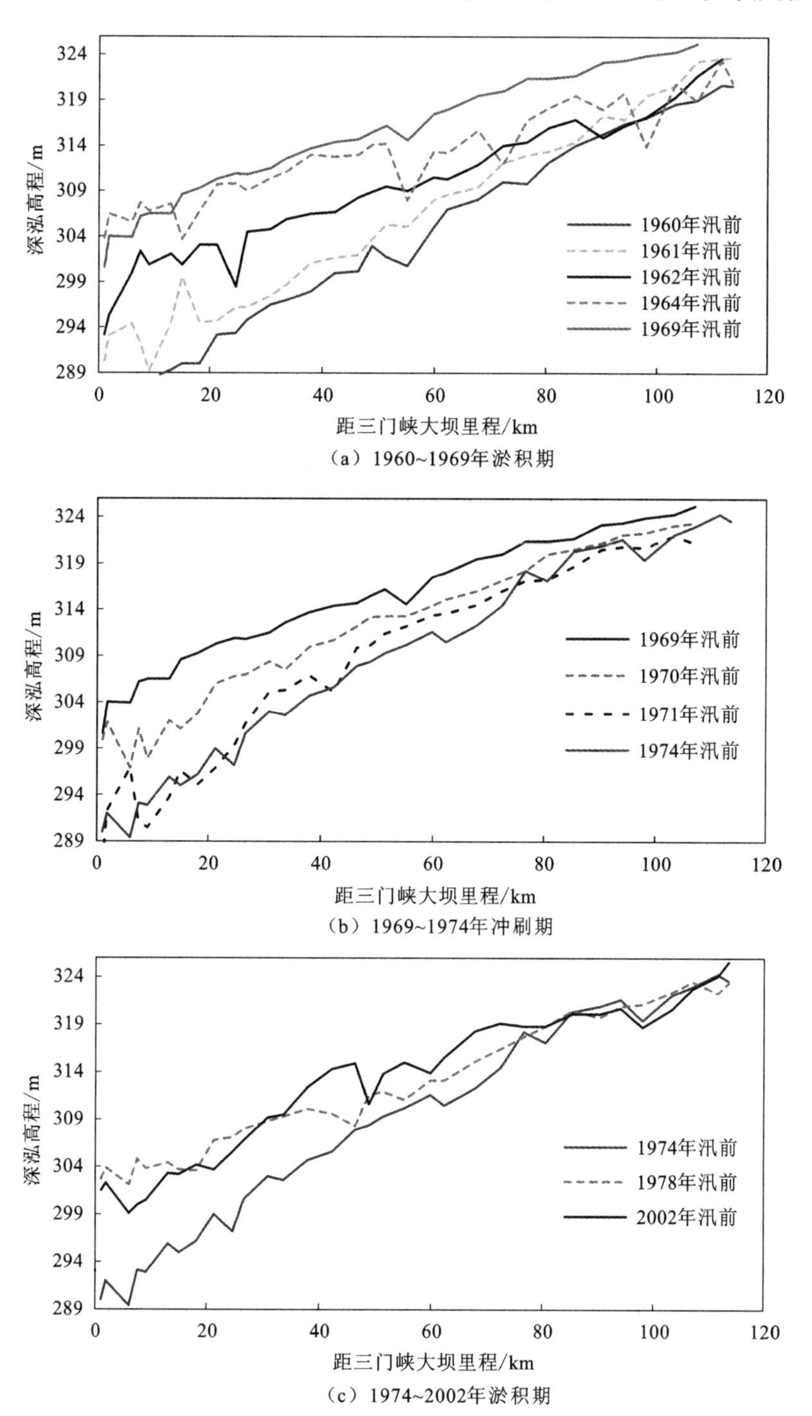

（a）1960~1969年淤积期

（b）1969~1974年冲刷期

（c）1974~2002年淤积期

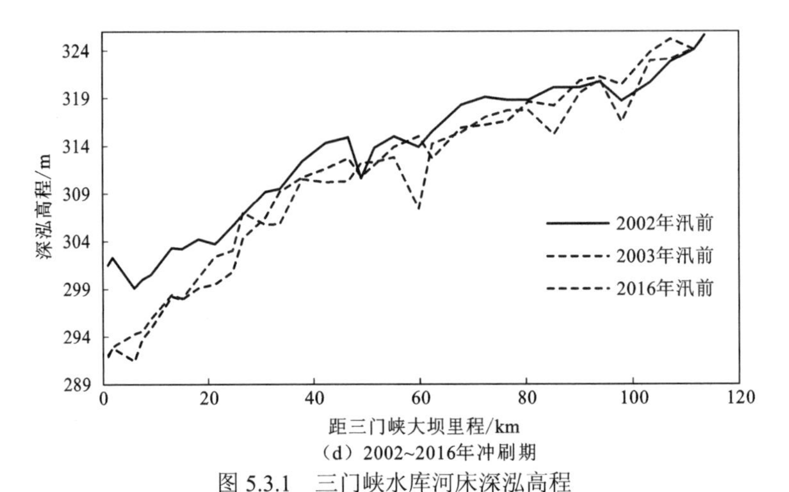

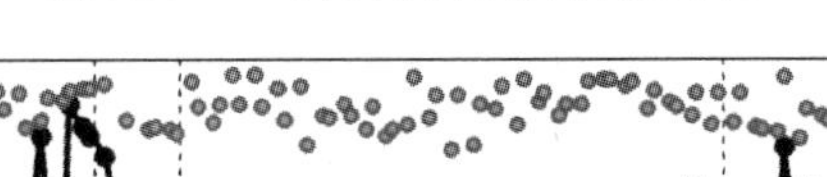

（d）2002~2016年冲刷期

扫一扫，见彩图

图 5.3.1　三门峡水库河床深泓高程

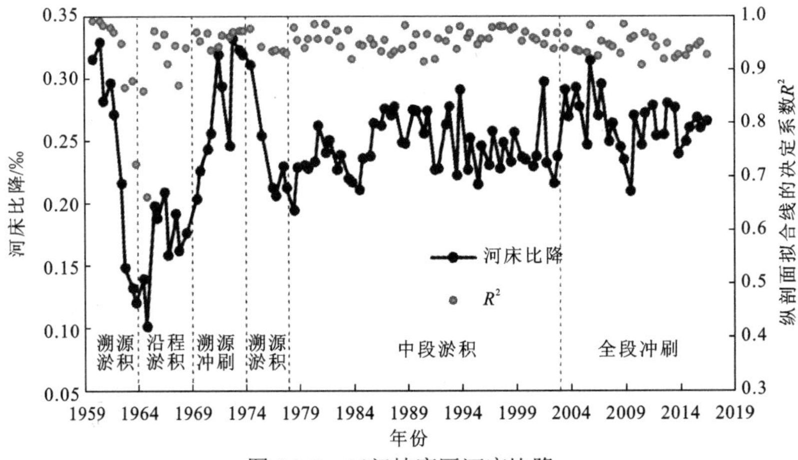

图 5.3.2　三门峡库区河床比降

大，黄淤 1 断面深泓累计淤积 21 m，往上游淤积厚度逐渐减小[图 5.3.1（a）]，河床比降不断减小（图 5.3.2），1964～1969 年沿程淤积占主导，河床比降有所增大。

（2）1969～1974 年冲刷期。该时段内入库水沙量仍较大，多年平均来水量为 302 亿 m^3，来沙量为 12.4 亿 t，库水位在四个时段内最低，多年平均值约为 305 m，该时段内大坝完成二期改建，泄流能力增大，库区年均水面比降最大（达 0.2‰），库区产生明显的溯源冲刷[图 5.3.1（b）]，黄淤 1 断面累计冲深约 8 m，河床比降明显增大（图 5.3.2）。

（3）1974～2002 年淤积期。水库进行蓄清排浑运用，多年平均来水量为 311 亿 m^3，来沙量为 8.5 亿 t，多年平均库水位为 312.1 m，库区多年平均水面比降约为 0.14‰，库区发生一定的淤积。1974～1978 年以溯源淤积为主，1978～2002 年库区中段淤积加大，黄淤 33 断面以上淤积较少，黄淤 1 断面深泓累计淤积抬高约 12 m。

（4）2002～2016 年冲刷期。2003 年采用“318 控制运用”，但冲刷从 2002 年已经开始，如前所述，2003～2016 年汛期和非汛期水位均稍高于 1974～2002 年，但 2003 年后来沙量锐减，约为上一时段来沙量的 27%，库区深泓普遍冲刷，黄淤 1 断面深泓累计冲深约 11 m，河床比降有所减小。

5.3.2　库区河道横向及断面形态变化

库区河道断面形态变化与上述四个冲淤演变阶段相对应，图 5.3.3 显示了典型断面的变化过程。1970～1973 年溯源冲刷后大部分河段形成“高滩深槽”的断面形态。1970～1973 年河道纵剖面冲刷下降[图 5.3.1（b）]，图 5.3.3（a）显示在这一冲刷过程中河宽普遍减小，综合反映了河道断面形态向“高滩深槽”发展。需要注意的是，三门峡库区河道宽浅不一，通过对比上述四个时段始末断面的形态变化，得到河床的冲淤河宽[即河床冲淤变化的横向宽度，1973 年后近似为主槽宽度，见图 5.3.4(a)]，黄淤 28～黄淤 34 断面（距坝 60～85 km）明显较宽，如 1960～1969 年黄淤 28 断面淤积宽度约为 6 km，而部分窄河段如黄淤 1 断面的冲淤河宽不到 1 km，1970～1973 年溯源冲刷后冲淤河宽普遍减小，之后变化不大。

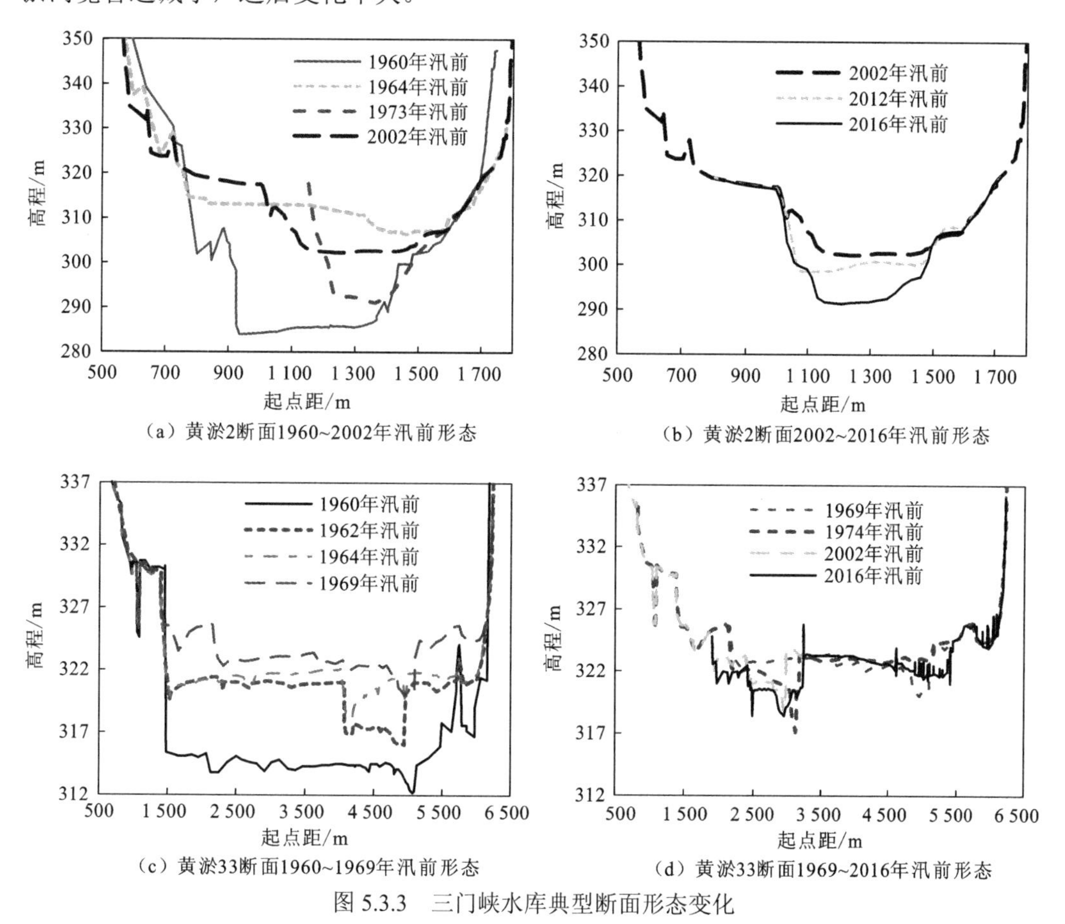

（a）黄淤2断面1960~2002年汛前形态　（b）黄淤2断面2002~2016年汛前形态

（c）黄淤33断面1960~1969年汛前形态　（d）黄淤33断面1969~2016年汛前形态

图 5.3.3　三门峡水库典型断面形态变化

河道深泓横向摆动速率[图 5.3.4（b）]不仅与河道宽度有关，而且与河道冲淤状态有关，宽浅段（如黄淤 28～黄淤 34 断面）深泓的摆动速率大于窄河段，处于冲刷状态的河道深泓摆动幅度小于淤积时河道的深泓摆动幅度，尤其是当 1970～1973 年河道发生溯源冲刷时深泓摆动速率最小，1960～1969 年河道淤积时深泓摆动速率最大。此外，断面面积变化的空间分布[图 5.3.4（c）]明显地反映了库区“淤积一大片，冲刷一条线”的演变特征，1960～1969 年宽浅段淤积较多，淤积量甚至超过近坝段，1970～1973 年溯源冲刷时，冲刷量具有往上游逐渐减小的趋势，大约在黄淤 27 断面以上河道冲刷量较小。1974 年以来冲淤速率远小于前两个时段，因此部分研究认为库区河道达到了动态冲淤平衡状态（林秀芝 等，2018a；郑珊和吴保生，2014）。

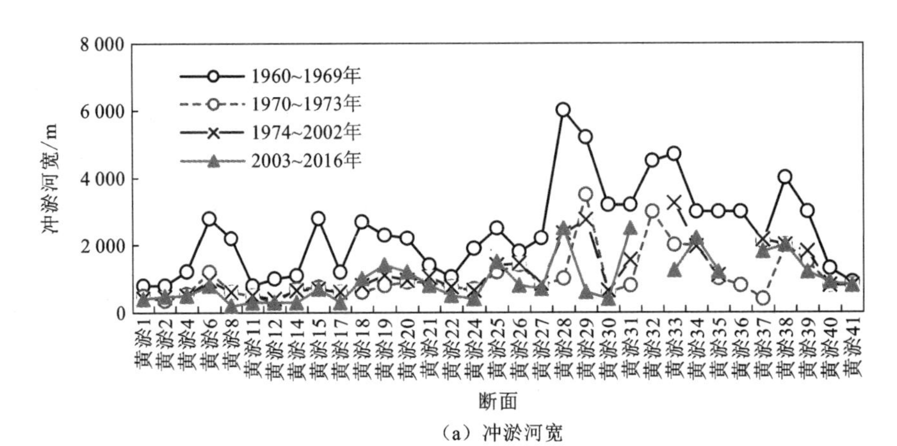

（a）冲淤河宽

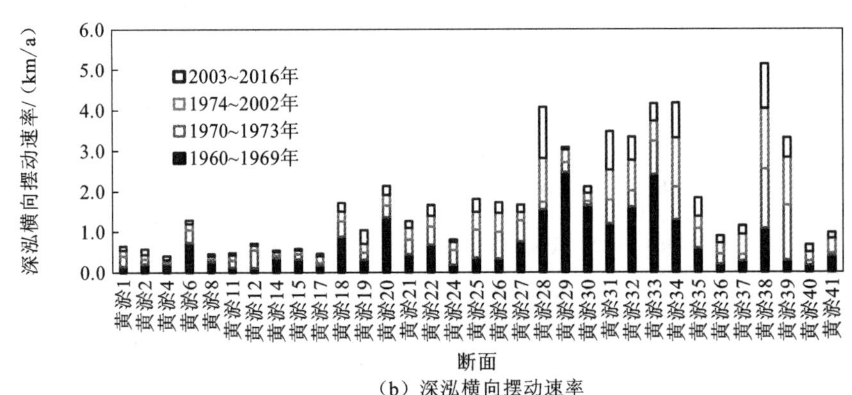

（b）深泓横向摆动速率

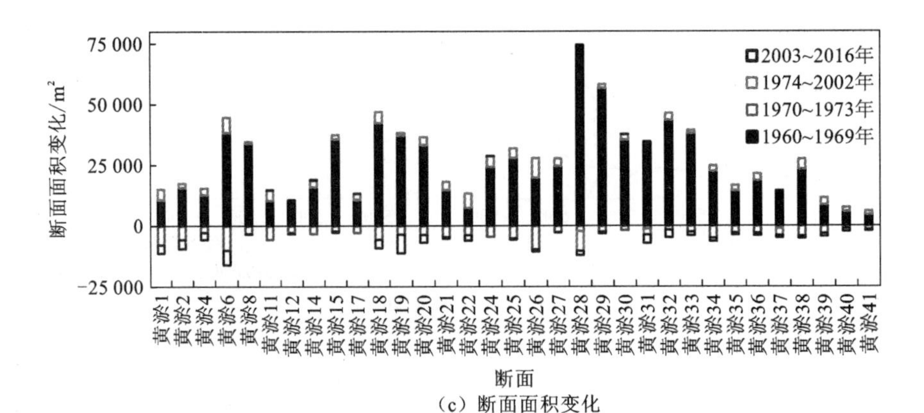

（c）断面面积变化

图 5.3.4　三门峡库区各断面形态特征量的沿程变化

5.3.3 库区及回水区的冲淤变化与时空联系

蓄清排浑运用以来三门峡水库年际冲淤过程可分为 1960～1969 年快速淤积、1970～1974 年快速冲刷、1974～2002 年缓慢淤积与 2002～2018 年缓慢冲刷四个阶段［图 5.3.5］。

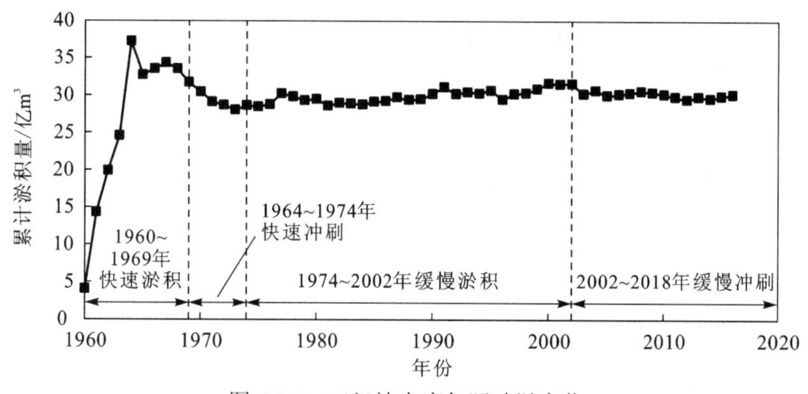

图 5.3.5 三门峡水库年际冲淤变化

图 1.4.1 对比了三门峡水库水位、潼关以下库区累计淤积量、潼关高程及回水区（黄河小北干流和渭河下游）累计淤积量随时间的变化过程，结果显示库区淤积、潼关高程抬升与回水区淤积滞后于库水位在 1960～1961 年的大幅抬升过程，在溯源淤积向上游传播过程中影响时长增加，淤积幅度不断减小。例如，1960～1964 年潼关以下库区累计淤积 37 亿 m^3，单位河长累计淤积 0.33 亿 m^3，1960～1973 年黄河小北干流和渭河下游分别累计淤积约 18 亿 m^3 和 10 亿 m^3，单位河长累计淤积 0.14 亿 m^3 和 0.05 亿 m^3。1961～1972 年三门峡水库水位不断下降，在溯源冲刷向上游传播过程中冲刷幅度减小，且影响时段较短。

1973～1979 年库水位抬升，之后稍有下降，库区淤积较缓慢，1973～2002 年累计淤积 3.5 亿 m^3，小于 1976～2002 年黄河小北干流和渭河下游的累计淤积量（分别为 8.6 亿 m^3 和 3.7 亿 m^3），说明该时段库区淤积除了受到水库运用影响外，更多地受到入库水沙条件的影响，黄河小北干流和渭河下游在 1985 年后淤积明显加快，这与龙羊峡水库运行后来水量比来沙量减幅更大、含沙量明显增加有关（表 5.2.1）。

2003～2016 年，年均库水位由 311.7 m 抬升至 314.2 m，潼关以下库区缓慢冲刷（冲刷量约为 1.4 亿 m^3），潼关高程下降 0.84 m，黄河小北干流和渭河下游分别冲刷 2.8 亿 m^3 和 2.4 亿 m^3，明显大于潼关以下库区冲刷量，说明 2002 年后库区冲刷主要受上游来水来沙条件影响，该时段内来水量与 1986～2002 年相差不大，但来沙量减少 69%，含沙量锐减（表 5.2.1），引起冲刷。

5.4 河床演变阶段模型在三门峡库区及回水区的应用

本节将河床演变阶段模型应用于 1960～2017 年[①]三门峡库区和渭河下游共 55 个观测断面（河长约 270 km），得到河道冲淤演变阶段的时空分布，研究河道溯源冲淤的时空变化及河道垂向与横向的演变响应规律。

5.4.1 库区及渭河下游河道的演变特征

1960～2018 年三门峡库区及渭河下游水沙条件如图 5.4.1 所示。库区和渭河下游年来沙量在水库运行初期较大，之后逐渐减少，2000～2018 年潼关站年来沙量约为 2.5 亿 t，年来沙量呈减小趋势，年来水量稍有增大。

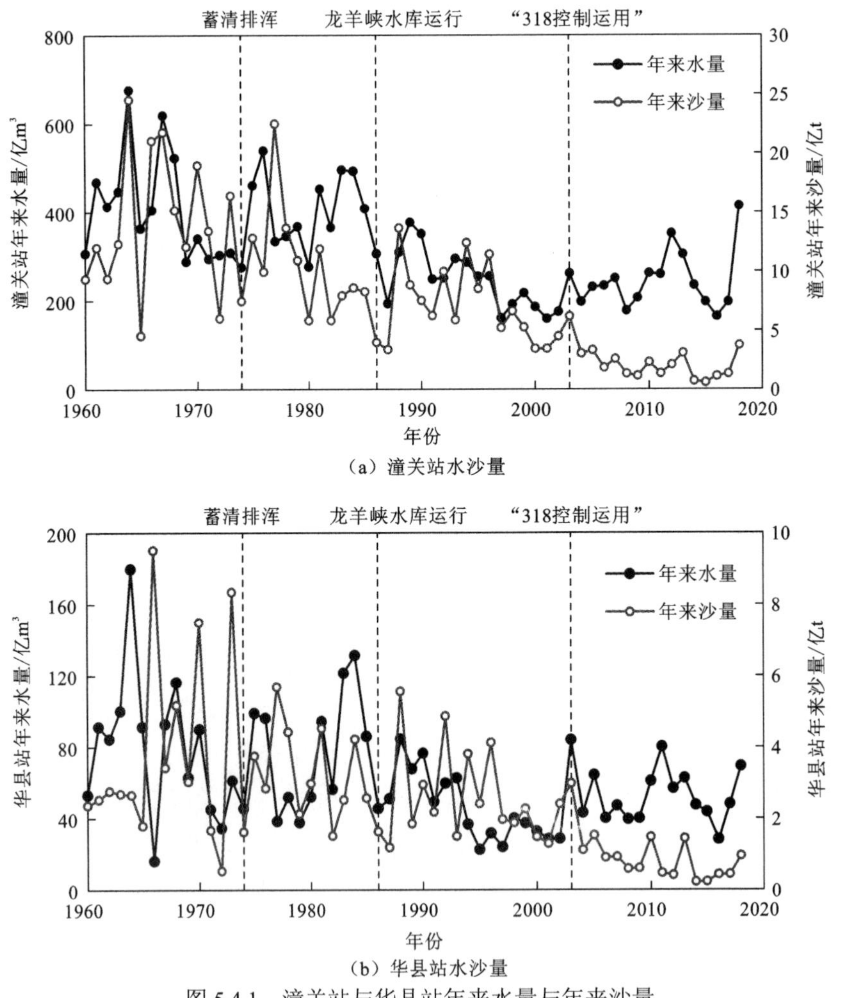

（a）潼关站水沙量

（b）华县站水沙量

图 5.4.1　潼关站与华县站年来水量与年来沙量

① 断面数据至 2017 年，水沙数据至 2018 年。

随着水库运行方式的调整和大坝改建，库水位波动较大，库区和渭河下游发生相应冲淤变化，如图 1.4.1 所示，年均库水位在 1960～1961 年蓄水拦沙期陡升，库水位最高值出现在 1961 年，之后库水位下降。1960～1964 年库区持续淤积，其中 1964 年为大水大沙年，淤积较为严重，1964～1968 年库区短暂冲刷后又回淤。渭河下游河道在 1960～1973 年持续淤积，之后淤积速率减缓。库区和渭河下游累计淤积量的最大值分别出现在 1964 年和 1973 年，明显滞后于最高库水位出现的时间。

图 5.4.2（a）显示，1960～1968 年库区和渭河下游河道呈现由下游向上游逐渐减弱的溯源淤积特性，溯源淤积大约发展至渭淤 16 断面附近，距坝上游约 190 km。如图 5.4.2（b）所示，1968～1974 年库区发生溯源冲刷，渭河下游渭淤 16 断面附近及以下河段可能受到溯源冲刷的影响，该时段内潼关站和华县站来水量较 1960～1968 年分别减少 34%和 43%，来沙量分别减少 14%和 16%，可见来水量减幅更甚，库水位持续降低可能是引起溯源冲刷的主要原因。

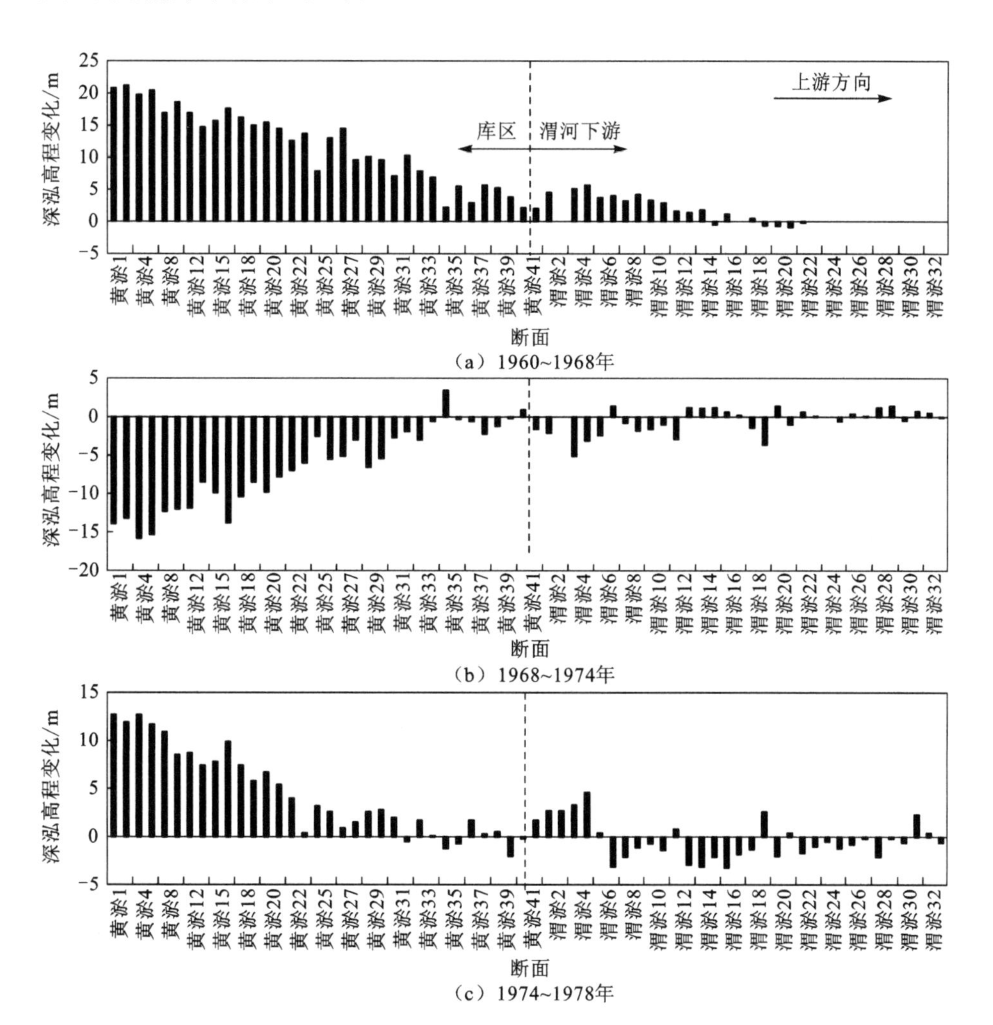

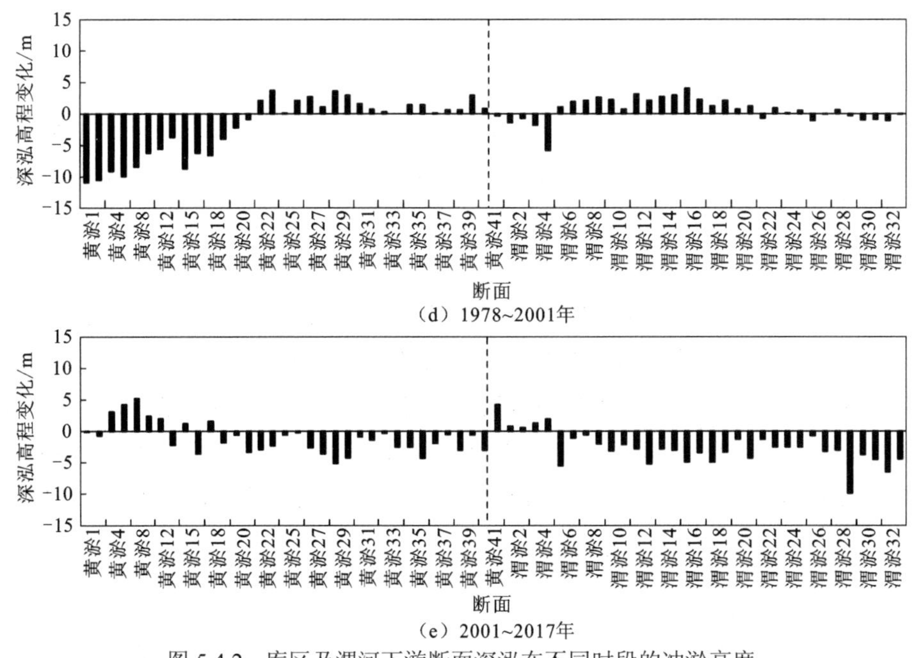

（d）1978~2001年

（e）2001~2017年

图 5.4.2 库区及渭河下游断面深泓在不同时段的冲淤高度

1972～1978 年库水位持续抬升，1974～1978 年库区淤积厚度由下游向上游逐渐减小，呈现溯源淤积特点[图 5.4.2(c)]，但溯源淤积强度和影响范围明显小于 1960～1968 年，渭河下游除渭淤 6 断面以下河道淤积外，均以冲刷为主，与库区河道的淤积形成对比，总体呈现“上冲下淤”的演变特点。

1978 年后库区除近期发生少量冲刷外，整体冲淤幅度不大，如图 5.4.2（d）所示。渭河下游在 1978 年后淤积明显，约 2010 年之后冲刷较明显，2001～2017 年渭河下游冲刷强度大于库区，如图 5.4.2（e）所示。

5.4.2 河床演变阶段模型的应用结果

采用三门峡库区黄淤 1～黄淤 41 断面及渭河下游渭淤 1～渭淤 33 断面的汛前实测数据（两河段分别覆盖河长约 120 km 和 150 km，见图 5.2.1），计算 1960～1968 年、1968～1974 年、1974～1978 年、1978～2001 年和 2001～2017 年黄淤 1～黄淤 41 断面及渭淤 1～渭淤 33 断面深泓高程和断面面积的变化。由于库区河道较难分辨其平滩河槽，因此对库区任一断面取固定高程，计算固定高程对应的河宽及该高程以下的断面面积变化。对于渭河下游河道，计算平滩河宽及平滩面积变化。应用河床演变阶段模型时，区分演变阶段①与②及阶段④与⑤的斜线的斜率为河宽，对于库区河道采用断面的冲淤河宽[图 5.3.4（a）]（郑珊 等，2019），对于渭河下游采用平滩河宽。

为考虑计算误差，在判断演变阶段①或②及阶段④或⑤时，将河宽和河床冲刷深

度乘积的绝对值（$|B\Delta Z|$）±10%之后与断面面积的变化 ΔA 对比，当 $\Delta A>0$，$\Delta Z<0$，并且满足

$$(1-10\%)|B\Delta Z| \leqslant |\Delta A| \leqslant (1+10\%)|B\Delta Z| \tag{5.4.1}$$

时，认为断面处于阶段①或②，计阶段①和②各出现 0.5 次。同理，当 $\Delta A<0$，$\Delta Z>0$，并且满足式（5.4.1）时，认为断面处于阶段④或⑤，计两断面阶段各出现 0.5 次。

河床演变阶段在库区和渭河下游河道的应用结果如图 5.4.3 所示。1960～1968 年溯源淤积（阶段④～⑥）上溯至渭淤 16 断面附近，1968～1974 年溯源冲刷（阶段①～③）的影响也大致在渭淤 16 断面附近，1974～1978 年溯源淤积的影响河长相对于 1960～1968 年明显缩短，渭河下游河道以冲刷（阶段①～③）为主。这些演变特征与 5.4.1 小节所述河道的演变规律基本一致，并且这些演变阶段较好地反映了断面形态的变化，如图 5.4.4 所示，黄淤 1 断面以垂向冲淤为主，在 1960～1968 年、1968～1974 年和 1974～1978 年三个时段内分别处于阶段④（河床淤高，断面面积减小）、阶段①（河床冲深，断面面积增大）和阶段④；黄淤 26 断面河岸的冲淤变化较大，在三个时段内分别处于阶段⑤（河床淤高，断面面积减小，垂向和横向调整作用相当）、阶段②（河床冲深，断面面积增大，垂向和横向调整作用相当）和阶段⑤；渭淤 24 断面在三个时段内分别处于阶段②、阶段③（河床淤高，断面面积增大，横向冲刷占主导作用）和阶段⑥（河床冲刷，断面面积减小，横向淤积占主导作用）。

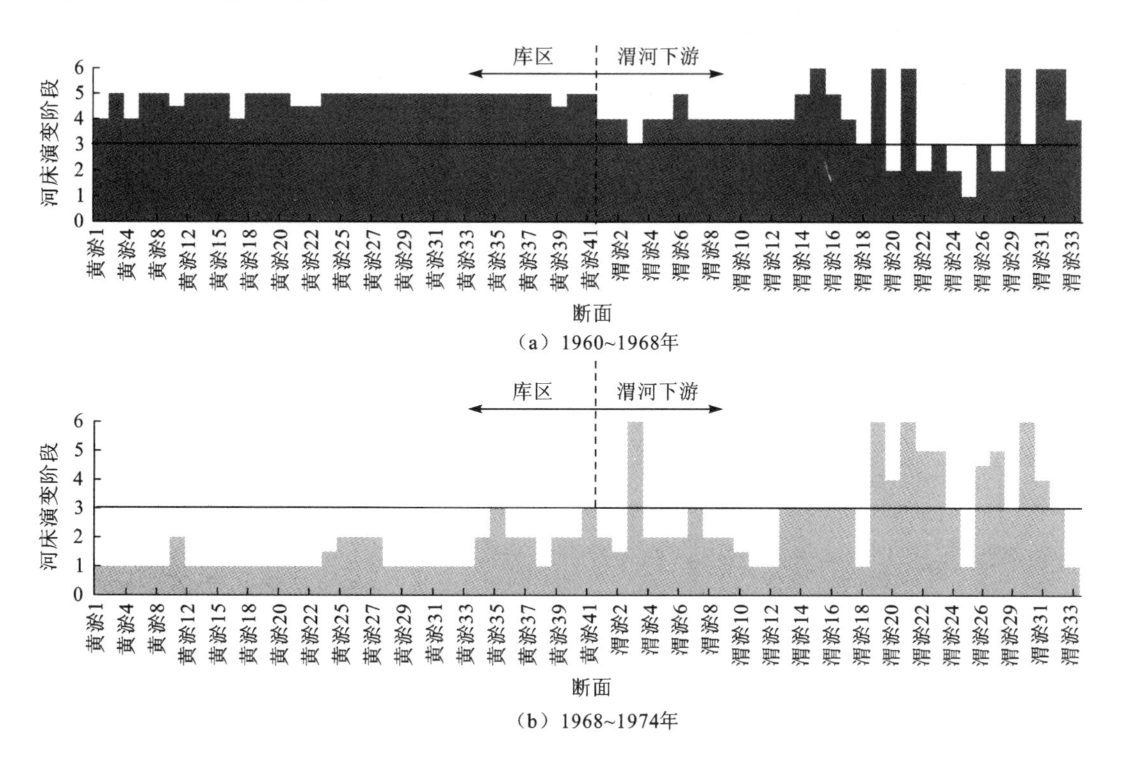

（a）1960~1968年

（b）1968~1974年

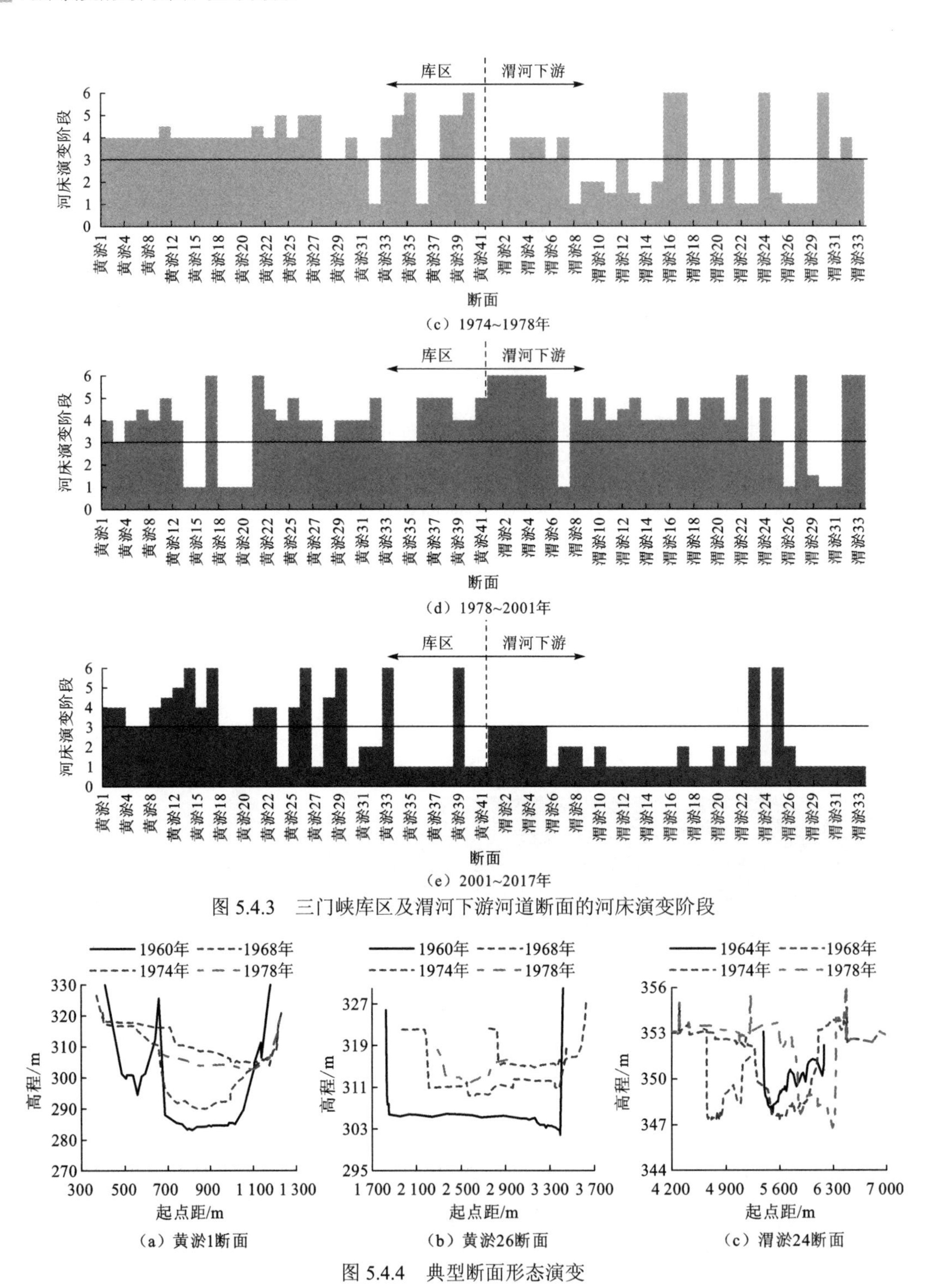

图 5.4.3 三门峡库区及渭河下游河道断面的河床演变阶段

图 5.4.4 典型断面形态演变

河床演变阶段模型中阶段①～③分别对应于 Simon 和 Hupp（1987）提出的 CEM 中的阶段 III、IV 和 V（图 3.1.2），而 1968～1974 年溯源冲刷过程中，库区和渭河下游下段由下向上依次处于阶段①、②和③[图 5.4.3（b）]，即河床冲刷下切、冲刷展宽和淤积展宽这三个演变阶段发生的空间位置与 Simon 和 Hupp（1987）的 CEM 正好相反，这与三门峡库区发生溯源冲刷有关，CEM 一般适用于沿程冲刷，CEM 中河道的河岸高度一般向下游减小，河道横向可动性向下游增强，而库区河段则相反，近坝段多形成高滩深槽，河岸高度（或库区前期淤积厚度）向上游减小，河道横向可动性向上游增强，可能促使阶段②出现在阶段①的上游，此外，渭河下游受溯源冲刷影响较弱，可能使得阶段③发生在阶段①和②的上游。

图 5.4.5 对比了 1968～1974 年和 2001～2017 年两个冲刷时段库区及渭河下游河道各演变阶段的发生频率，在溯源冲刷阶段库区约 65%的断面发生河床冲刷下切（阶段①），而渭河下游仅有 19%的断面出现这一演变阶段，与此相反，在 2001～2017 年渭河下游和库区处于阶段①的断面占比分别为 56%和 30%，说明渭河下游相较于库区多发生河床冲刷下切，由于阶段①是冲刷开始的代表，说明水沙条件变化尤其是沙量明显减少引起的沿程冲刷可能占主导作用，与以往结论一致（杨光彬 等，2020；林秀芝 等，2014；范小黎 等，2013）。

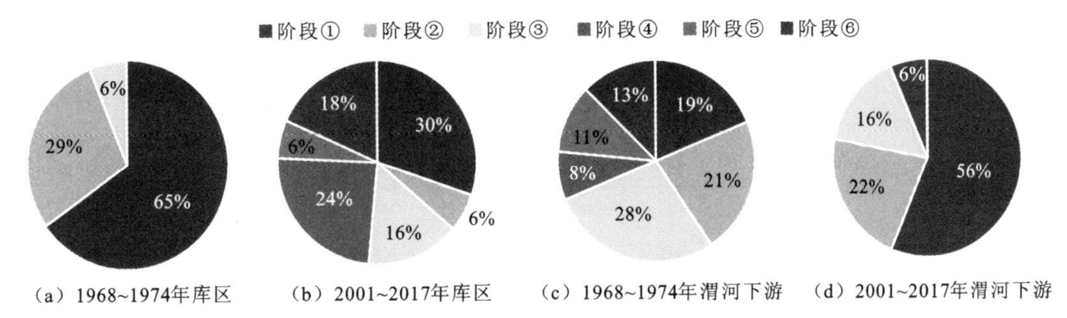

图 5.4.5　1968～1974 年和 2001～2017 年库区及渭河下游河道各演变阶段的发生频率

扫一扫，见彩图

5.5　汛期与非汛期冲淤重心的变化规律

5.5.1　三门峡水库季节性冲淤重心的调整

自 1974 年水库蓄清排浑运用以来，潼关高程与库区累计淤积量的变化较为同步[图 5.5.1（a）和（b）]，两者相关性较强（R^2=0.70）[图 5.5.1（c）]。库区一般汛期冲刷、非汛期淤积，即符合“洪冲枯淤”的演变规律（除 1977 年和 2017 年以外），潼关高程也基本在汛期下降，非汛期抬升。图 5.5.1（d）显示，非汛期来沙量越大，库区淤积量越大；汛期来沙量越大，库区冲刷量越大，汛期和非汛期冲淤量与来水量也有类似关系；2003 年后来沙量和冲淤量均较小，可以用同一条线拟合 1974～2002 年和 2003～2018 年汛期与非汛期的数据，说明“318 控制运用”前后库区冲淤规律变化不大，只是冲淤幅度有所变化。潼关高程升降值与来水来沙量的相关关系并不显著。

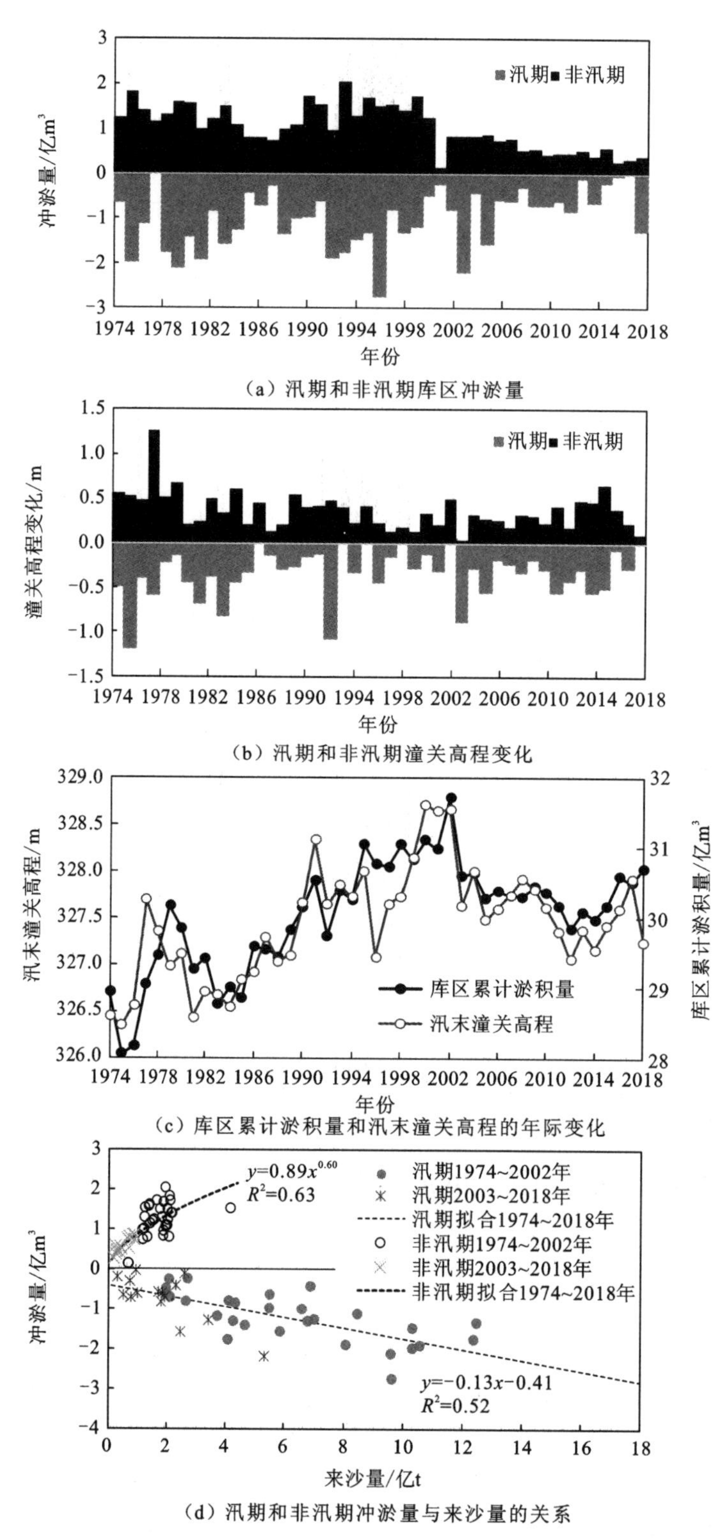

图 5.5.1　库区冲淤与潼关高程的季节性变化

为分析汛期和非汛期库区冲淤的空间分布特点，计算库区每年汛期和非汛期两相邻断面间的单位河长冲淤量，定义汛期单位河长冲刷量最大的两相邻断面间的子河段为冲刷重心，相应地，定义非汛期单位河长淤积量最大的子河段为淤积重心，由此得到 1974 年以来冲淤重心的位置及其冲淤强度，结果如图 5.5.2 所示。需要说明的是，近坝段河床易受水库短期运用产生的库水位波动的影响，在分析冲淤重心位置时不考虑坝前 30 km 的河段。

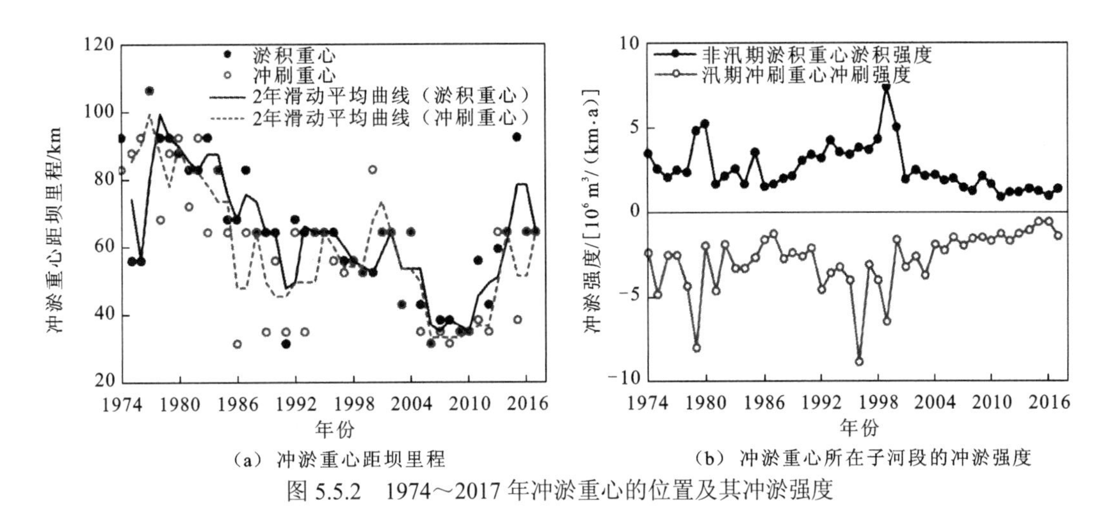

(a) 冲淤重心距坝里程　　(b) 冲淤重心所在子河段的冲淤强度

图 5.5.2　1974～2017 年冲淤重心的位置及其冲淤强度

虽然汛期冲刷重心与非汛期淤积重心的位置波动较大，但两者的位置基本对应[图 5.5.2（a）]，冲淤重心距坝里程的相关系数 R=0.66。1974～1990 年冲淤重心具有较明显的下移趋势，1990～2000 年冲淤重心在坝前约 60 km 处上下波动，2004 年前后冲淤重心进一步下移，1974～2006 年冲淤重心整体下移 50～60 km，平均下移速率为 1～2 km/a，2006 年尤其是 2010 年之后冲淤重心开始上移。淤积重心下移有利于调整库区淤积形态和排沙出库，虽然 2006 年后冲淤重心上移，但对应的冲淤强度明显减弱，可能与来沙量大幅减少有关。考虑到冲淤重心的位置具有一定的随机性，以下研究均将冲淤重心距坝里程的 2 年滑动平均值作为冲淤重心的位置。

将 1974～2017 年分为四个时间段（每个时段 10 年左右），对比不同时段内汛期和非汛期库区河道的冲淤分布，图 5.5.3 中冲淤速率为时段内所有年份汛期或非汛期冲淤速率的平均值。图 5.5.3 再次印证了汛期冲刷重心与非汛期淤积重心的位置基本对应，1974～1985 年冲淤重心距坝约 90 km，1986～1995 年冲淤重心下移至距坝 60～70 km，1996～2005 年冲淤重心下移至距坝 50～60 km，下移速率减小，2006～2017 年冲淤重心上移至距坝 60～70 km，但冲淤速率明显减小，结果与图 5.5.2 一致。

冲淤重心位置的迁移改变库区河道冲淤体的形态，图 5.5.4 展示了不同时段库区河道深泓纵剖面的变化，1974～1985 年淤积主要集中在坝前 10～30 km 和距坝 80～105 km 处，1986～1995 年淤积集中在坝前 0～10 km 和距坝 60～100 km 处，淤积体具有向坝前

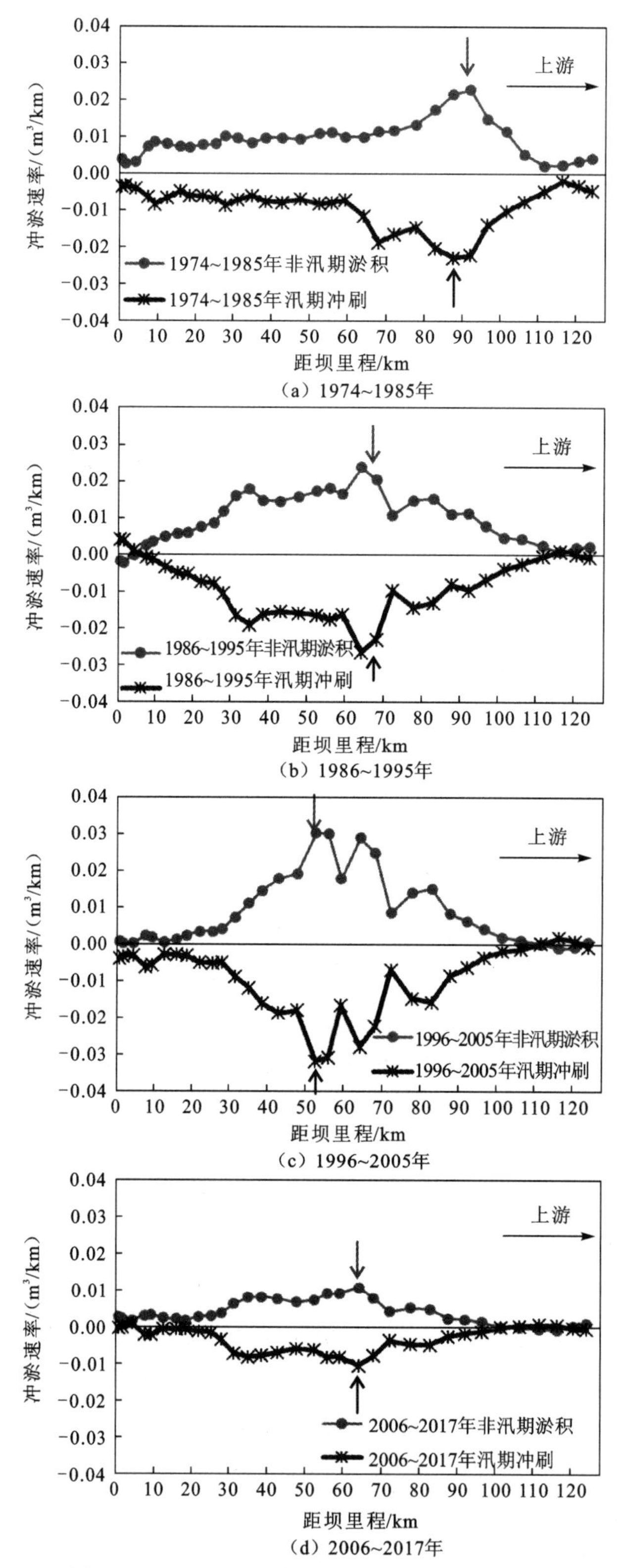

(a) 1974~1985年

(b) 1986~1995年

(c) 1996~2005年

(d) 2006~2017年

图 5.5.3 不同时段相邻断面间冲淤速率沿程分布

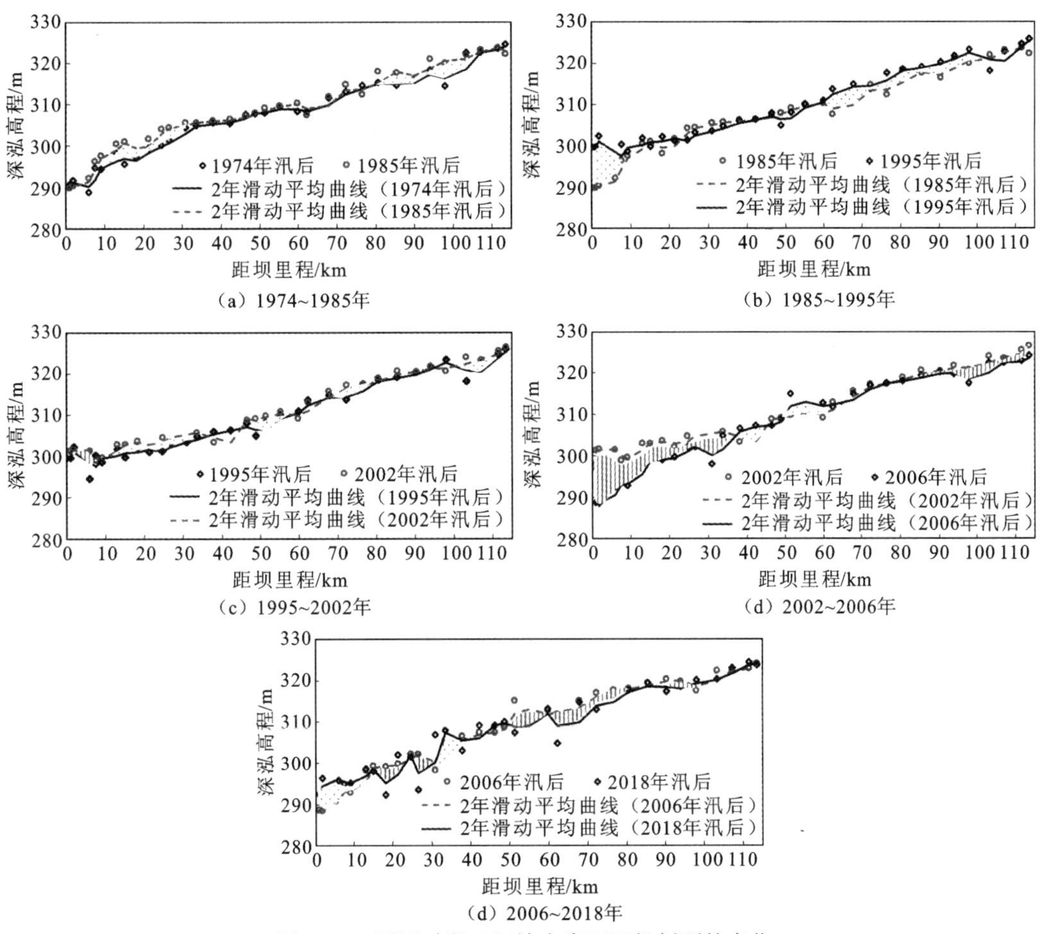

图 5.5.4　不同时段三门峡水库深泓纵剖面的变化

点状填充表示淤积，竖线填充表示冲刷

移动和向下游延伸的变化趋势，与图 5.5.3 中 1986～1995 年冲淤重心下移的规律一致。1995～2002 年冲淤重心位置变化不大，泥沙淤积的空间分布较为均匀，2002 年后库区以冲刷为主，2002～2006 年坝前 40 km 内的河段冲刷明显，2006～2018 年冲刷河段集中在距坝 50～80 km 处，反映了冲淤重心上移的变化特点。

5.5.2　冲淤重心的影响因素

1. 淤积重心位置与回水长度的关系

在非汛期水库易受回水影响发生淤积，侯素珍等（2019）的研究表明 1974 年以来三门峡水库淤积范围与最高蓄水位的相关性较强（$R=0.87$）。回水长度可以采用非均匀流一维数学模型（Chatanantavet et al.，2012）进行精细计算，或者采用坝前水深与河床比降的比值进行简化估算：

$$L_{\mathrm{b}} = H / J_{\mathrm{p}} \tag{5.5.1}$$

式中：L_b 为水库回水长度；J_p 为河床比降；H 为坝前水深，可取最高库水位和河底高程之差。式（5.5.1）被用于估算黄河口河道延伸引起的回水长度（Zheng et al.，2019）和波兰某水库的回水长度（Liro et al.，2020；Liro，2015）。

库区河床比降 J_p 可以通过库区河床深泓纵剖面线性拟合得到，除个别年份（2018 年汛前、1975 年汛后）以外，各拟合线的决定系数 R^2 均高于 0.9，河床比降及回水长度计算结果如图 5.5.5（a）所示，蓄清排浑初期渭河下游在一定程度上受到水库回水的影响，但 1986 年后回水长度小于 113.5 km，说明水库蓄清排浑运用后期对渭河下游河道的影响不大。回水长度与淤积重心距坝里程呈现显著的正相关关系[$R=0.65$，$p<0.01$，见图 5.5.5(b)]，说明回水长度越长，淤积重心距坝越远，反之亦然。

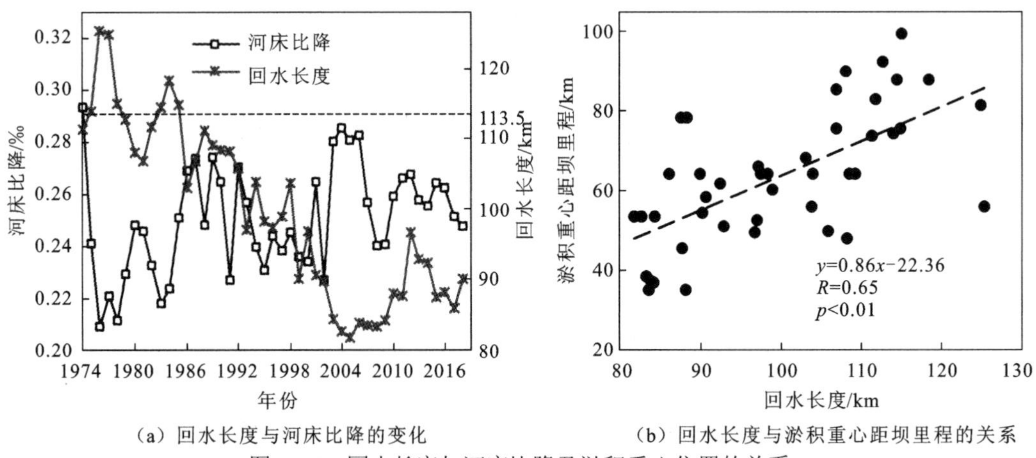

（a）回水长度与河床比降的变化　　（b）回水长度与淤积重心距坝里程的关系

图 5.5.5　回水长度与河床比降及淤积重心位置的关系

2. 冲刷重心位置与汛期水流能量的关系

蓄清排浑运用以来水库汛期冲刷，回水作用较小，库区冲淤受入库水沙条件影响较大。水流能量是表示河道输沙能力和造床作用的重要参数，汛期入库水流能量 Ω（J/m）可用式（5.5.2）计算（吴保生 等，2004；Knighton，1999）：

$$\Omega = \sum_{i=1}^{N} \gamma \, Q_{\mathrm{f},i} \, J_{\mathrm{t-s},i} \Delta T \tag{5.5.2}$$

式中：γ 为水的容重，取 9 800 N/m^3；$Q_{\mathrm{f},i}$ 为潼关站汛期日流量，m^3/s；$J_{\mathrm{t-s},i}$ 为汛期潼关至坝前的水面比降，$J_{\mathrm{t-s},i} = (Z_{\mathrm{f},i} - Z_{\mathrm{sjt},i}) / \Delta L$，$Z_{\mathrm{f},i}$ 和 $Z_{\mathrm{sjt},i}$ 分别为潼关和史家滩的汛期日水位，单位为 m，ΔL 为水库长度，取 113 500 m；$\Delta T = 86\,400\,\mathrm{s}$；$N$ 为每年汛期天数，7 月 1 日～10 月 31 日共计 123 天。

冲刷重心的位置与汛期水流能量的对比及相关关系如图 5.5.6 所示，1974～2017 年冲刷重心距坝里程与汛期水流能量的相关系数 $R=0.51$（$p<0.01$），两者呈正相关关系，说明汛期水流能量越大，冲刷重心距坝越远，冲刷范围更趋向于向下游延展。此外，汛期冲刷重心的位置还可能与非汛期淤积重心的位置有关。

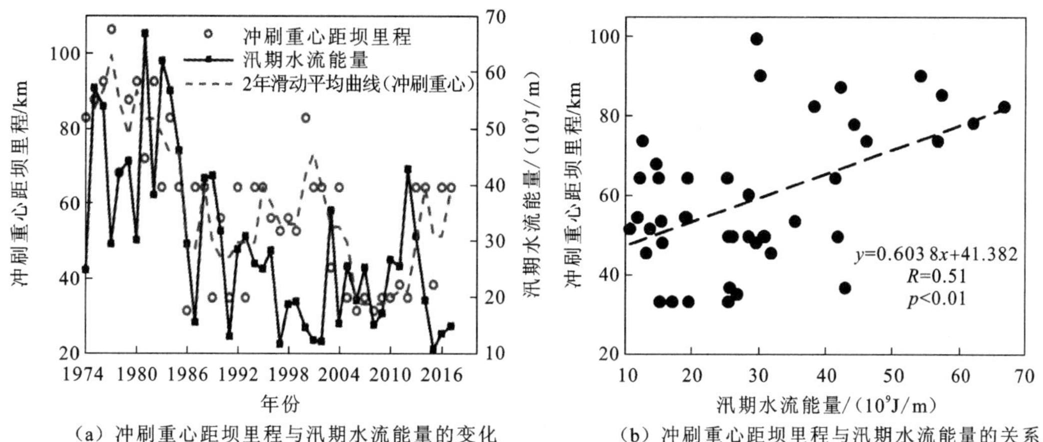

（a）冲刷重心距坝里程与汛期水流能量的变化　　（b）冲刷重心距坝里程与汛期水流能量的关系

图 5.5.6　冲刷重心和汛期水流能量的关系

3. 冲淤重心位置变化的滞后响应特征

淤积重心的位置除了与回水长度有关外，还受到其他影响因子如非汛期来水来沙量、非汛期流量加权平均水位、前一年汛后河床比降等的影响。其中，非汛期流量加权平均水位 $Z_{\mathrm{jq,nf}}$ 的计算公式如下（吴保生 等，2020）：

$$Z_{\mathrm{jq,nf}}=\sum_{i=1}^{N'}(Q_{\mathrm{nf},i}^{1.5}Z_{\mathrm{nf},i})/\sum_{i=1}^{N'}Q_{\mathrm{nf},i}^{1.5} \tag{5.5.3}$$

式中：$Q_{\mathrm{nf},i}$ 为潼关站非汛期日流量，m^3/s；$Z_{\mathrm{nf},i}$ 为潼关站非汛期日库水位，m；N'为非汛期天数，11 月 1 日～次年 6 月 30 日共计 242 天或 243 天。

图 5.5.7（a）显示了淤积重心距坝里程与影响因子及其不同年数加权平均值的相关关系，可见淤积重心距坝里程与回水长度和非汛期来水来沙量正相关，说明回水长度和非汛期来水量越大，壅水越严重，淤积重心距坝里程越长，同时来沙量越大，淤积重心越靠近库区上游；淤积重心距坝里程与前一年汛后河床比降负相关，说明前一年汛后河床比降越大，非汛期淤积重心越易向下游迁移、距大坝里程越短。

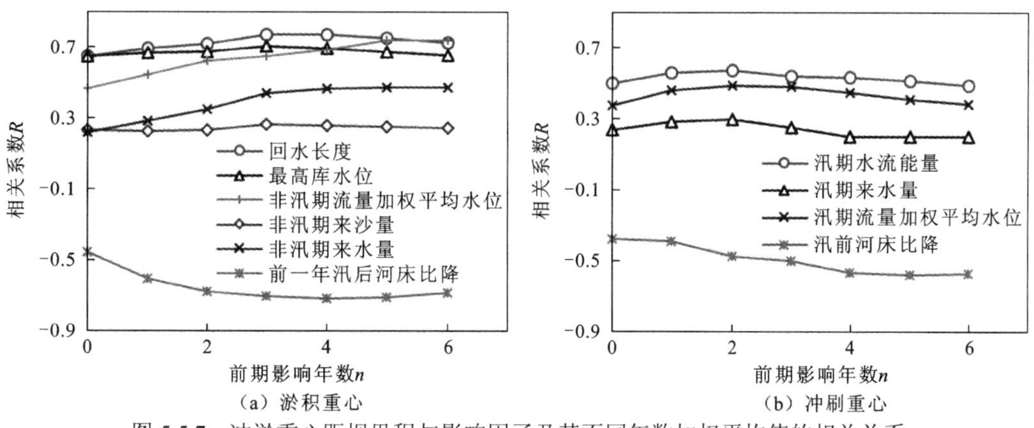

（a）淤积重心　　（b）冲刷重心

图 5.5.7　冲淤重心距坝里程与影响因子及其不同年数加权平均值的相关关系

借鉴河床演变滞后响应模型的影响权重归一化模式[式（3.2.8）]，提出淤积重心影响因子的多年指数加权平均值 $y_{指}$ 的计算公式：

$$y_{指}=\frac{1-e^{-\beta}}{1-e^{-(n+1)\beta}}\sum_{i=0}^{n}e^{-(n-i)\beta}y_i \tag{5.5.4}$$

式中：y_i 为第 i 年影响因子的数值；n 为考虑的前期影响年数；β为河床演变调整速率参数，其随水沙条件变化，吴保生等（2020）计算三门峡水库累计淤积量时得出β的变化范围为 0.15～0.75，平均值为 0.38，郑珊等（2019）在三门峡水库冲淤研究中采用β=0.255，综合考虑取β=0.3。

采用式（5.5.4）计算回水长度、水位、来水来沙条件、水流能量和河床比降随时间变化对应的多年指数加权平均值，分析淤积重心位置与影响因子的多年指数加权平均值的相关关系，发现淤积重心距坝里程与影响因子的相关系数随前期影响年数 n 的增加而增加[图 5.5.7（a）]，当 n=3～5 时淤积重心距坝里程与影响因子的多年指数加权平均值的相关性较高，之后有所减小或变化不大，说明淤积重心的位置不仅与当年影响因子的变化有关，还受到前期 3～5 年这些因子变化的影响，反映了淤积重心位置演变对影响因子变化的滞后响应。这一结果与以往研究认为年际库区冲淤滞后水沙及坝前水位变化 4～5 年的结论基本一致（Wu et al.，2012，2007；吴保生 等，2006）。

如图 5.5.7（b）所示，冲刷重心距坝里程除了与汛期水流能量相关外，还与汛期来水量和汛期流量加权平均水位成正比，与汛前河床比降成反比，说明汛期来水量越大，上游河段的冲刷强度越大，冲刷重心距离大坝越远；汛前河床比降越大，冲刷重心越靠近坝前。对冲刷重心的影响因子进行多年指数加权平均值的计算并分析其与冲刷重心位置的关系，发现除汛前河床比降在 n=3～5 时与冲刷重心距坝里程相关性较强外，其他影响因子的多年指数加权平均值均在 n=2 左右与冲刷重心距坝里程的相关性最高，如冲刷重心距坝里程与汛期水流能量的 2 年指数加权平均值的相关系数 R=0.58，稍高于其与当年汛期水流能量的相关性。

图 5.5.8 显示了淤积重心距坝里程与非汛期流量加权平均水位及回水长度当年值及 5 年指数加权平均值之间的相关关系，对比可知，淤积重心距坝里程与 5 年指数加权平均值的相关关系明显高于其与当年值的相关关系，体现了考虑河床演变滞后响应特征的重要性。

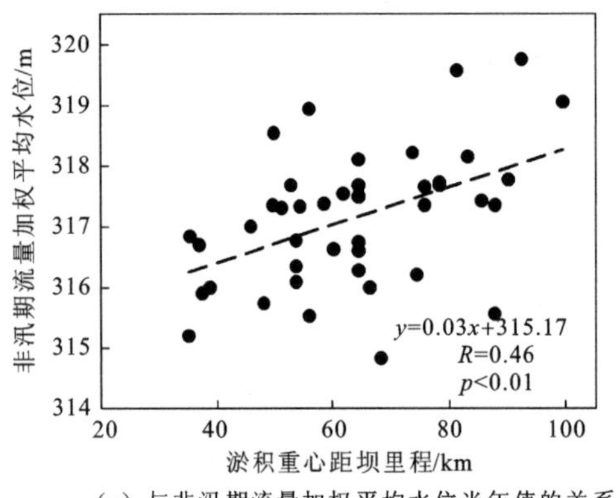

（a）与非汛期流量加权平均水位当年值的关系

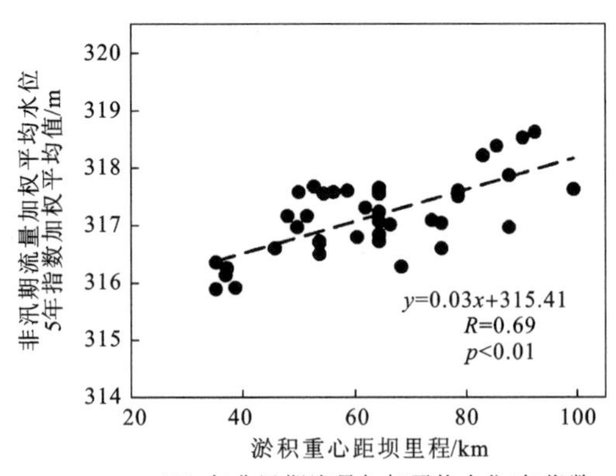

（b）与非汛期流量加权平均水位5年指数加权平均值的关系

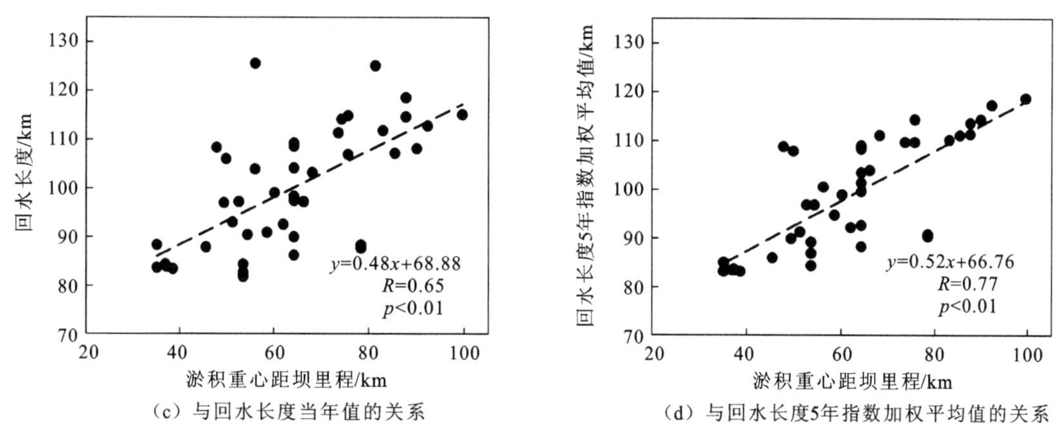

（c）与回水长度当年值的关系　　（d）与回水长度5年指数加权平均值的关系

图 5.5.8　淤积重心距坝里程与非汛期流量加权平均水位及回水长度的相关关系

4. 冲淤重心对潼关高程的影响

图 5.5.9 显示潼关高程与潼关—太安河段（长约 41.2 km）比降呈负相关，说明潼关—太安河段比降越大，潼关高程越易冲刷下降，当汛后潼关—太安河段比降取 2 年滑动平均值时，两者的相关系数 $R=-0.65$（$p<0.01$）。

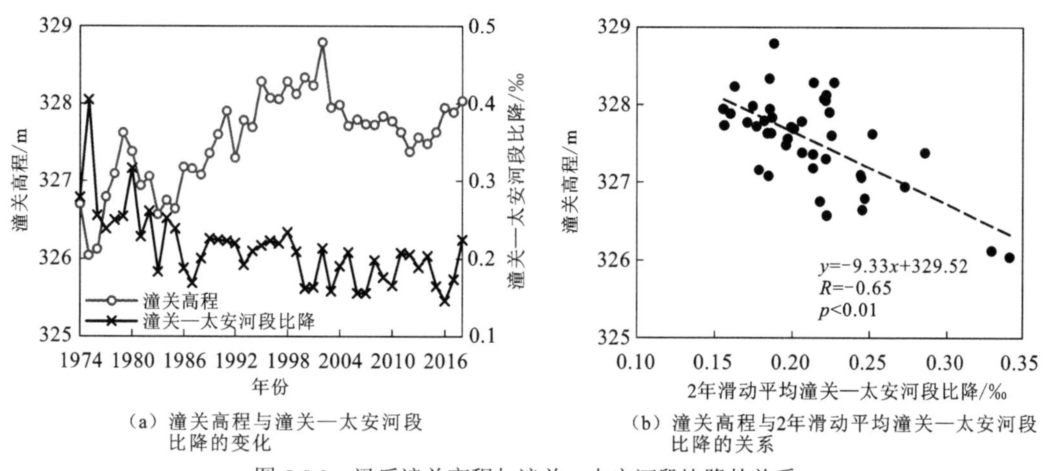

（a）潼关高程与潼关—太安河段比降的变化　　（b）潼关高程与2年滑动平均潼关—太安河段比降的关系

图 5.5.9　汛后潼关高程与潼关—太安河段比降的关系

图 5.5.10 显示当冲刷重心位于距坝 70～90 km 处时，冲刷重心位于潼关—太安河段的下游，使得潼关—太安河段比降增大，并且随着冲刷重心距坝里程的增大，潼关—太安河段比降增大，两者的相关系数 $R=0.82$，结合图 5.5.9 可知，潼关—太安河段比降增大，会进一步引起潼关高程的下降。

如前所述，1985 年后回水长度基本位于潼关以下，水库运行对潼关高程影响较小，而冲淤重心在 1985 年后也下移至距坝约 70 km 处，位于潼关—太安河段以下，因此，蓄清排浑运用早期冲淤重心的迁移对潼关高程影响较大，而近期尤其是 2000 年后冲淤重心对应的冲淤强度明显减弱后，冲淤重心的迁移对潼关高程的影响减小。

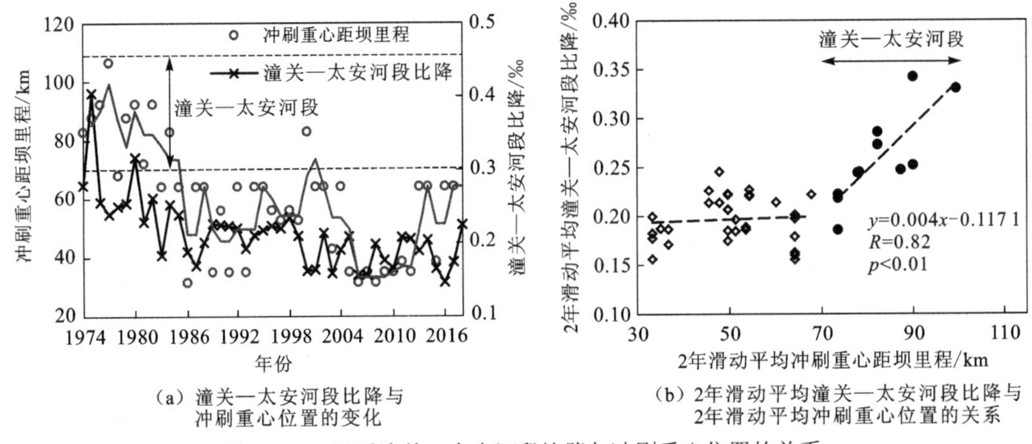

(a) 潼关—太安河段比降与冲刷重心位置的变化

(b) 2年滑动平均潼关—太安河段比降与2年滑动平均冲刷重心位置的关系

图 5.5.10　汛后潼关—太安河段比降与冲刷重心位置的关系

5.6　库区淤积量与潼关高程的滞后响应模型与模拟

5.6.1　库区累计淤积量的滞后响应模型计算方法与模拟

本小节基于库区平衡淤积形态的建立累计淤积量的滞后响应模型计算方法。实测库区淤积纵剖面变化如图 5.6.1（a）所示，虽然纵剖面波动较大，但平均来看库区淤积体的纵剖面可以概化为如图 5.6.1（b）所示的四边形，即库区泥沙淤积体的纵剖面形态可简化为由河床平衡纵剖面（比降为 J_e）、初始纵剖面（比降为 J_0）、潼关断面与坝前河床淤积高度所包围的四边形，其中坝前局部冲刷漏斗由于所占面积较小可忽略。

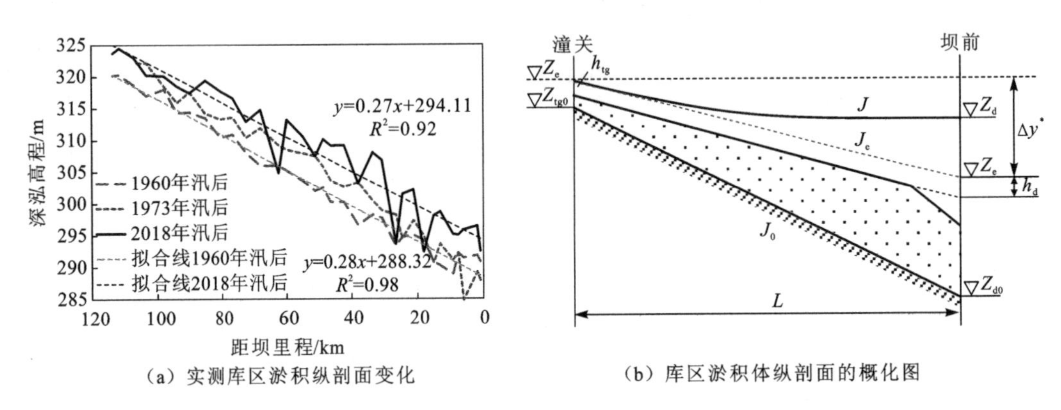

(a) 实测库区淤积纵剖面变化

(b) 库区淤积体纵剖面的概化图

图 5.6.1　三门峡水库河道平衡纵剖面及其概化

根据图 5.6.1（b）所示库区淤积体的纵剖面形态，假设淤积体横向宽度平均为 W（km），淤积体体积的平衡值 V_e（亿 m^3）可表示为

$$V_e = 0.01\frac{WL}{2}[(Z_e - Z_{tg0} - h_{tg}) + (Z_* - Z_{d0} - h_d)] \tag{5.6.1}$$

式中：L 为淤积体覆盖河长，km，取潼关至大坝的河长，约为 113.5 km；Z_{tg0} 和 Z_{d0} 分别为潼关断面和坝前河床初始高程，m；h_{tg} 和 h_d 分别为淤积平衡时潼关断面水深和坝前水深，m；Z_e 为水库冲淤平衡时潼关高程平衡值；Z_* 为水面平衡比降延伸至坝前对应的截距或高程，m。由于水库抬高坝前水位形成壅水，水面线在库尾接近河床比降，在坝前接近水平（水面比降为 J）。为方便计算，可将库尾水面线以直线形式延伸至坝前，该直线斜率的绝对值可认为与河床平衡比降 J_e 相近。当流量为 1 000 m^3/s 时，根据图 5.6.1（b）库区淤积体纵剖面的几何形态，可以得到水库冲淤平衡时潼关高程平衡值 Z_e（m）的计算公式（潼关高程指 1 000 m^3/s 流量时潼关站对应的水位）：

$$Z_e = \Delta y_* + Z_* \tag{5.6.2}$$

式中：Δy_* 为 Z_e 与 Z_* 之间的差值，m。

根据图 5.6.1（b）所示的几何关系有

$$\Delta y_* = LJ_e \tag{5.6.3}$$

其中，河床平衡比降 J_e（‰）可以表示为原河床比降 J_0、水沙条件和坝前水位 Z_p 的函数，即

$$J_e = k_2 Q^a \xi^b (Z_p - 280)^c J_0 \tag{5.6.4}$$

式中：Z_p 为坝前水位，m，大坝底孔高程 280 m；Q 为潼关站年均入库流量，m^3/s；考虑到汛期水沙搭配对库区冲淤影响较大，ξ 取潼关站汛期来沙系数，kg·s/m^6，为含沙量与流量之比；k_2 为系数；a、b 和 c 均为指数，考虑到比降与 Q 和 Z_p 成反比，而与 ξ 成正比，定性上应有 $a<0$，$b>0$，$c<0$。

由式（5.6.3）和式（5.6.4）可知，Δy_* 可以表示为

$$\Delta y_* = L[k_2 Q^a \xi^b (Z_p - 280)^c J_0] \tag{5.6.5}$$

考虑到来水来沙和水库运用的影响，Z_* 可以表示为流量加权平均水位 Z_{jq} 的函数，并且假设其由常数项与变化项组成（以底孔高程 280 m 为参照基准）：

$$Z_* = K_1(Z_{jq} - 280) + Z'_* \tag{5.6.6}$$

式中：K_1 为系数；Z'_* 为常数项，m。流量加权平均水位 Z_{jq} 可以表示为

$$Z_{jq} = \sum_{j=1}^{M}(Q_j^{1.5} Z_j) \Big/ \sum_{j=1}^{M} Q_j^{1.5} \tag{5.6.7}$$

式中：Q_j 为潼关站日均流量，m^3/s；Z_j 为潼关站日均库水位，m；M 为天数，计算年流量加权平均水位时 M=365 天或 366 天。流量加权平均水位在一定程度上可以表示水流能量的大小（Wu et al.，2007）。

将式（5.6.5）和式（5.6.6）代入式（5.6.2）整理得到潼关高程平衡值的计算公式：

$$Z_e = K_1(Z_{jq} - 280) + K_2 Q^a \xi^b (Z_p - 280)^c + Z'_* \tag{5.6.8}$$

其中，$K_2 = k_2 L J_0$，K_1、K_2、a、b、c 和 Z'_* 需通过多元非线性回归得到。

将 Z_e 的计算式[式（5.6.8）]和 Z_* 的计算式[式（5.6.6）]代入式（5.6.1）可得淤积体体积平衡值 V_e 的表达式：

$$V_e = \frac{WL}{200}[2K_1(Z_{jq}-280)+K_2Q^a\xi^b(Z_p-280)^c-(Z_{tg0}+Z_{d0}+h_{tg}+h_d-2Z'_*)] \quad (5.6.9)$$

式（5.6.9）可简化为

$$V_e = K'_1(Z_{jq}-280)+K'_2Q^{a'}\xi^{b'}(Z_p-280)^{c'}+V_* \quad (5.6.10)$$

式中：

$$K'_1 = K_1WL/100;\quad K'_2 = K_2WL/200 = k_2WL^2J_0/200;$$

$$V_* = -\frac{WL}{200}(Z_{tg0}+Z_{d0}+h_{tg}+h_d-2Z'_*),$$

假设h_{tg}和h_d变化较小，V_*可取为常数；a'、b'和c'均为指数，定性上有$a'<0$，$b'>0$，$c'<0$。

采用滞后响应模型的单步解析模式进行多步迭代来计算三门峡库区累计淤积量：

$$V_i = (1-e^{-\beta\Delta t})V_{e,i}+e^{-\beta\Delta t}V_{i-1} \quad (5.6.11)$$

式中：$V_{e,i}$和V_i分别为第i年累计淤积量的平衡值和计算值，亿m^3，$i=1, 2, \cdots, M'$，M'为模拟时长，年；V_{i-1}为上一年累计淤积量，亿m^3，除了当$i=1$时，V_0取实测值以外，其他年份V_{i-1}均采用计算值。

式（5.6.11）的迭代计算等价于滞后响应模型的模式 IIIa，有

$$V_n = (1-e^{-\beta\Delta t})\sum_{i=1}^{n}[e^{-(n-i)\beta\Delta t}V_{e,i}]+e^{-n\beta\Delta t}V_0 \quad (5.6.12)$$

需要注意的是，式（5.6.12）中n分别取$1, 2, \cdots, M'$，即在计算某年累计淤积量时，考虑当年和前期所有年份内各因子的累积影响。这一计算方法对于计算河床演变特征量的累计值较适用。将累计淤积量平衡值的计算式[式（5.6.10）]代入式（5.6.12）可得累计淤积量的计算公式：

$$V_n = (1-e^{-\beta\Delta t})\sum_{i=1}^{n}\{e^{-(n-i)\beta\Delta t}[K'_1(Z_{jq}-280)+K'_2Q^{a'}\xi^{b'}(Z_p-280)^{c'}+V_*]\}+e^{-n\beta\Delta t}V_0 \quad (5.6.13)$$

进一步考虑β的年际变化，假设库区冲刷或潼关高程降低时，β主要与流量相关，反之，当库区淤积或潼关高程升高时，β为含沙量的函数，同时考虑β与前期水沙条件的关系，将β的计算式表示为

$$\beta = \begin{cases} f(Q) = p_1\bar{Q}^{q_1}, & \text{库区冲刷或潼关高程降低} \\ f(S) = p_2\bar{S}^{q_2}, & \text{库区淤积或潼关高程抬升} \end{cases} \quad (5.6.14)$$

式中：$\bar{Q}$和$\bar{S}$分别为当年和前期 4 年潼关站年流量与年含沙量的滑动平均值；p_1、q_1、p_2和q_2为大于 0 的系数和指数。通过判断累计淤积量平衡值与上一个时段末计算值（时段初始值）的大小，来选择β的计算公式，若累计淤积量或潼关高程的平衡值大于时段初始值，认为库区淤积或潼关高程抬升累计淤积量增大，反之，库区冲刷或潼关高程降低。

利用 1974～2002 年实测资料，通过多元非线性回归，率定累计淤积量及β计算式[式（5.6.13）和式（5.6.14）]中的参数，采用 2003～2018 年实测资料对参数进行检验，

得到累计淤积量的计算公式：

$$V_n = (1-\mathrm{e}^{-\beta_V})\sum_{i=1}^{n}\mathrm{e}^{-(n-i)\beta_V}[79.05Q^{-0.026}\xi^{0.001}(Z-280)^{-038}+0.70(Z_{\mathrm{jq}}-280)-8.6]+27.997\mathrm{e}^{-n\beta_V} \tag{5.6.15}$$

式中：V_0=27.997 亿 m^3（即 1973 年库区累计淤积量）；

$$\beta_V = \begin{cases} 0.09\bar{S}^{0.51}, & \text{库区淤积} \\ 0.01\bar{Q}^{0.50}, & \text{库区冲刷} \end{cases} \tag{5.6.16}$$

累计淤积量的率定和验证结果如图 5.6.2 所示。1974～2002 年和 2003～2018 年累计淤积量计算值与实测值的 R^2 分别等于 0.92 和 0.77，全时段内 R^2=0.91，计算精度较高。

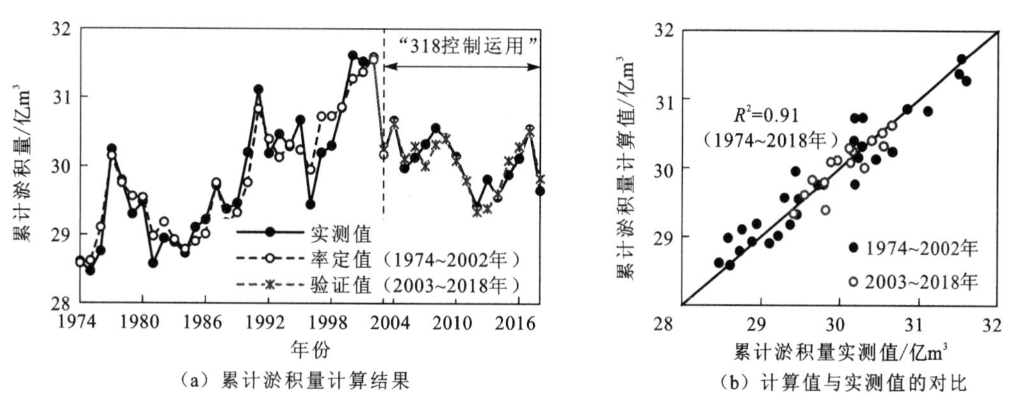

（a）累计淤积量计算结果　　（b）计算值与实测值的对比

图 5.6.2　累计淤积量的计算结果

5.6.2　潼关高程的滞后响应模型计算方法与模拟

根据图 5.6.1（b）所示淤积体的纵剖面形态，结合推导得到的水库冲淤平衡时潼关高程平衡值 Z_e 的计算公式[式（5.6.8）]，采用滞后响应模型的模式 IIIb[即式（3.2.8）]来计算潼关高程 Z：

$$Z=\sum_{i=0}^{n}(\lambda_i Z_{\mathrm{e},i}),\quad \lambda_i=\frac{1-\mathrm{e}^{-\beta\Delta t}}{1-\mathrm{e}^{-(n+1)\beta\Delta t}}\mathrm{e}^{-(n-i)\beta\Delta t} \tag{5.6.17}$$

式中：$Z_{\mathrm{e},i}$ 和 Z_i 分别为第 i 年潼关高程的平衡值和计算值，m；n 为滞后年数，综合以往研究（杨光彬 等，2020；吴保生和邓玥，2007），取 n=4。将潼关高程平衡值 Z_e 的计算式[式（5.6.8）]代入式（5.6.17）可得潼关高程的计算公式：

$$Z=\sum_{i=0}^{n}\frac{1-\mathrm{e}^{-\beta\Delta t}}{1-\mathrm{e}^{-(n+1)\beta\Delta t}}\mathrm{e}^{-(n-i)\beta\Delta t}[K_1(Z_{\mathrm{jq}}-280)+K_2Q^a\xi^b(Z_{\mathrm{p}}-280)^c+Z_*'] \tag{5.6.18}$$

其中，Δt=1 年，β的计算公式为式（5.6.14）。需要说明的是，由于潼关高程和累计淤积量的变化过程不同，β的计算公式形式基本相同，但系数和指数有所区别。

忽略 1974 年和 1975 年潼关高程短时下降的影响，采用 1976～2002 年实测资料，通过多元非线性回归，率定得到潼关高程和β计算式［式（5.6.18）和式（5.6.14）］中的参数，采用 2003～2018 年实测资料对参数进行检验。潼关高程的计算公式如式（5.6.19）所示。

$$Z=\sum_{i=0}^{4}\frac{1-\mathrm{e}^{-\beta_Z}}{1-\mathrm{e}^{-5\beta_Z}}\mathrm{e}^{-(4-i)\beta_Z}[55.49Q_{\mathrm{yr},i}^{-0.06}\xi_{\mathrm{f},i}^{0.004}(Z_{\mathrm{yr},i}-280)^{-0.22}+0.22(Z_{\mathrm{jq,yr},i}-280)+304.05] \tag{5.6.19}$$

其中，下标 yr 和 f 分别代表年均值和汛期平均值，β_Z 采用式（5.6.20）计算：

$$\beta_Z=\begin{cases}0.11\overline{S}^{0.18}, & \text{潼关高程抬升}\\ 0.05\overline{Q}^{0.15}, & \text{潼关高程下降}\end{cases} \tag{5.6.20}$$

潼关高程的率定和验证结果如图 5.6.3 所示。1980～2002 年和 2003～2018 年潼关高程计算值与实测值的决定系数 R^2 分别为 0.88 和 0.74，全时段内 R^2=0.85，计算精度较高。运用式（5.6.19）和式（5.6.20）可以分析不同水沙和运行条件下潼关高程和库区冲淤的变化特点。同时，参考未来水沙条件，结合发电、灌溉、生态等效益的计算，该方法可为考虑库区减淤、回水范围控制、发电等综合效益的水库精细化运用方案提供参考。

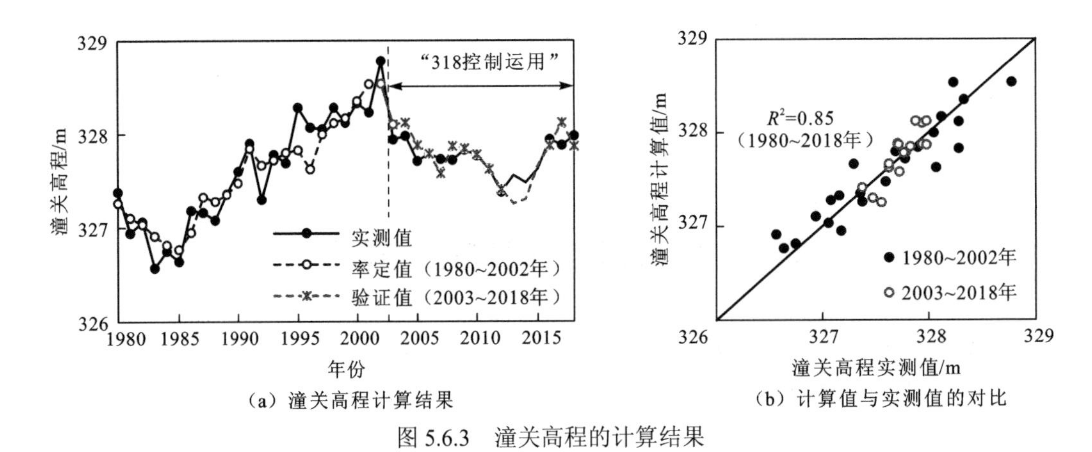

（a）潼关高程计算结果　（b）计算值与实测值的对比

图 5.6.3　潼关高程的计算结果

5.7　“318 控制运用”对潼关高程与库区冲淤的影响分析

采用 5.6 节推导得到的库区累计淤积量和潼关高程的滞后响应模型计算方法［式（5.6.15）和式（5.6.19）］，分析“318 控制运用”对库区淤积和潼关高程变化的影响。以 2003～2018 年的入库水沙和水库运行条件为基础，分别针对汛期库水位（汛期敞泄临界流量）、非汛期库水位、年来水量和年来沙量设计了 A～D 四种系列的工况（表 5.7.1）。

表 5.7.1　各工况条件设置与计算结果

针对	工况		影响因子变化						计算结果与实测平均值的对比			
	编号	条件	$\Delta Z_{yr}(\Delta Z_f)$ /m	ΔZ_{jq} /m	W /亿 m³	W_s /亿 t	ΔW /亿 m³	ΔW_s /亿 t	$Z_{tg,pj}$ /m	V_{pj} /亿 m³	$\Delta Z_{tg,pj}$ /m	ΔV_{pj} /亿 m³
汛期库水位	A1	1 500～2 500 m³/s 流量对应的日库水位设为 305 m	0.12（0.36）	0.38	247	2.25	～	～	327.82	30.28	0.08	0.21
	A12	在 A1 基础上将 2 500～3 000 m³/s 流量对应的日库水位升高 1 m	0.13（0.40）	0.43	247	2.25	～	～	327.83	30.31	0.08	0.24
	A2	1 000～1 500 m³/s 流量对应的日库水位降低 1 m	**−0.08（−0.23）**	**−0.15**	247	2.25	～	～	327.73	29.98	**−0.01**	**−0.09**
	A3	1 000～1 500 m³/s 流量对应的日库水位降低 2 m	**−0.16（−0.47）**	**−0.29**	247	2.25	～	～	327.71	29.90	**−0.03**	**−0.16**
	A4	1 000～1 500 m³/s 流量对应的日库水位降低 3 m	**−0.24（−0.70）**	**−0.44**	247	2.25	～	～	327.69	29.83	**−0.06**	**−0.24**
	A42	在 A4 基础上将 1 500～2 000 m³/s 流量对应的日库水位降低 1 m	**−0.27（−0.81）**	**−0.53**	247	2.25	～	～	327.68	29.78	**−0.07**	**−0.29**
非汛期库水位	B+3	非汛期日库水位均升高 3 m	1.99	1.34	247	2.25	～	～	327.84	30.50	0.09	0.43
	B+2	非汛期日库水位均升高 2 m	1.33	0.89	247	2.25	～	～	327.81	30.35	0.06	0.28
	B+1	非汛期日库水位均升高 1 m	0.67	0.45	247	2.25	～	～	327.78	30.20	0.04	0.13
	B-1	非汛期日库水位均降低 1 m	**−0.66**	**−0.44**	247	2.25	～	～	327.73	29.91	**−0.01**	**−0.16**
	B-1.6	非汛期日库水位均降低 1.6 m	**−1.06**	**−0.71**	247	2.25	～	～	327.72	29.83	**−0.03**	**−0.24**
	B-2	非汛期日库水位均降低 2 m	**−1.32**	**−0.89**	247	2.25	～	～	327.71	29.77	**−0.04**	**−0.30**
	B-3	非汛期日库水位均降低 3 m	**−1.99**	**−1.33**	247	2.25	～	～	327.69	29.64	**−0.06**	**−0.43**

续表

针对	工况		影响因子变化						计算结果与实测平均值的对比			
	编号	条件	$\Delta Z_{yr}(\Delta Z_f)$ /m	ΔZ_{jq} /m	W /亿 m^3	W_s /亿 t	ΔW /亿 m^3	ΔW_s /亿 t	$Z_{tg,pj}$ /m	V_{pj} /亿 m^3	$\Delta Z_{tg,pj}$ /m	ΔV_{pj} /亿 m^3
年来水量	C2	来水量为实际来水量的 2.0 倍	～	～	494	2.25	246	～	327.09	29.39	**−0.66**	**−0.68**
	C1.8	来水量为实际来水量的 1.8 倍	～	～	444.6	2.25	197	～	327.19	29.49	**−0.56**	**−0.58**
	C1.6	来水量为实际来水量的 1.6 倍	～	～	395.2	2.25	148	～	327.30	29.60	**−0.45**	**−0.47**
	C1.4	来水量为实际来水量的 1.4 倍	～	～	345.8	2.25	98	～	327.43	29.73	**−0.32**	**−0.34**
	C1.2	来水量为实际来水量的 1.2 倍	～	～	296.4	2.25	49	～	327.57	29.88	**−0.17**	**−0.19**
	C0.8	来水量为实际来水量的 4/5 倍	～	～	197.16	2.25	**−50**	～	327.97	30.26	0.22	0.19
	C0.6	来水量为实际来水量的 3/5 倍	～	～	148.2	2.25	**−99**	～	328.26	30.52	0.51	0.46
年来沙量	D4	来沙量为实际来沙量的 4.0 倍	～	～	247	9.00	～	6.75	327.85	30.35	0.11	0.29
	D2.5	来沙量为实际来沙量的 2.5 倍	～	～	247	5.63	～	3.38	327.82	30.25	0.07	0.18
	D2	来沙量为实际来沙量的 2.0 倍	～	～	247	4.50	～	2.25	327.80	30.20	0.06	0.13
	D1.8	来沙量为实际来沙量的 1.8 倍	～	～	247	4.05	～	1.80	327.80	30.18	0.05	0.11
	D1.6	来沙量为实际来沙量的 1.6 倍	～	～	247	3.60	～	1.35	327.79	30.15	0.04	0.08
	D1.4	来沙量为实际来沙量的 1.4 倍	～	～	247	3.15	～	0.90	327.78	30.12	0.03	0.06
	D1.2	来沙量为实际来沙量的 1.2 倍	～	～	247	2.70	～	0.45	327.77	30.09	0.02	0.02
	D0.8	来沙量为实际来沙量的 4/5 倍	～	～	247	1.80	～	**−0.45**	327.74	30.01	**−0.00**	**−0.06**
	D0.6	来沙量为实际来沙量的 3/5 倍	～	～	247	1.35	～	**−0.90**	327.72	29.95	**−0.02**	**−0.12**
	D0.4	来沙量为实际来沙量的 2/5 倍	～	～	247	0.90	～	**−1.35**	327.70	29.88	**−0.05**	**−0.19**
	D0.2	来沙量为实际来沙量的 1/5 倍	～	～	247	0.45	～	**−1.80**	327.65	29.77	**−0.10**	**−0.30**

注：ΔZ_{yr}、ΔZ_f和ΔZ_{jq}分别为年平均、汛期平均和流量加权平均水位相对于实测值的变化；W 和 W_s 分别为 2003～2018 年年均来水量和来沙量；ΔW 和ΔW_s 为各工况下来水来沙量相对于实际条件的变化；$\Delta Z_{tg,pj}$ 和ΔV_{pj} 分别为各工况下潼关高程和累计淤积量 2003～2018 年计算平均值与其相应实测平均值的差值；"～"表示无变化。

建立的方法[式（5.6.15）和式（5.6.19）]因考虑了流量加权平均水位的影响，可用来分析日流量和水位变化过程对潼关高程与库区冲淤的影响。根据胡春宏（2019）的研究，1985～2002 年汛期敞泄临界流量约为 2 500 m^3/s（潼关站），2003 年后这一临界流量下调为 1 500 m^3/s。工况 A1 和 A12 假设汛期敞泄临界流量为 2 500 m^3/s，则 1 500～2 500 m^3/s 流量相应的日库水位将比实际水位高，工况 A1 将这一流量对应的低于 305 m 的日库水位设置为 305 m（若高于 305 m，则水位保持不变）。为考虑这一流量对应的日库水位抬升对上一级流量如 2 500～3 000 m^3/s 对应的日库水位的影响，设计工况 A12，即在工况 A1 的基础上，使汛期 2 500～3 000 m^3/s 流量对应的日库水位抬升 1 m（自然条件下该流量对应的平均库水位为 301.7 m）。此外，若 2003～2018 年汛期敞泄临界流量下调至 1 000 m^3/s，则 1 000～1 500 m^3/s 流量对应的日库水位将低于自然条件，工况 A2～A4 分别假设该流量对应的日库水位降低 1 m、2 m 和 3 m。自然条件下 1 000～1 500 m^3/s 流量对应的平均库水位为 306.2 m，1 500～2 000 m^3/s 流量对应的平均库水位为 304 m，由于降低汛期敞泄临界流量会在一定程度上降低上一级流量对应的日库水位（提前泄流的影响），在工况 A4 的基础上设计工况 A42，将 1 000～1 500 m^3/s 流量对应的日库水位下降 3 m，并且将 1 500～2 000 m^3/s 流量对应的日库水位下降 1 m。

工况 B 系列分别假设非汛期控制运用水位±1 m、±2 m 和±3 m，可以认为非汛期库水位按 315～321 m 控制运用，此外，由于 2003～2018 年非汛期平均库水位升高约 1.6 m[图 5.2.2（c）]，若非汛期平均库水位没有升高，设计工况 B-1.6，将非汛期日库水位降低 1.6 m。由于汛期流量较非汛期大，而非汛期时段较汛期长，工况 A 系列对流量加权平均水位的改变大于年平均水位，工况 B 系列则相反。

工况 C 和 D 系列分别在 2003～2018 年实际来水量和来沙量的基础上乘以 0.6～2.0 和 0.2～4.0，各工况对应的年来水量和年来沙量分别介于 148.2 亿～494 亿 m^3 和 0.45 亿～9.00 亿 t（表 5.7.1）。

将各工况计算得到的潼关高程和累计淤积量 2003～2018 年的平均值（分别记为 $Z_{tg,pj}$ 和 V_{pj}）与实测平均值进行比较，结果如表 5.7.1 和图 5.7.1 所示，由表 5.7.1 和图 5.7.1 可知，各工况的计算结果在定性和定量上均较合理。定性上，当水位降低、来水量增大或来沙量减小时，计算得到的 $Z_{tg,pj}$ 和 V_{pj} 均小于实测平均值，反之，当水位抬升、来水量减小或来沙量增大时，$Z_{tg,pj}$ 和 V_{pj} 大于实测平均值。从定量上看，各工况 $Z_{tg,pj}$ 和 V_{pj} 计算值与实测 2003～2018 年潼关高程和累计淤积量的变化趋势较一致，各工况数据点基本以潼关高程和累计淤积量 2003～2018 年实测平均值为中心分布（图 5.7.1）。此外，潼关高程和累计淤积量对汛期水位变化的响应比对非汛期水位变化的响应更敏感。例如，汛期水位下降 0.23 m（工况 A2）与非汛期水位下降 1 m（工况 B-1）所得潼关高程的下降幅度相当。

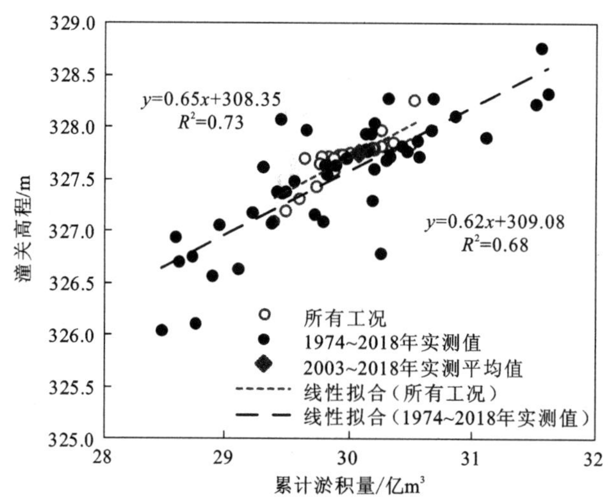

图 5.7.1　2003～2018 年累计淤积量和潼关高程实测平均值与各工况计算平均值的对比

根据不同工况的计算结果，得到关于“318 控制运用”对潼关高程变化和库区冲淤影响的主要认识具体如下。

（1）潼关高程和库区累计淤积量受来水量和流量变化的影响较大。工况 C 系列计算得到的潼关高程的变化幅度普遍比其他工况下潼关高程的变化幅度大一个数量级。2003～2018 年来水量若还保持在 1996～2002 年的平均水平（193 亿 m^3），参考工况 C0.8（年来水量为 197 亿 m^3）可知潼关高程将偏高 0.22 m，累计淤积量偏大 0.19 亿 m^3。

（2）降低汛期敞泄临界流量，从而降低汛期库水位十分重要。工况 A12 计算得到的潼关高程和累计淤积量的变化与工况 B+2 接近（表 5.7.1），说明“318 控制运用”将汛期敞泄临界流量由 2 500 m^3/s 降低至 1 500 m^3/s，相应的汛期平均库水位下降 0.40 m（工况 A12），由此带来的降低潼关高程和减少库区淤积的效果与非汛期库水位降低 2 m 较接近。

（3）将汛期敞泄临界流量由 1 500 m^3/s 降低至 1 000 m^3/s，可进一步降低潼关高程并减小库区淤积量。由于流量越大，水流挟沙和冲刷河床的能力越大，1 500～2 500 m^3/s 流量汛期平均输沙量（约为 0.62 亿 t/a，潼关站）大于 1 000～1 500 m^3/s 流量平均输沙量（约为 0.36 亿 t/a），将这两个流量对应的库水位降低同样的幅度，得到的潼关高程和库区冲刷量的变幅不同。例如，对比工况 A12（汛期水位抬升 0.40 m）与 A3（汛期水位降低 0.47 m）发现，工况 A12 对汛期水位改变较小，但计算得到的潼关高程和累计淤积量的变幅却更大，因此，对不同流量降低相同水位得到的冲刷效果不同。

（4）工况 B-1.6 的计算结果显示，若“318 控制运用”没有将非汛期平均库水位抬高 1.6 m，则潼关高程可降低约 0.03 m，2003～2018 年库区累计淤积量减少约 0.24 亿 m^3。对比这一结果与其他工况的计算结果可知，累计淤积量比潼关高程受非汛期水位的影响更大。

（5）2003～2018 年平均入库泥沙 2.25 亿 t/a，而 1996～2002 年平均来沙约 5.7 亿 t/a，

假设2003～2018年入库沙量维持在5.7亿t/a左右，与工况D2.5接近（年来沙量为5.63亿m^3），则潼关高程可能偏高0.07 m，累计淤积量偏大0.18亿m^3。

2003～2018年水沙与库水位条件相对于1996～2002年发生的改变可概化为：①汛期敞泄临界流量下调；②非汛期平均库水位抬升1.6 m；③年来水量增大；④年来沙量减小。若没有这些变化，则以上四个方面可以分别看作与工况A12、B-1.6、C0.8和D2.5对应，对比这四个工况下潼关高程和累计淤积量的计算平均值与实测平均值（表5.7.1）可知，2003年后来水量增大是潼关高程下降的主要原因，汛期敞泄临界流量下降、来沙量减小和非汛期库水位抬升的影响较小。对库区累计淤积量而言，这四个方面的因素均起到重要作用。

综上所述，基于不同设计工况，采用建立的方法计算了来水来沙条件和“318控制运用”对库区冲淤与潼关高程变化的贡献大小。结果表明，2003年后来水量增加对潼关高程降低起主导作用；来水量增加、来沙量减少及汛期敞泄临界流量降低均在一定程度上使得库区淤积量减少；“318控制运用”一方面降低了汛期临界敞泄流量，可能使潼关高程下降0.08 m，库区累计淤积量减少0.24亿m^3（工况A12），但另一方面因抬升了非汛期平均库水位可能使潼关高程抬升0.03 m，库区累计淤积量增加0.24亿m^3（工况B-1.6），在较大程度上抵消了降低汛期敞泄临界流量带来的降低潼关高程和减淤的效果。

需要说明的是，以上结果均是在2003～2018年实测条件的基础上得到的，如计算工况A和B系列时，来水来沙量保持不变，计算工况C和D系列时，库水位不变，而这些条件之间（如流量和库水位之间）可能具有一定的内在联系，未来需针对多种条件同时变化对潼关高程和累计淤积量的影响继续开展研究。

5.8　本章小结

本章基于三门峡水库1960年以来来水来沙、库区和回水区冲淤及潼关高程变化的实测资料，分析了水库纵向与横向、年内与年际、时间与空间上的冲淤演变规律，将河床演变阶段模型应用于三门峡库区和渭河下游河道的演变过程，探明河床演变阶段的时空变化特征，研究汛期和非汛期库区冲淤重心的迁移、冲淤速率及其对潼关高程的影响，采用滞后响应模型提出了库区累计淤积量与潼关高程的计算方法，基于提出的计算方法，量化了“318控制运用”对水库冲淤及潼关高程变化的影响，取得的主要结论如下。

（1）三门峡水库的冲淤过程可大致分为1960～1969年快速淤积、1970～1973年快速冲刷、1974～2002年缓慢淤积和2003～2016年缓慢冲刷四个阶段；库区冲淤是上游来水来沙与下游水库运行协同作用的结果，1974年水库蓄清排浑运用前，主要受水库运行引起的溯源冲淤的影响，之后水沙作用增强。溯源冲淤向上游传播过程中冲淤幅度减小，溯源冲刷的影响时间较短，溯源淤积的影响时长向上游不断延长，上游回水区河道溯源淤积累计量达到最大值的时间明显滞后于库区河道，当库水位开始下降及库区河道开始冲刷时，上游回水区仍处于溯源淤积的影响之下。蓄清排浑运用以来库区河道基本遵循汛期冲刷、非汛期淤积的演变规律。

（2）河床演变阶段模型的应用结果表明，该模型可以反映库区及回水区河道冲淤的时空变化特征，以及垂向与横向调整的相对大小，随着溯源冲刷或淤积向上游发展，河道发生冲刷（阶段①～③）或淤积（阶段④～⑥）的概率逐渐减小，并且越往上游，以河道垂向调整为主的演变阶段(阶段①或④)在冲刷或淤积阶段的出现频率中占比越小，以横向调整为主的阶段③或⑥则占比增加，反映了库区河道越往上游水深和滩槽高差越小、河道横向可动性和影响越强的变化特点。在溯源冲刷阶段，库区及渭河下游下段由下向上依次呈现河床冲刷下切、河道冲刷展宽、河道淤积展宽三个演变阶段，这一空间分布与河道沿程冲刷的演变阶段的分布相反，反映了沿程与溯源冲刷特征的差异。

（3）汛期冲刷重心与非汛期淤积重心出现的位置基本对应，1974～2010 年冲淤重心距坝里程由 90 km 左右逐渐向坝前移动，平均下移速率为 1～2 km/a；2010 年后冲淤重心逐渐上移，2017 年冲淤重心位于坝上游 60～70 km 处，但冲淤强度明显减弱。淤积重心的位置主要受水库回水长度的影响，冲刷重心的位置主要与汛期水流能量相关，淤积重心位置迁移滞后于影响因子的变化约 5 年，而冲刷重心的滞后时间约为 2 年。潼关高程与潼关—太安河段比降呈负相关关系，比降越大，潼关高程越低，而当冲刷重心迁移至潼关—太安河段并影响其下段时，潼关—太安河段比降增大，有利于潼关高程降低。1985 年后回水范围和冲淤重心均位于潼关以下，潼关高程受冲淤重心的影响较小。

（4）提出了库区冲淤和潼关高程的平衡概化模式，建立了考虑入库水沙和库水位变化的库区累计淤积量与潼关高程的滞后响应计算方法，较好地反映了库区累计淤积量与潼关高程 1960～2018 年的变化过程。采用提出的方法，定量分析了不同水沙条件和“318 控制运用”对库区冲淤与潼关高程变化的影响。结果显示：2003 年后来水量增加对潼关高程降低起主导作用；来水量增加、来沙量减少及汛期敞泄临界流量降低均在一定程度上使得库区淤积量减少；“318 控制运用”既降低了汛期临界敞泄流量，又抬升了非汛期平均库水位，两者的作用相互抵消，降低潼关高程和减淤的效果不明显。

第 6 章 小浪底水库的水沙异步运动与时空冲淤

本章分析 2000～2020 年小浪底水库运用与调水调沙对进出库水沙异步运动的影响，研究小浪底库区时空冲淤规律，采用滞后响应模型，建立库区冲淤的计算方法，并提出场次洪水排沙比的影响因素与计算公式。需要说明的是，本章基于场次洪水资料研究出入库水沙的异步运用规律时，关注的时间尺度相对其他章节较短。

6.1 小浪底水库概况

小浪底大坝位于黄河中游，河南洛阳孟津与济源之间，在三门峡大坝下游约 130 km。三门峡站和小浪底站分别位于三门峡大坝和小浪底大坝的下游。潼关站和三门峡站是三门峡水库的入库和出库水文站，三门峡站和小浪底站可作为小浪底水库的入库和出库水文站[图 6.1.1（a）]。

小浪底水库于 1999 年投入使用，控制流域面积 69.4 万 km^2，占黄河流域面积的 92.3%，控制了黄河流域近 100%的泥沙和 90%的径流。水库以防洪减淤为主要目标，兼顾供水、灌溉、发电等，是黄河水沙调控体系的重要组成部分，在黄河治理和开发中具有十分重要的战略地位（王婷 等，2019）。水库总体处于峡谷地带，平面形态狭长弯曲，入汇支流较多[图 6.1.1（b）]。水库设计正常蓄水位为 275 m，设计汛期限制水位为 254 m，库区原始库容为 126.5 亿 m^3，其中防洪库容约为 51 亿 m^3，拦沙库容约为 75.5 亿 m^3，调水调沙库容约为 10 亿 m^3（陈秀秀 等，2022；张金良 等，2021）。

自 2002 年起，小浪底水库开始进行调水调沙运用，即利用黄河干流水库的可调节库容，对水沙进行调节控制。在保证下游河道防洪安全的基础上，恢复主河槽的行洪和排沙能力，尽可能地输送黄河泥沙入海，减少三门峡水库和小浪底水库及下游河道的淤积。2002～2004 年小浪底水库成功开展了 3 次不同模式的调水调沙试验；自 2005 年起，黄河调水调沙正式转入生产运行（陈秀秀 等，2022）。

小浪底水库的运行方式主要分为如下三个阶段（王婷 等，2019；陈建国 等，2008）。

第一阶段为上一年 11 月至本年汛前，该阶段又分防凌蓄水期（上一年 11 月～本年 3 月）和春灌补水期（3 月至汛前），防凌蓄水期库水位达到最高值且变化不大，春灌补水期的主要目的是保障下游生产、生活及生态用水。

第二阶段为汛前调水调沙期（6 月中下旬～7 月上旬），进行调水调沙生产运行，此阶段小浪底水库清水下泄，库水位大幅下降，形成人造洪水，促使水库排沙并冲刷下游河道。

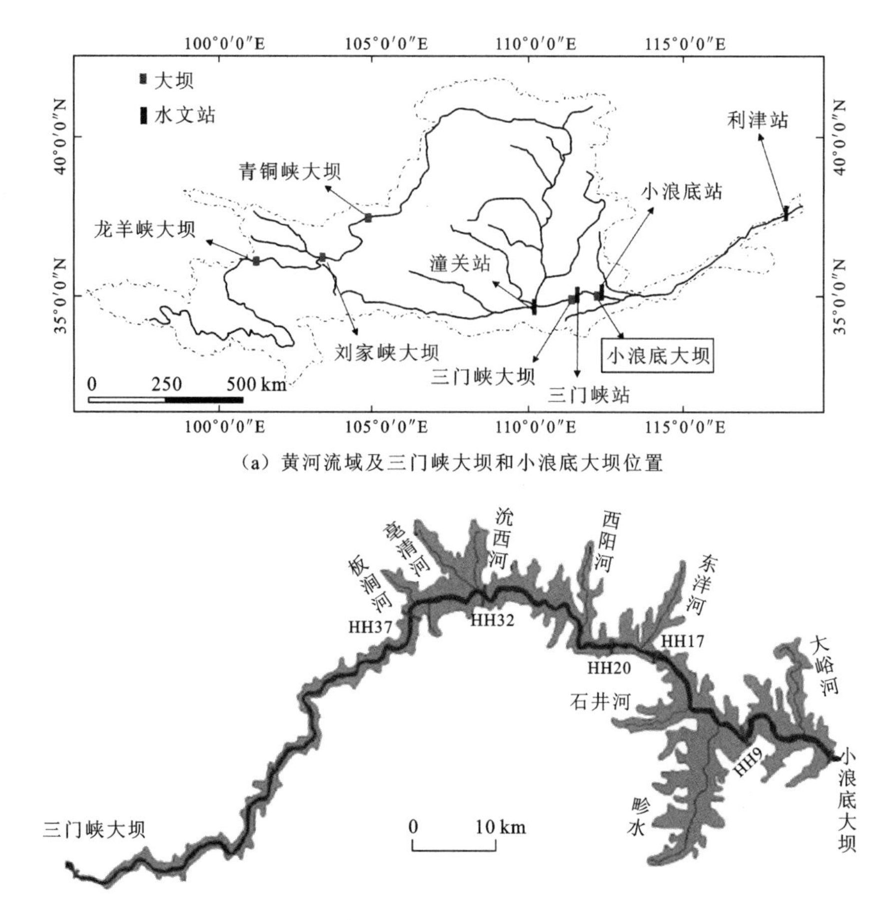

(a) 黄河流域及三门峡大坝和小浪底大坝位置

(b) 小浪底库区平面形态示意图(张帅 等,2018)

图 6.1.1 小浪底大坝位置及库区形态示意图

第三阶段为 8～10 月,水库以蓄水为主,库水位持续抬升至汛期限制水位。

三门峡水库多次参与了调水调沙生产运用,为小浪底水库调水调沙提供了所需水沙量。调水调沙开始时小浪底水库降低水位下泄清水,冲刷下游河道,随后三门峡水库下泄清水冲刷小浪底水库淤积三角洲的尾端,泥沙以异重流形式向坝前运动,接着万家寨水库下泄的大流量与三门峡水库泄流衔接,冲刷非汛期淤积在三门峡水库的泥沙以形成高含沙量水流,继续在小浪底库区形成异重流并向坝前推进(陈秀秀 等,2022)。在通过调水调沙维持水库群有效库容的同时,冲刷黄河下游并恢复河道的行洪能力,减少下游河道淤积(陈秀秀 等,2022)。

6.2 水库运用与出入库水沙条件

由于汛期小浪底水库往往与三门峡水库进行联合调度,本节在分析水库运用对水沙异步运动的影响时,对三门峡水库与小浪底水库的库水位及出入库水沙条件进行对比。

小浪底水库运行初期蓄水，2000～2004 年库水位快速上升，之后库水位波动上升，2017～2020 年库水位较稳定。2000～2015 年三门峡水库年均库水位有所抬升，抬升幅度为 2～3 m，之后有所下降，库水位整体波动幅度小于小浪底水库[图 6.2.1（a）]。图 6.2.1（b）显示了三门峡和小浪底水库在 2000～2020 年间每日的日均库水变化，由图可知，水库采用蓄清排浑运用方式，上一年 11 月～本年 4 月上中旬为防凌及春灌蓄水期，库水位升至最高值，4 月上中旬～6 月上中旬，水库向下游补水，6 月中下旬～7 月初调水调沙期库水位下降明显，7 月 1 日～10 月 31 日为汛期，库水位最低 8 月中下旬后，因蓄水库水位逐渐抬升（张金良，2005）。由于调水调沙运用，小浪底水库汛前库水位降低的时间早于三门峡水库。

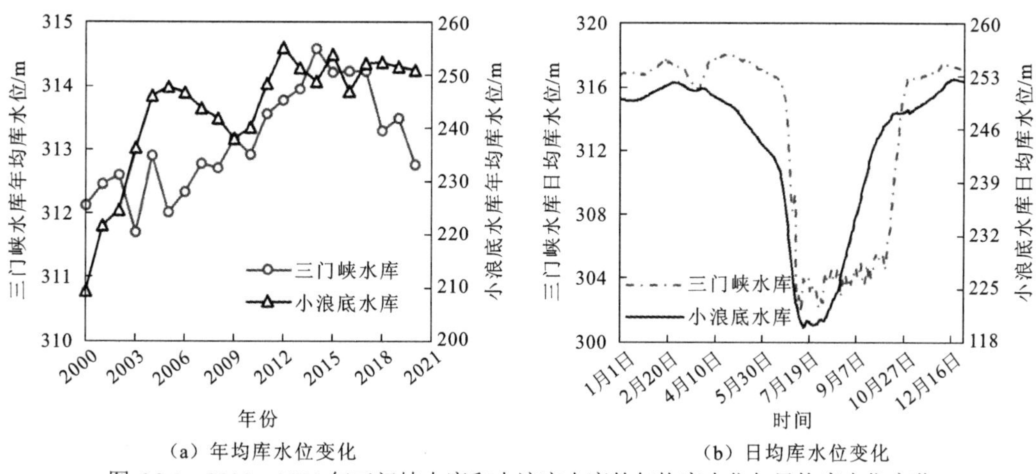

（a）年均库水位变化　　（b）日均库水位变化

图 6.2.1　2000～2020 年三门峡水库和小浪底水库的年均库水位与日均库水位变化

2000～2020 年三门峡水库和小浪底水库的年均入库和出库水量大致相同[图 6.2.2（a）]，但出库沙量小于入库沙量，尤其是小浪底水库，淤积了更多的泥沙[图 6.2.2（b）、（c）]。2009 年小浪底站年均输沙量仅为 0.04 亿 t，2015～2016 年小浪底水库内的泥沙基本淤积在水库内。2000～2020 年三门峡站的累计输沙量占潼关站来沙量的 79%，而小浪底站的累计输沙量仅为三门峡站的 38%。2002～2020 年，潼关站、三门峡站和小浪底站的悬沙平均中值粒径分别为 0.017 mm、0.024 mm 和 0.011 mm，可见三门峡水库的出库泥沙粒径均值比入库泥沙更大，而小浪底水库的情况则相反，显示了小浪底水库“拦粗排细”的调控作用[图 6.2.2（d）]（2015 年和 2016 年泥沙未出库，无出库泥沙粒径数据），此外，近几年小浪底水库出库泥沙粒径逐渐增大。

定义水库排沙比为出库沙量除以入库沙量，计算得到 2000～2020 年三门峡水库年排沙比在 53%～173%，平均约为 92%，近期来沙量降低，三门峡水库处于冲淤相对平衡的状态。2000～2017 年，小浪底水库的排沙比均较低，最大排沙比仅为 52%（2004 年），并且在 2000 年、2009 年和 2015～2017 年的汛期，小浪底水库几乎没有泥沙出库[图 6.2.2（e）、（f）]，2018 年后小浪底水库的排沙比明显增大。此外，三门峡水库和小浪底水库汛期排沙与年均变化趋势一致。三门峡水库汛期排沙比更大，小浪底水库汛期排沙比与年均排沙比基本一致，表明三门峡水库和小浪底水库的泥沙均集中在汛期出库。

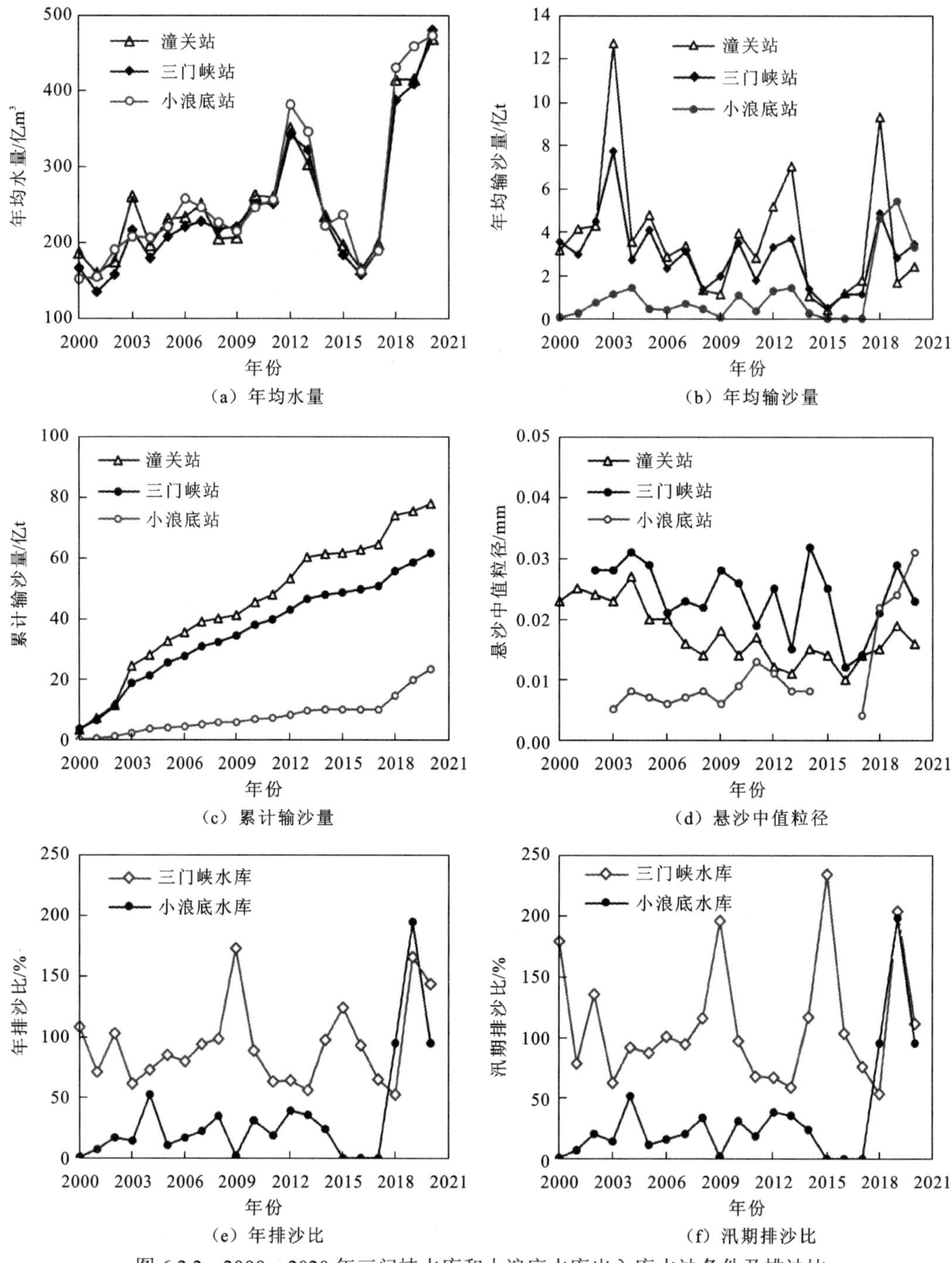

图 6.2.2　2000～2020 年三门峡水库和小浪底水库出入库水沙条件及排沙比

图 6.2.3 显示了 1999～2020 年出入三门峡水库和小浪底水库的逐日流量与含沙量，如前所述，三门峡站和潼关站为三门峡水库出入库站，小浪底站和三门峡站为小浪底水库的出入库站，总体上三站的大流量和高含沙量均在汛期出现。三门峡水库出入库（三门峡站和潼关站）的水沙输移较为一致，仅在桃汛期 3～4 月进入三门峡水库（潼关站）

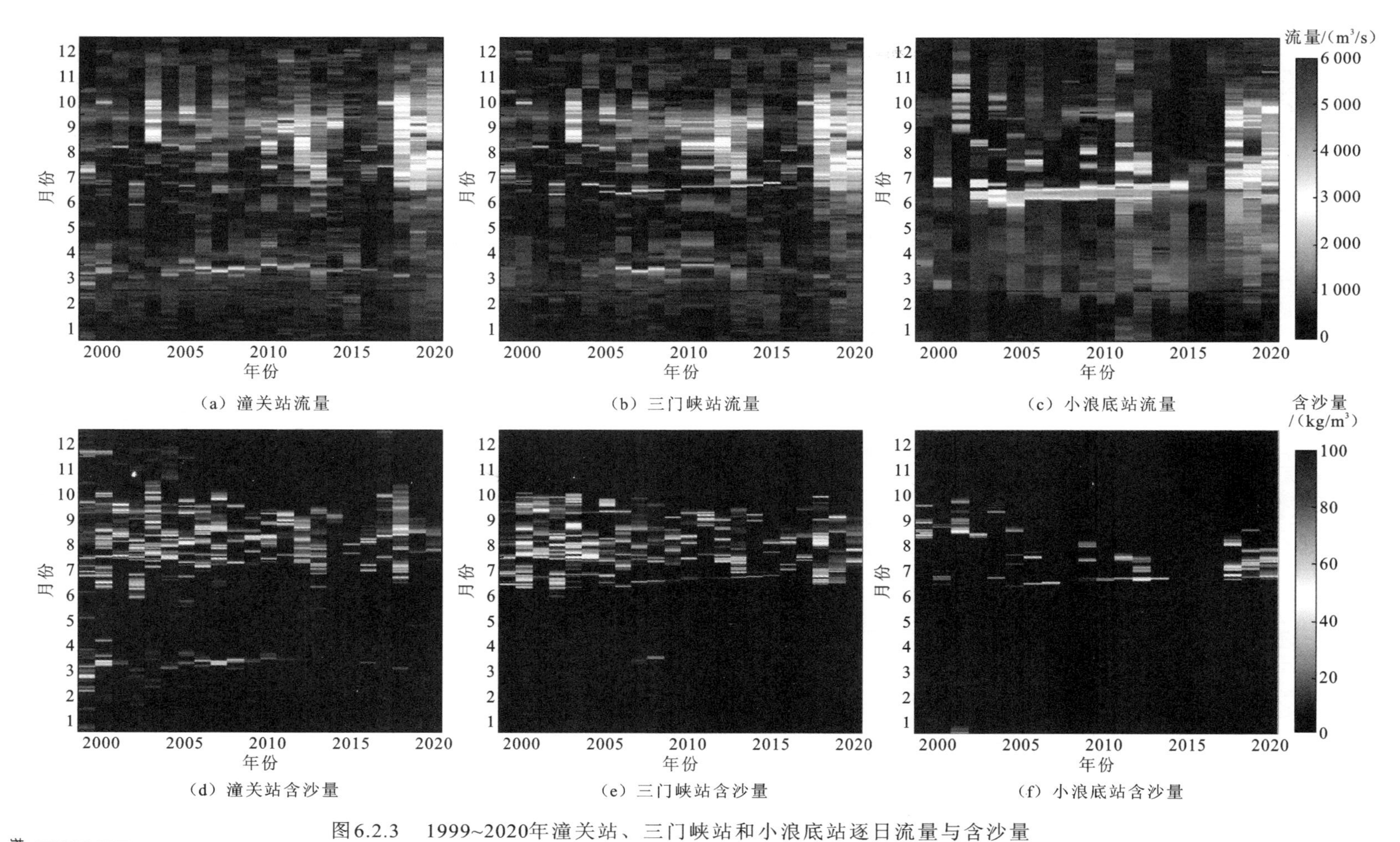

（a）潼关站流量

（b）三门峡站流量

（c）小浪底站流量

（d）潼关站含沙量

（e）三门峡站含沙量

（f）小浪底站含沙量

图6.2.3　1999~2020年潼关站、三门峡站和小浪底站逐日流量与含沙量

扫一扫，见彩图

的含沙量较高，这一部分泥沙淤积在库区并未排出。小浪底水库出库的大流量发生时间比入库的大流量发生时间要早，主要发生在6月底或7月初，这与小浪底水库开展调水调沙运用有关。小浪底站高含沙量的出现频率明显低于潼关站和三门峡站[图 6.2.3（d）、（e）、（f）]，并且高含沙量水流出现的时间逐年由8～9月提前至7月，可能与小浪底水库内淤积三角洲向坝前推移、缩短泥沙出库时间有关。2018～2020年小浪底水库高含沙量集中在7月出现，排沙比明显较大[图 6.2.3（f）]。

将潼关站、三门峡站和小浪底站日均流量划分为（0，1 000]m^3/s、（1 000，2 000]m^3/s、（2 000，3 000]m^3/s、（3 000，4 000]m^3/s、（4 000，5 000]m^3/s及（5 000，7 000]m^3/s 共六个等级，并统计三个水文站在不同流量等级下的输水和输沙量占各个水文站输水和输沙总量的比例，结果如图 6.2.4 所示。2000～2020年潼关站、三门峡站和小浪底站 1 000 m^3/s 以下流量对应的输水量超过各站输水总量的 50%，而潼关站和三门峡站大量的泥沙（潼关站 61.2%，三门峡站 69.8%）通过（1 000，3 000]m^3/s 的流量输送，小浪底站 77.2%的泥沙通过（2 000，4 000]m^3/s 的流量出库。

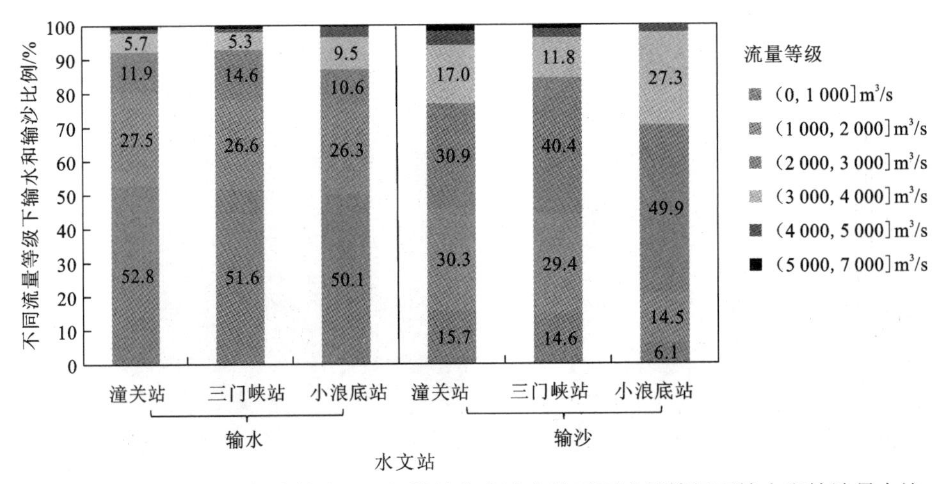

扫一扫，见彩图

图 6.2.4　2000～2020年潼关站、三门峡站和小浪底站不同流量等级下输水和输沙量占比

6.3　场次洪水的水沙异步特征

三门峡水库和小浪底水库主要在汛期排沙出库，汛期场次洪水的排沙比对水库冲淤影响较大。基于 2002～2020 年潼关站、三门峡站和小浪底站三站的日均水沙过程，选取在小浪底站具有一定排沙量的洪水作为典型场次洪水，在选取典型场次洪水时，根据潼关站、三门峡站和小浪底站日均流量Q和日均含沙量S的升降过程，选取洪水的起止日期，其分别对应流量和含沙量上升过程开始与结束的时间，且三站的洪水起止日期相同，同时要求小浪底站出库洪水的最大含沙量超过 30 kg/m^3，进而分析这些典型场次洪水的水沙异步特征。共筛选出符合要求的典型场次洪水22场，表6.3.1中列出了这22场洪水的详细信息，包括起止日期、最大流量、最大含沙量等。

表 6.3.1　出入三门峡水库和小浪底水库的场次洪水相关信息

序号	年份	起止日期	三门峡水库排沙比/%	小浪底水库排沙比/%	水文站	洪水类型	流量/（m^3/s）	含沙量/（kg/m^3）	最大流量/（m^3/s）	最大含沙量/（kg/m^3）	输水量/亿 m^3	输沙量/亿 t	迟滞时间/天	S-Q 图类型
1	2002	7 月 3 日～16 日	131	20	潼关站	单峰	850	73	2 060	335	10.3	1.46	1	线性
					三门峡站	单峰	843	92	2 320	428	10.2	1.86	0	线性
					小浪底站	多峰	2 341	12	2 790	32	28.3	0.37	4	逆时针
2	2003	8 月 25 日～9 月 19 日	66	22	潼关站	多峰	2 251	107	3 100	549	50.6	5.49	−1	顺时针
					三门峡站	单峰	2 189	68	3 050	334	49.2	3.64	−12	顺时针
					小浪底站	多峰	937	36	2 140	126	21.0	0.80	−8	顺时针
3	2004	8 月 22 日～30 日	116	79	潼关站	单峰	1 386	151	1 960	649	10.8	1.49	0	顺时针
					三门峡站	单峰	1 187	132	2 070	414	9.2	1.73	0	线性
					小浪底站	单峰	1 786	86	2 330	219	13.9	1.37	0	顺时针
4	2005	7 月 2 日～10 日	150	37	潼关站	单峰	817	55	1 660	186	6.4	0.57	0	线性
					三门峡站	单峰	734	96	1 790	271	5.7	0.86	0	线性
					小浪底站	单峰	1 169	18	2 370	73	9.1	0.31	−1	线性
5	2006	7 月 18 日～8 月 7 日	158	35	潼关站	多峰	1 019	21	1 430	64	18.5	0.37	0	其他
					三门峡站	单峰	923	50	1 920	198	16.7	0.37	0	逆时针
					小浪底站	单峰	1 091	8	1 880	87	19.8	0.20	0	其他
6		8 月 31 日～9 月 8 日	88	21	潼关站	单峰	1 553	50	2 140	87	12.1	0.64	0	线性
					三门峡站	单峰	1 521	39	2 360	47	11.8	0.57	0	线性
					小浪底站	单峰	1 036	14	1 460	31	8.1	0.12	1	顺时针
7	2007	6 月 18 日～7 月 3 日	563	37	潼关站	单峰	894	5	1 710	13	14.0	0.11	−1	线性
					三门峡站	单峰	1 350	26	2 620	173	15.0	0.62	0	逆时针
					小浪底站	单峰	2 949	5	3 910	55	40.8	0.23	3	逆时针

续表

序号	年份	起止日期	三门峡水库排沙比/%	小浪底水库排沙比/%	水文站	洪水类型	流量/（m^3/s）	含沙量/（kg/m^3）	最大流量/（m^3/s）	最大含沙量/（kg/m^3）	输水量/亿 m^3	输沙量/亿 t	迟滞时间/天	*S-Q* 图类型
8	2007	7 月 27 日～8 月 3 日	139	43	潼关站	单峰	1 495	55	1 920	107	10.3	0.60	−1	线性/顺时针
					三门峡站	单峰	1 557	67	2 150	171	10.8	0.83	0	逆时针
					小浪底站	单峰	2 003	23	2 730	65	13.8	0.36	−3	顺时针
9	2008	6 月 18 日～7 月 3 日	2 024	62	潼关站	单峰	746	3	1 310	8	10.3	0.04	0	线性
					三门峡站	单峰	1 005	31	2 470	169	13.9	0.74	1	逆时针
					小浪底站	单峰	3 033	13	4 200	71	41.9	0.46	4	逆时针
10	2010	6 月 18 日～7 月 7 日	2 534	111	潼关站	单峰	638	1	1 140	4	11.0	0.02	−1	顺时针
					三门峡站	单峰	761	18	3 910	249	13.1	0.42	1	逆时针
					小浪底站	单峰	3 071	11	3 930	103	53.1	0.47	9	逆时针
11		7 月 25 日～8 月 4 日	92	22	潼关站	单峰	1 500	49	2 550	313	14.3	0.98	0	逆时针
					三门峡站	单峰	1 410	45	2 380	183	13.4	0.90	1	顺时针
					小浪底站	单峰	1 542	11	2 140	38	14.7	0.20	−2	顺时针
12		8 月 11 日～30 日	85	26	潼关站	多峰	1 866	58	2 750	283	32.2	1.85	1	顺时针
					三门峡站	多峰	1 844	49	3 100	208	31.9	1.57	−12	其他
					小浪底站	多峰	1 503	12	2 650	33	26.0	0.41	−1	顺时针
13	2011	6 月 19 日～7 月 8 日	2 339	68	潼关站	单峰	492	1	1 420	11	8.5	0.02	0	顺时针
					三门峡站	单峰	630	15	2 820	170	10.9	0.49	1	逆时针
					小浪底站	单峰	2 842	9	4 070	80	49.1	0.33	12	逆时针
14	2012	6 月 18 日～7 月 10 日	1 656	131	潼关站	单峰	831	1	1 810	3	16.5	0.03	0	线性
					三门峡站	单峰	1 001	9	4 230	106	19.9	0.44	2	逆时针
					小浪底站	单峰	2 973	15	4 380	165	59.1	0.58	−3	顺时针
15		7 月 22 日～8 月 9 日	69	57	潼关站	多峰	1 910	45	3 900	193	31.4	1.73	0	其他
					三门峡站	多峰	1 787	35	3 530	103	29.3	1.19	−5	其他
					小浪底站	多峰	2 154	16	3 100	41	35.4	0.67	1	逆时针

续表

序号	年份	起止日期	三门峡水库排沙比/%	小浪底水库排沙比/%	水文站	洪水类型	流量/（m^3/s）	含沙量/（kg/m^3）	最大流量/（m^3/s）	最大含沙量/（kg/m^3）	输水量/亿 m^3	输沙量/亿 t	迟滞时间/天	S-Q 图类型
16	2013	6 月 19 日～7 月 9 日	287	164	潼关站	单峰	1 014	6	1 810	26	18.4	0.13	0	逆时针
					三门峡站	单峰	1 195	10	3 900	119	21.7	0.38	1	逆时针
					小浪底站	多峰	3 216	13	4 040	60	58.3	0.63	7	顺时针
17		7 月 11 日～8 月 7 日	48	28	潼关站	单峰	2 409	80	4 780	220	58.3	5.61	0	逆时针
					三门峡站	单峰	2 589	39	4 740	164	62.6	2.70	−5	逆时针
					小浪底站	单峰	2 105	16	3 590	34	50.9	0.76	−7	逆时针
18	2014	6 月 29 日～7 月 10 日	1 353	74	潼关站	单峰	714	2	1 380	10	7.4	0.02	−1	顺时针
					三门峡站	单峰	981	33	4 020	174	10.2	0.32	2	线性/顺时针
					小浪底站	单峰	2 430	11	3 700	50	25.2	0.24	5	顺时针
19	2018	7 月 3 日～11 日	135	159	潼关站	单峰	1 928	21	2 490	43	15.0	0.35	−1	线性/顺时针
					三门峡站	单峰	1 752	61	2 460	152	13.6	0.93	0	顺时针
					小浪底站	单峰	2 954	64	3 630	126	23.0	1.47	4	逆时针
20		7 月 12 日～21 日	18	396	潼关站	单峰	3 097	41	4 270	72	26.8	1.17	0	线性
					三门峡站	单峰	2 772	24	3 920	37	24.0	0.60	0	逆时针
					小浪底站	单峰	3 198	92	3 600	289	27.6	2.39	−5	逆时针
21	2019	7 月 11 日～19 日	1 652	395	潼关站	单峰	866	34	2 480	3	17.5	0.04	−4	其他
					三门峡站	单峰	859	51	2 530	143	16.5	0.63	0	逆时针
					小浪底站	单峰	3 024	109	3 570	213	113.0	2.49	−2	其他
22	2020	7 月 22 日～30 日	1 079	134	潼关站	多峰	2 388	5	3 080	11	18.6	0.09	−1	顺时针
					三门峡站	多峰	2 473	49	3 060	147	19.2	0.93	−4	逆时针
					小浪底站	多峰	3 682	22	5 160	192	63.6	1.05	0	其他

注：2009 年小浪底水库没有较高含沙量的洪水（小浪底站最大含沙量达 30 kg/m^3）出库，2015～2017 年小浪底水库基本无泥沙出库；洪水类型中单峰表示洪水期内流量和含沙量只有一次上升与下降的过程，多峰表示洪水期内流量和含沙量出现多次涨落。

统计结果表明，22 场洪水在潼关站、三门峡站和小浪底站的最大流量逐渐增大（表 6.3.2），均值分别为 2 325 m³/s、2 970 m³/s、3 244 m³/s，最大含沙量平均为 145 kg/m³、189 kg/m³、99 kg/m³。三门峡水库出库洪水最大流量和最大含沙量均大于入库，小浪底站的洪水流量和输水量较大，而含沙量和输沙量大多小于潼关站和三门峡站。潼关站、三门峡站和小浪底站 22 场洪水输水量分别占汛期输水总量的 13%、14% 和 26%，输沙量分别占汛期输沙总量的 22%、32%和 57%。

表 6.3.2　潼关站、三门峡站和小浪底站 22 场洪水的特征

特征量	水文站		
	潼关站	三门峡站	小浪底站
最大流量/（m³/s）	1 140～4 780（2 325）	1 790～4 740（2 970）	1 460～5 160（3 244）
最大含沙量/（kg/m³）	3～649（145）	37～428（189）	31～289（99）
场次洪水输水量/亿 m³	6.4～58.3（19）	5.7～62.6（19）	8.1～113（36）
场次洪水输沙量/亿 t	0.02～5.61（1.04）	0.32～3.64（1.03）	0.12～2.49（0.72）
场次洪水输水量占汛期比例/%	5～37（13）	5～36（14）	8～52（26）
场次洪水输沙量占汛期比例/%	0.5～84（22）	10～68（32）	18～100（57）

注：表中数据格式代表“最小值～最大值（平均值）”。

由场次洪水信息（表 6.3.1）可知，场次洪水洪峰（最大流量）和沙峰（最大含沙量）的出现时间并不完全一致，有沙峰较洪峰提前、沙峰洪峰同日出现和沙峰滞后于洪峰出现三种情况。采用式（6.3.1）计算洪峰与沙峰出现的时间差，即洪水的洪峰与沙峰异步时间（郑珊 等，2021）。

$$T = T_S - T_Q \tag{6.3.1}$$

式中：T 为洪峰与沙峰出现的时间差，天；T_S 和 T_Q 分别为场次洪水中沙峰和洪峰出现的时间。T 为正值表示沙峰出现的时间晚于洪峰，代表沙峰的滞后时间，为滞后沙峰；T 为负值表示沙峰早于洪峰出现，代表沙峰的超前时间，为超前沙峰；T 为 0 表示沙峰和洪峰出现的时间相同，为协同沙峰。

上述计算水沙异步运动时间的方法仅考虑了洪峰和沙峰出现的时间，而无法考虑洪水期内流量和含沙量的相对涨落速率与过程。Williams（1989）针对洪水的水沙条件提出了不同类型的 *S-Q* 图，包括线性、顺时针、逆时针等，如图 6.3.1 所示。线性 *S-Q* 图表明流量和含沙量同时上升或下降，一般对应协同沙峰；顺时针 *S-Q* 图表明洪水含沙量上涨的过程比流量快或含沙量上升的时间比流量早，对应超前沙峰；逆时针 *S-Q* 图表明洪水含沙量上涨的过程比流量慢或含沙量上升的时间晚于流量，对应滞后沙峰。图 6.3.2 显示了典型的超前沙峰在三门峡站和小浪底站的输移过程，以及调水调沙形成的人造洪水与滞后沙峰的输移过程。*S-Q* 图中除线性、顺时针和逆时针类型外，其余形态均划归为其他类型。

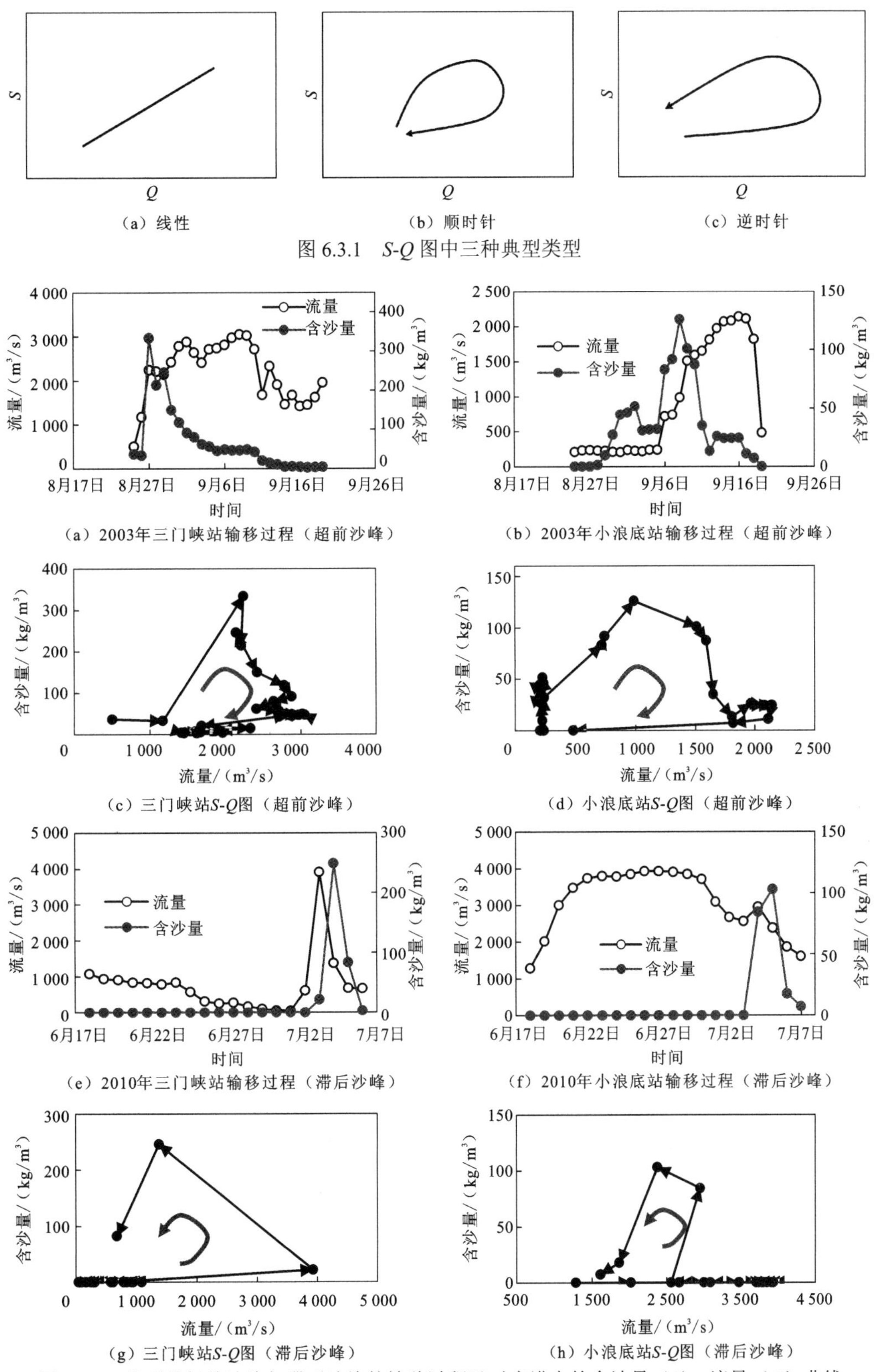

图 6.3.1　*S-Q* 图中三种典型类型

图 6.3.2　典型的超前沙峰与滞后沙峰的输移过程及对应洪水的含沙量（*S*）-流量（*Q*）曲线

图 6.3.3 统计了 22 场洪水在潼关站、三门峡站和小浪底站的洪峰沙峰异步时间和不同 *S-Q* 图类型出现的频率。洪水的洪峰沙峰异步时间 *T* 在潼关站、三门峡站和小浪底站的变化范围分别为[−5，5）天、[−15，5）天和[−10，15）天[正值为滞后沙峰，负值为超前沙峰，见图 6.3.3（a）]，可见小浪底水库出库洪水（小浪底站）的滞后时长相对于入库洪水（三门峡站）有所延长，并且由图 6.3.3（b）可知，小浪底水库出库洪水具有协同沙峰的频率明显降低。小浪底水库出库洪水沙峰的滞后时长增大可能与调水调沙运用有关，调水调沙期间，库水位降低下泄清水，清水下泄一段时间后，水库通过异重流排沙，使得滞后沙峰的滞后时间较长[图 6.3.3（a）]（郑珊 等，2021）。

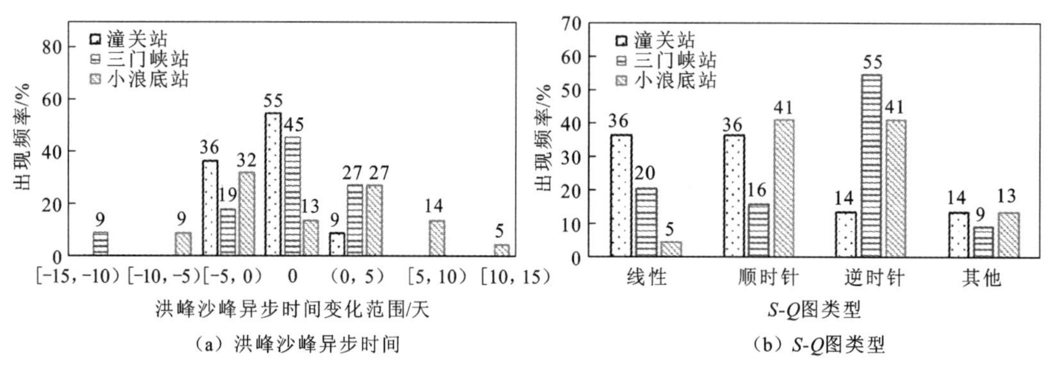

图 6.3.3　22 场洪水在潼关站、三门峡站和小浪底站的水沙异步运动特征统计

根据洪峰沙峰异步时间 *T* 的统计结果[图 6.3.3（a）]，22 场洪水在潼关站以协同沙峰和超前沙峰为主，出现频率分别为 55%和 36%；三门峡站以协同沙峰和滞后沙峰为主，出现频率分别为 45%和 27%；小浪底站以滞后沙峰和超前沙峰为主，出现频率分别为 46%和 41%。

根据 22 场洪水的 *S-Q* 图统计结果[图 6.3.3（b）]，潼关站的 *S-Q* 图形态以线性和顺时针为主，出现频率均为 36%，逆时针形态仅占 14%。逆时针 *S-Q* 图形态洪水在三门峡站和小浪底站出现的频率均较高，三门峡站逆时针 *S-Q* 图出现的频率最高（55%），小浪底站出库洪水形态顺时针和逆时针的出现频率均为 41%。

通过洪峰沙峰异步时间 *T* 和 *S-Q* 图类型两种方法，得到的洪水水沙异步运动的规律有所差别，这是因为两种方法中一种关注 *Q* 和 *S* 的最大值出现的时间，一种关注 *Q* 和 *S* 的涨落过程，但两种方法均表明三门峡水库和小浪底水库的运用增强了洪水的水沙异步特征，同时小浪底水库的运用明显增加了滞后沙峰的频率与滞后时长（与潼关站洪水相比）。

此外，在小浪底水库出现多次典型场次洪水的年份中（2006 年、2010 年、2012 年和 2013 年），第一次洪水的排沙比往往大于当年后续出现的洪水（表 6.3.1）。这与以往的认识一致，即水库或冲积性河道的冲淤变形多发生在汛期的第一次洪水或前几场较大洪水过程中（江恩惠和韩其为，2010）。小浪底水库近年来每年出现的第一场洪水通常是在调水调沙运用过程中人为塑造的洪水。第一场洪水的输水量和水流动力一般大于后续出现的洪水。同时，早期洪水将水库中沉积的泥沙排出库区后，库区河床泥沙相对变粗，增大了河床阻力，使得冲刷库区河床需要的水流动力更大。

6.4　小浪底水库冲淤演变与特征量计算

小浪底水库呈现明显的三角洲淤积，库区内深泓纵剖面由小浪底大坝向水库上游依次划分为底坡段、前坡段和洲面段（图 6.4.1）（Ferrer-Boix et al.，2015）。泥沙易于淤积在前坡段和洲面段，前坡段泥沙淤积使得淤积三角洲向坝前推进。2003～2012 年淤积三角洲顶点（前坡段和洲面段的分界点）不断向大坝下游移动，与此同时，前坡段逐渐变陡，比降增大，2003～2007 年洲面段的高程快速增加，2007～2012 年抬升速度变缓，2012 年后小浪底水库淤积三角洲底坡段消失，前坡段移至坝前。2012～2017 年淤积三角洲顶点缓慢移动，同时洲面段高程抬升，2017～2020 年出现相反的情况，淤积三角洲顶点向坝前进一步移动，但顶点高程和洲面段高程因冲刷而下降。Ferrer-Boix 等（2015）的研究表明，淤积三角洲不同位置泥沙的输移机理有所不同，洲面段泥沙输移与水流条件及河床冲淤有关，而前坡段泥沙主要通过重力作用移动。

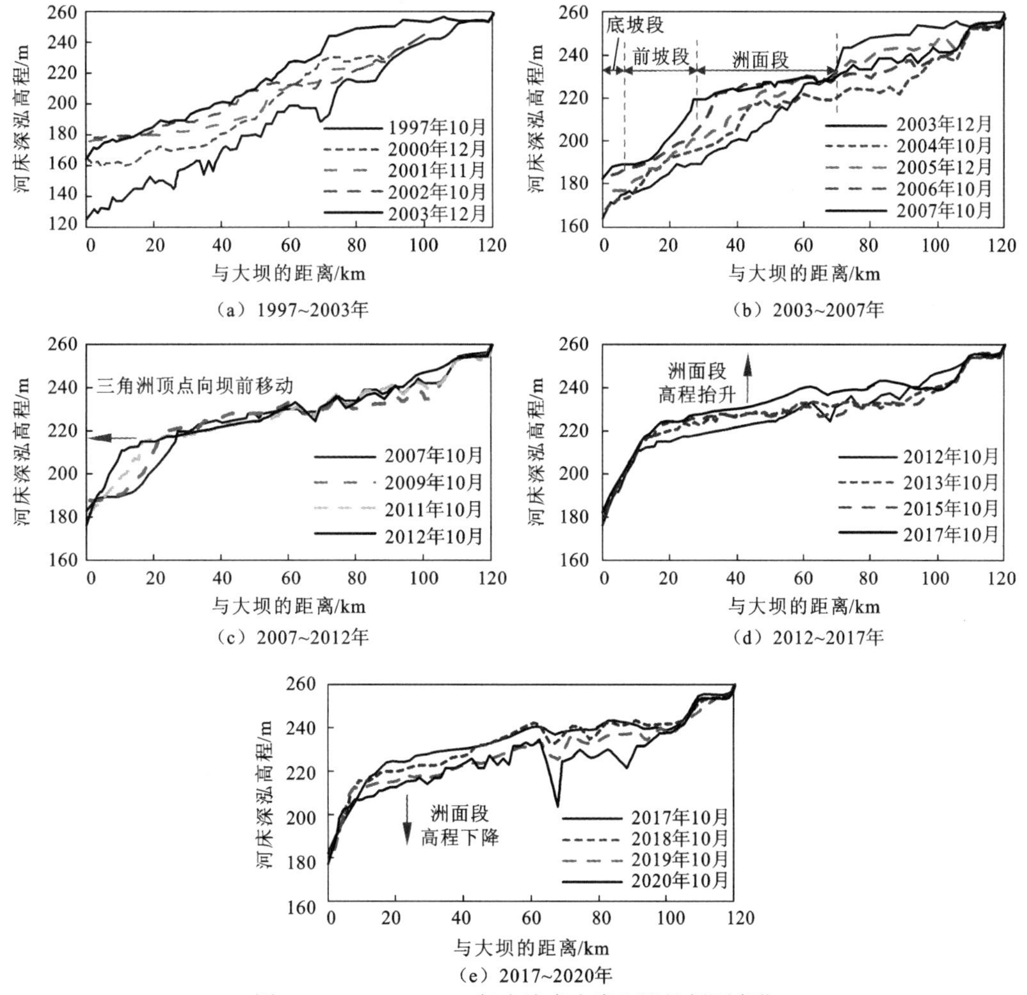

图 6.4.1　1997～2020 年小浪底水库深泓纵剖面变化

三角洲淤积是水库的基本淤积形态之一，多出现在库容较大的水库。小浪底水库蓄水后，回水区向上游延伸，使得上游断面流速减小，降低了水流挟沙能力，泥沙进入库区后容易淤积在水库回水末端从而形成三角洲。淤积三角洲的位置对小浪底水库库容有着明显影响。

以往研究表明，淤积三角洲的迁移速度随着时间的推移逐渐趋缓。例如，Parker 和 Sequeiros（2006）针对密西西比河一支流河口瓦克斯湖（Wax Lake）三角洲提出的模型表明，三角洲前缘向入海口移动的速度随着时间的推移逐渐减小。Ferrer-Boix 等（2015）通过水槽试验研究发现淤积三角洲顶点向下游移动的速度逐渐衰减。小浪底水库淤积三角洲顶点向大坝移动的速度逐渐减缓，可能是由于蓄水位逐渐升高（图 6.2.1），水面比降减小，洲面段沿河道方向的长度延长，沉积在洲面段的泥沙增加。

此外，小浪底水库的前坡段比降随着时间的推移逐渐变大，这与海洋和湖泊中形成的淤积三角洲的前坡段倾斜坡度接近休止角且随时间变化不大（Ferrer-Boix et al., 2015）有所不同。这种差异可能与水库运行使得泥沙通过洪水期排出水库有关。

根据小浪底水库淤积三角洲的纵剖面变化，计算淤积三角洲顶点到大坝的距离、淤积三角洲前坡段比降及坝前河床高程。对河床深泓纵剖面进行线性拟合，将拟合线（$R^2>0.85$）的斜率作为淤积三角洲前坡段比降，并将前坡段河床纵剖面拟合线上小浪底大坝所在位置对应的截距作为坝前河床高程；淤积三角洲到大坝的距离（L，单位为 km）随时间推移逐渐减小，越来越靠近坝前，淤积三角洲前坡段比降（S_f，单位为‰）逐渐变大，两者均随时间呈指数函数关系变化（图 6.4.2）。用滞后响应模型的单步解析模式拟合坝前河床高程（Z，单位为 m）和小浪底水库累计冲淤量（V，单位为亿 m^3）变化的效果较好，结果如下：

$$Z=184.07(1-e^{-0.24\Delta t})+128.9e^{-0.24\Delta t}, \quad R^2=0.9 \tag{6.4.1}$$

$$V=36.5(1-e^{-0.13\Delta t})+7.16e^{-0.13\Delta t}, \quad R^2=0.9 \tag{6.4.2}$$

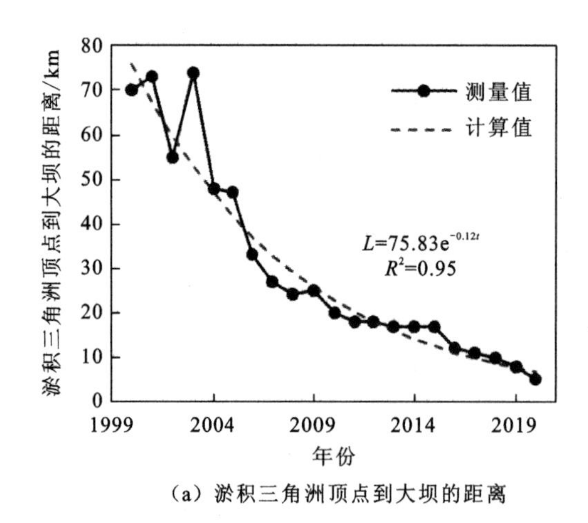

（a）淤积三角洲顶点到大坝的距离

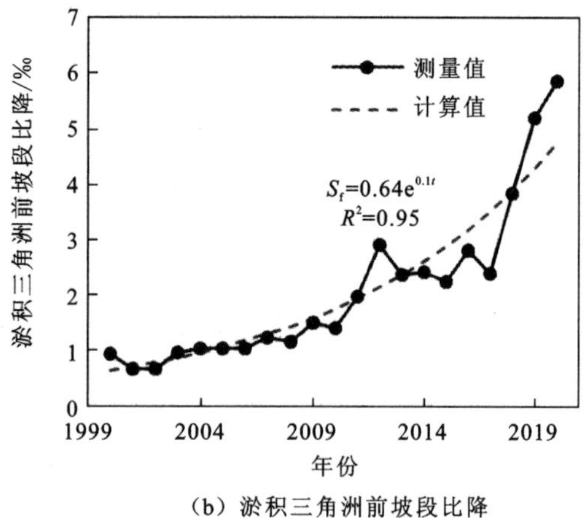

（b）淤积三角洲前坡段比降

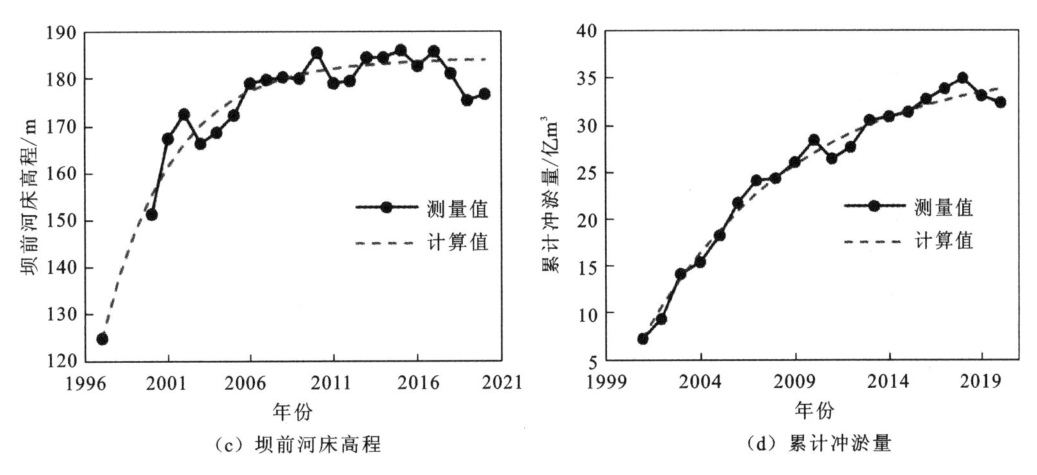

（c）坝前河床高程　　（d）累计冲淤量

图 6.4.2　小浪底水库淤积三角洲特征量及累计冲淤量的变化与模拟计算

6.5　小浪底水库排沙比的影响因素与计算方法

6.5.1　小浪底水库洪水排沙比的影响因素

分析场次洪水排沙比与出入库水沙量、出入库泥沙粒径、库水位变化速率、沙峰滞后时间的相关关系，结果表明，排沙比与入库含沙量基本呈负相关关系（相关性较低，$R^2 = 0.15$），而与出库流量呈正相关关系（相关性较高，$R^2 = 0.55$）；排沙比与出库泥沙中值粒径呈正相关关系（$R^2 = 0.55$），出库泥沙中值粒径越大，排沙比越大；库水位平均下降速率越大，排沙比越大（$R^2 = 0.39$，见图 6.5.1）。库水位平均变化速率是洪水起止日期对应日均库水位的差值与洪水持续时长之比，该值为正表示库水位上升，反之，库水位下降。图 6.5.1（d）显示当库水位平均下降速率大于 1 m/d 时，随着库水位平均下降速率的增加，排沙比呈指数增大趋势。

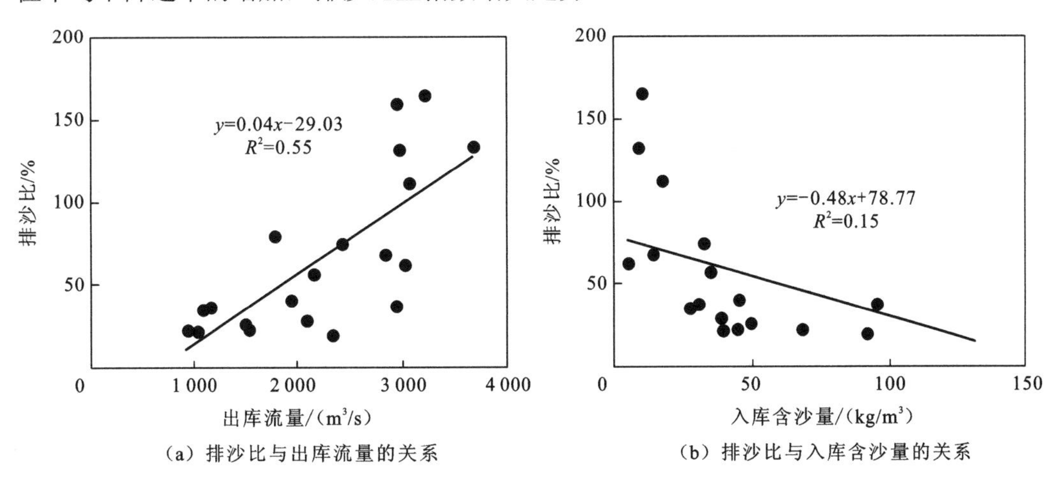

（a）排沙比与出库流量的关系　　（b）排沙比与入库含沙量的关系

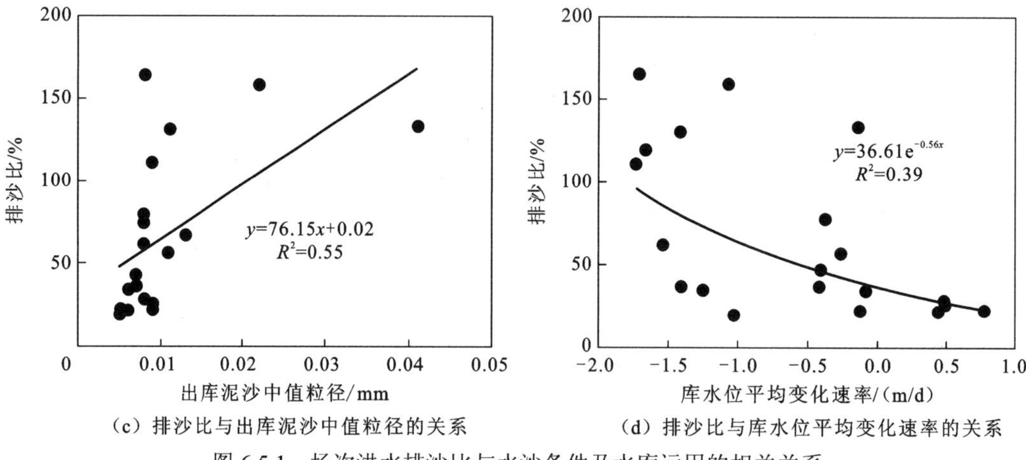

图 6.5.1　场次洪水排沙比与水沙条件及水库运用的相关关系

在小浪底站出库的 22 场洪水中顺时针和逆时针 S-Q 图类型（分别对应超前和滞后沙峰）出现的频率相近，S-Q 图逆时针类型对应洪水的排沙比均值为 104%，S-Q 图顺时针类型对应洪水的排沙比均值为 65%，可见 S-Q 图逆时针类型或滞后沙峰对应洪水的排沙比更大，并且滞后沙峰对应洪水的排沙比随滞后时间的延长而增加，洪水输水量随着滞后时间的延长而增加。这是因为，小浪底水库调水调沙运用，水库连续多日下泄清水后形成异重流，以滞后沙峰的形式排沙出库。沙峰的滞后时间与洪水输水量具有一定的正相关关系，如图 6.5.2 所示，滞后沙峰的迟滞时间越长，水库下泄的流量越大，洪水的排沙比也越高。

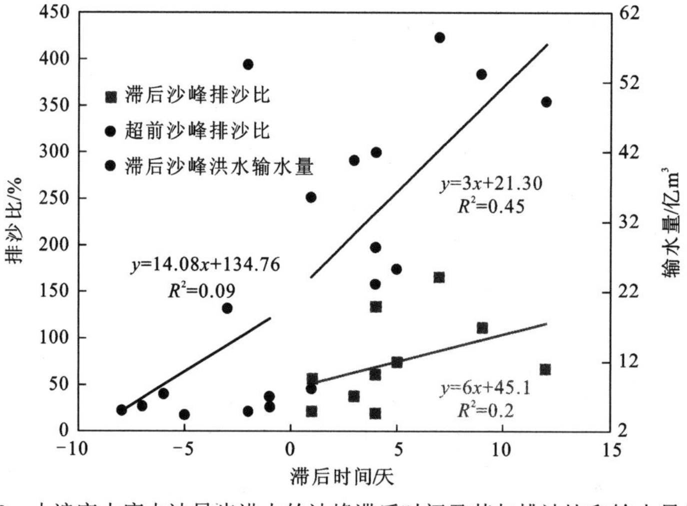

图 6.5.2　小浪底水库水沙异步洪水的沙峰滞后时间及其与排沙比和输水量的关系

除了水库运用方式以外，小浪底水库场次洪水排沙比还与水库淤积形态有关。为了研究小浪底水库淤积三角洲对排沙比的影响，选择每年排沙比最大的洪水（往往对应一年中第一场洪水）研究排沙比与小浪底水库淤积三角洲形态特征量的关系。因此，在 2002～2020 年共有 15 场具有年内最大排沙比的洪水。

如图 6.5.3 所示，最大洪水排沙比与淤积三角洲顶点到大坝的距离 L（km）呈负相关关系，而与淤积三角洲前坡段比降 S_f（‰）呈正相关关系，并且两者与排沙比进行指数方程拟合得到的决定系数相差不大，说明 L 和 S_f 对排沙比的影响程度基本一致。当淤积三角洲顶点到大坝的距离缩短且淤积三角洲前坡段比降较大时，洪水的排沙比更大。小浪底水库的泥沙主要以异重流的形式排出（水利部黄河水利委员会和黄河研究会，2006），异重流的潜入点与淤积三角洲顶点的位置相近（Assireu et al.，2011），淤积三角洲越靠近坝前，异重流的运输距离越短。前坡段坡度越陡，异重流的能量越高，更有利于异重流直接出库。2012 年之前，淤积三角洲顶点快速向下游移动，此后其移动速度明显放缓（图 6.4.1）。如图 6.2.3 所示，大流量通常在 6 月底～7 月初下泄，在 2000～2020 年变化不大，而小浪底站较高含沙量水流的出库时间则逐渐提前（从 2000 年的 8 月提前至 2010 年的 6 月），这可能与淤积三角洲顶点向下游移动使得异重流潜入后输送距离减小有关。

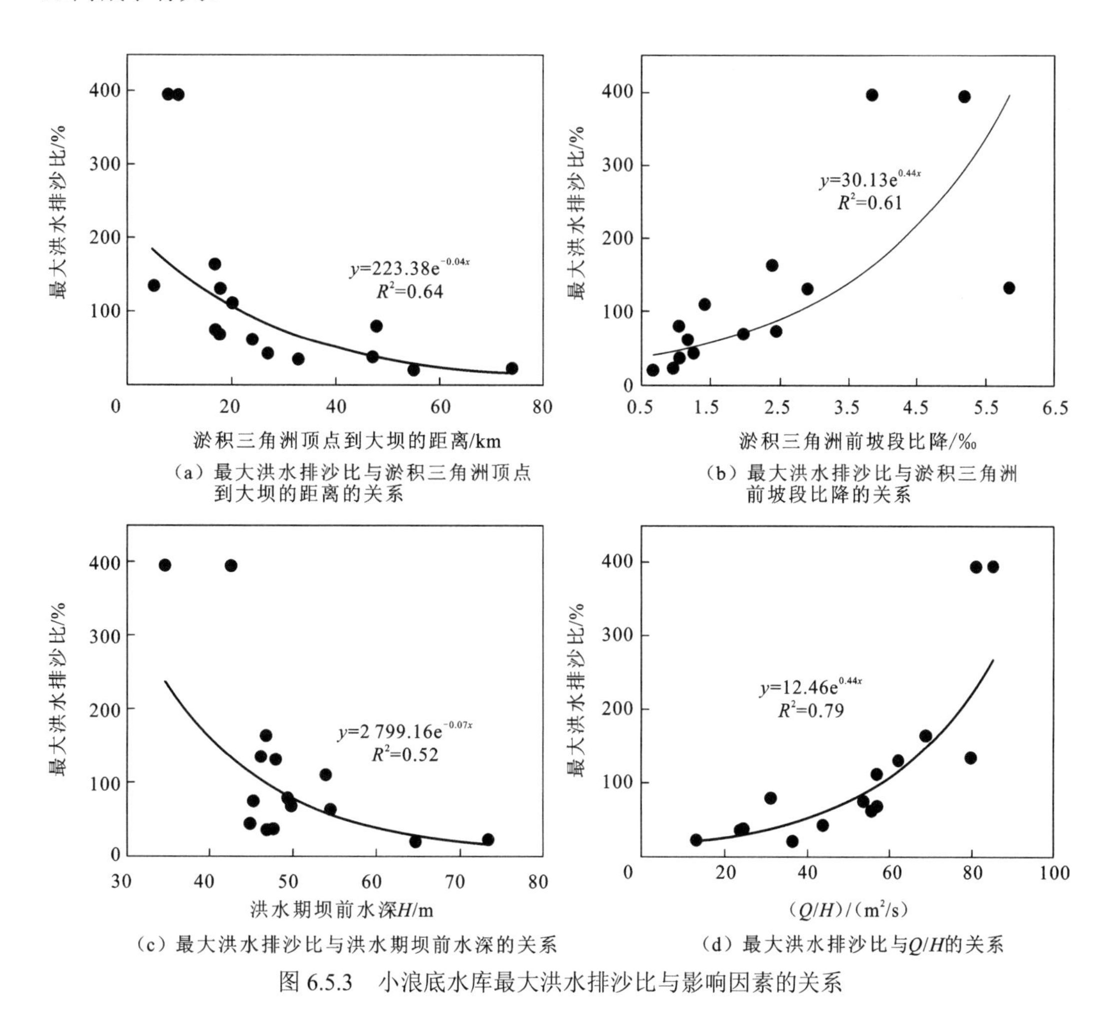

（a）最大洪水排沙比与淤积三角洲顶点到大坝的距离的关系

（b）最大洪水排沙比与淤积三角洲前坡段比降的关系

（c）最大洪水排沙比与洪水期坝前水深的关系

（d）最大洪水排沙比与 Q/H 的关系

图 6.5.3　小浪底水库最大洪水排沙比与影响因素的关系

图 6.5.3（c）和（d）显示了年内最大洪水排沙比与洪水期坝前水深 H 及洪水期平均流量 Q 与洪水期坝前水深 H 比值的关系。年内最大洪水排沙比随着洪水期坝前水深 H 的抬升而降低，随着 Q/H 的增大而上升。当河道宽度变化不大时，可以认为（郑珊 等，2021）：

$$Q/H = VA/H = VB \tag{6.5.1}$$

式中：Q 为洪水期平均流量，m^3/s；H 为洪水期坝前水深，m；A 为断面面积，m^2；V 为平均流速，m/s；B 为河宽，m。可见在河宽一定时 Q/H 反映了流速的影响。当洪水期坝前水深下降时，水库内水面比降增大，有利于水库排沙，且通过式（6.5.1）可知，H 越小、Q 越大时，出库洪水的平均流速越大，泥沙越容易出库。最大洪水排沙比与 Q/H 的相关性明显大于 H，表明洪水出库的流量和流速较水深对泥沙输送的影响较强。

6.5.2 考虑洪水滞留时间的排沙比计算方法

排沙比是评价水库截留泥沙程度的一个指标，水库的排沙效率对于水库的可持续管理来说有重要的意义。Brown（1943）建立了水库库容与控制流域面积之比（C/W）和拦沙率（拦沙率 = 100% − 排沙比）的关系曲线，但其计算结果与实际拦沙率有较大的差异，并且在 C/W 较小时出现了 C/W 相同但拦沙率变化范围较大的情况。Brune（1953）提出了拦沙率与水库库容和入库水量之比（C/I）的关系，C/I 比 C/W 对排沙比变化的影响更强，计算结果更精确。此后，较多学者提出了不同的模型来计算拦沙率，如表 6.5.1 所示，但这些模型的得出均基于国外蓄水型水库的资料，其中应用最广泛的 Brune 模型将以大量蓄水为主要功能的水库作为研究对象，水库的排沙方式是通过提高水位溢流出库，而小浪底水库具有防洪调度功能，可以开闸泄洪，其可以通过调水调沙运用降低库水位，出库流量大，并且可以与上游水库联合塑造异重流，提高排沙效率。因此，Brune 模型对于具有滞洪与排沙功能的大型水库并不适用。

表 6.5.1　水库拦沙率计算模型

文献	数据来源	计算模型	参数
Brown（1943）	15 座蓄水型水库	$\eta = 100\left[1 - \frac{1}{1+0.0021D(C/W)}\right]$	η 为拦沙率； C/W 为水库库容与控制流域面积之比，m^3/km^2； D 为经验参数，取 0.046～1； C/I 为水库库容和入库水量之比
Brune（1953）	常年蓄水的大型水库（40 座）、2 座淤积型水库和 2 座半干旱水库	$\eta = 100\left[1 - \frac{1}{1+50(C/I)}\right]$	
Dendy（1974）	17 座小型可泄洪水库	$\eta = 100[0.97^{0.19^{\lg(C/I)}}]$	
Heinemann（1981）	20 座小型蓄水型水库	$\eta = -22 + \frac{119.6C/I}{0.012+1.02C/I}$	

Brune 模型（Brune，1953）如图 6.5.4（a）所示，有

$$\eta = 100\left[1 - \frac{1}{1+50(C/I)}\right] \tag{6.5.2}$$

式中：η 为拦沙率，%；C/I 为水库库容和入库水量之比，反映了水库来水量的滞留期。

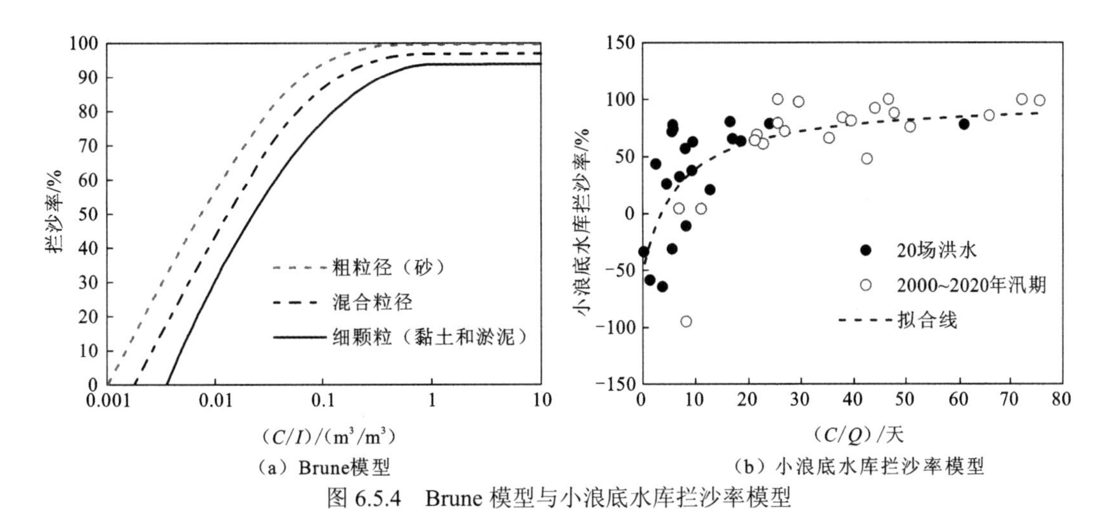

（a）Brune模型　　（b）小浪底水库拦沙率模型

图 6.5.4　Brune 模型与小浪底水库拦沙率模型

参考 Brune 模型，建立小浪底水库洪水期及汛期拦沙率的计算公式：

$$\eta = 100\left[1 - \frac{1}{a + b(C/\bar{Q}_{\mathrm{f}})}\right] \tag{6.5.3}$$

式中：a 和 b 为经验参数，由拟合得到；$\bar{Q}_{\mathrm{f}}$ 为洪水期或汛期平均流量（$\mathrm{m^3/s}$）；C 为洪水期或汛期平均水位对应的小浪底水库库容（$\mathrm{m^3}$）。根据《黄河泥沙公报》中小浪底水库库容与库水位关系，由洪水期或汛期平均库水位插值得到洪水期和汛期的库容。采用 2000～2020 年汛期及除 2018 年第二场洪水和 2019 年的洪水外的 20 场洪水资料（2018 年第二场和 2019 年洪水排沙比近 400%，出现概率小），通过多元非线性拟合得到式（6.5.3）中的经验参数：

$$\eta = 100\left[1 - \frac{1}{0.66 + 0.1(C/\bar{Q}_{\mathrm{f}})}\right],\quad R = 0.71 \tag{6.5.4}$$

根据式（6.5.4），排沙比（sediment delivery ratio，SDR，单位%）的计算公式为

$$\mathrm{SDR} = \frac{100}{0.66 + 0.1(C/\bar{Q}_{\mathrm{f}})},\quad R = 0.71 \tag{6.5.5}$$

式（6.5.4）的拟合结果如图 6.5.4（b）所示，汛期小浪底水库拦沙率稍大于洪水期，即洪水的排沙比更大，与之前的结论一致。同时，$C/\bar{Q}_{\mathrm{f}}$ 反映了水库滞留洪水的时间，库容一定时日均下泄水量越大，滞留时间越短，拦沙率越小，水库排沙效果越好。式（6.5.4）的形式比较简单，考虑的参数较少，适用于对小浪底水库拦沙率或排沙比的粗略估算。

6.5.3　考虑多因素的洪水排沙比计算方法

本节建立考虑多因素作用的小浪底水库场次洪水排沙比的计算方法，根据韩其为（2003）的研究，异重流与明渠水流的挟沙能力没有本质不同，计算挟沙能力 S_* 的一般公式为

$$S_* = k\left(\frac{U^3}{gh\omega}\right)^m \tag{6.5.6}$$

式中：U 为流速；g 为重力加速度；h 为水深；ω 为泥沙沉速；k 和 m 为系数和指数。考虑到 U 和 h 是小浪底水库出库流量 Q_{xld} 与洪水期坝前水深 H 的函数，洪水排沙比 SDR_f（单位%）可以表示为

$$\text{SDR}_\text{f} = \frac{W_{\text{s,xld}}}{W_{\text{s,smx}}} = \frac{f(Q_{\text{xld}}, H, \omega, \cdots)}{f(S_{\text{smx}}, \cdots)} = f(Q_{\text{xld}}, S_{\text{smx}}, H, \omega, \cdots) \tag{6.5.7}$$

式中：$W_{\text{s,xld}}$ 和 $W_{\text{s,smx}}$ 分别为出库与入库沙量；$f(\cdot)$为函数关系；Q_{xld} 为小浪底水库出库流量，m^3/s；S_{smx} 为小浪底水库的入库含沙量，kg/m^3；H 为洪水期坝前水深，m。式（6.5.7）显示排沙比可以表示为入库含沙量、出库流量、洪水期坝前水深和泥沙沉速的函数，简化的排沙比公式可以表示为

$$\text{SDR}_\text{f} = k' Q_{\text{xld}}^{a'} H^{b'} S_{\text{smx}}^{c'} \text{e}^{m' D_{50}} \tag{6.5.8}$$

为考虑沙峰滞后的影响，在式（6.5.8）的基础上进一步考虑沙峰滞后时间 T_d：

$$\text{SDR}_\text{f} = k' Q_{\text{xld}}^{a'} H^{b'} S_{\text{smx}}^{c'} \text{e}^{m' D_{50} + n' T_\text{d}} \tag{6.5.9}$$

式中：D_{50} 为小浪底站悬沙中值粒径，mm；k'、a'、b'、c'、m'和 n'为经验系数及指数。式（6.5.8）考虑了场次洪水排沙比的主要影响因素（图 6.5.1 和图 6.5.2），在水沙条件与水库运用方面，排沙比与出库流量、入库含沙量、出库泥沙中值粒径、沙峰滞后时间和库水位平均变化速率相关性较强；在库区淤积形态上，排沙比与 Q/H 的相关性最好（图 6.5.3），式（6.5.9）考虑了 Q/H 的影响。

在 22 场洪水中，除去小浪底水库排沙比异常高的两场洪水（2018 年第二场与 2019 年洪水），通过多元非线性回归，得到如下场次洪水排沙比的具体表达式：

$$\text{SDR}_\text{f} = 0.03 Q_{\text{xld}}^{0.45} H^{0.4} S_{\text{smx}}^{-0.66} \text{e}^{38 D_{50} + 0.02 T_\text{d}} \tag{6.5.10}$$

式（6.5.10）的计算效果如图 6.5.5 所示，场次洪水排沙比计算值与实测值之间的决定系数 $R^2 = 0.58$，拟合效果较好，可采用该式计算或预测小浪底水库场次洪水排沙比。需要说明的是，考虑到异重流的相关特征量需要实时观测，式（6.5.10）没有包含异重流的相关参数，后续研究可考虑异重流特征以对该式进行改进。

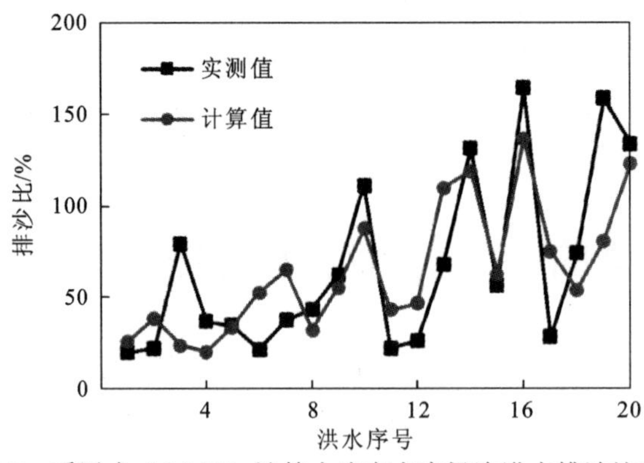

图 6.5.5　采用式（6.5.10）计算小浪底水库场次洪水排沙比的结果

6.6 本章小结

本章基于 2000～2020 年三门峡水库和小浪底水库出入库水沙过程和库区冲淤实测资料，分析了三门峡水库和小浪底水库的洪水水沙异步输移规律及洪水排沙特征，研究了小浪底库区淤积形态的变化特征及其对水库排沙比的影响，并建立了小浪底水库排沙比的计算方法，主要结论如下。

（1）三门峡水库和小浪底水库主要出入库流量小于 1 000 m^3/s，三门峡水库大部分泥沙通过（1 000，3 000] m^3/s 的中小流量输送出库，而小浪底水库则通过（2 000，4 000] m^3/s 的流量排沙，两水库泥沙均集中在汛期出库。潼关站和三门峡站汛期大流量与高含沙量出现的时间较一致，而小浪底水库受调水调沙影响，大流量和较高含沙量洪水下泄的时间提前，且高含沙量出现的频率降低。

（2）2000～2020 年三门峡水库和小浪底水库共有 22 场排沙量较大的洪水出入库。三门峡水库出库洪水的洪峰（最大流量）与沙峰（最大含沙量）较入库洪水均有所增加，出库洪水水沙更集中。与入库洪水相比，小浪底水库下泄的洪水流量和输水量增大，但含沙量和输沙量较小。通过 22 场洪水沙峰迟滞时间与 S-Q 图类型的对比得到三门峡水库主要以协同沙峰或超前沙峰洪水入库，以滞后沙峰洪水出库，小浪底水库主要以滞后沙峰洪水入库，出库时协同沙峰洪水频率降低，滞后沙峰洪水的迟滞时间延长。

（3）小浪底库区呈现明显的三角洲淤积，淤积三角洲几何形态特征量（如淤积三角洲顶点位置、前坡段比降、坝前河床高程等）符合先快后慢的调整特点，采用滞后响应模型的单步解析模式即指数型函数，较好地计算了淤积三角洲几何形态特征量和库区累计淤积量随时间的变化过程。库区淤积三角洲的形态影响着小浪底水库的排沙。淤积三角洲顶点越靠近坝前、前坡段坡度越陡时，异重流在前坡段的运动距离越短、水沙输移能力越强，有利于异重流出库。当洪水期坝前水深下降时，出库流量加大，同时水库内水面比降增大，出库洪水的平均流速增大，排沙比也增大。

（4）借鉴计算水库拦沙率的 Brune 模型，建立了小浪底水库拦沙率与水库库容和流量之比的相关关系，得到了适用于场次洪水与汛期的小浪底水库拦沙率或排沙比的计算公式。进一步考虑场次洪水排沙比的水沙条件、洪水水沙异步特点及库区淤积形态等多种因素的影响，建立了反映入库含沙量、出库流量、洪水期坝前水深和泥沙粒径等影响因子的小浪底水库场次洪水排沙比的计算方法，计算效果较好。

第 7 章
黄河下游河道时空冲淤与滞后响应

本章分析黄河下游河道的水沙变化与时空冲淤特征，研究河道冲刷发展的滞后响应规律，采用识别冲刷重心的聚类机器学习方法，研究小浪底水库运用后黄河下游河道冲刷重心的时空分布特征，基于滞后响应模型计算黄河下游河道时空冲淤过程。

7.1 黄河下游河道概况与来水来沙条件

7.1.1 黄河下游河道概况

黄河下游河道（图 7.1.1）上起桃花峪，下迄利津，全长约 786 km，河道上宽下窄，上陡下缓，沿程共有 7 个水文站，分别为花园口站、夹河滩站、高村站、孙口站、艾山站、泺口站和利津站。高村以上的游荡段，长约 284 km；高村与陶城阜之间的河段为过渡段，长约 184 km；陶城阜与利津之间的河段为弯曲段，长约 272 km。游荡段河床由容易冲刷的细沙组成，洲滩变化较为剧烈，河床平面极其宽浅，河势不稳定，汛期主流在河槽内摆动频繁，摆动幅度大，容易出现“横河”“斜河”，过渡段两岸土质较好，弯曲段河岸抗冲性较强，并且由于人为控导工程的作用，河势较稳定（李洁 等，2022；刘燕，2004；张茹 等，2002）。

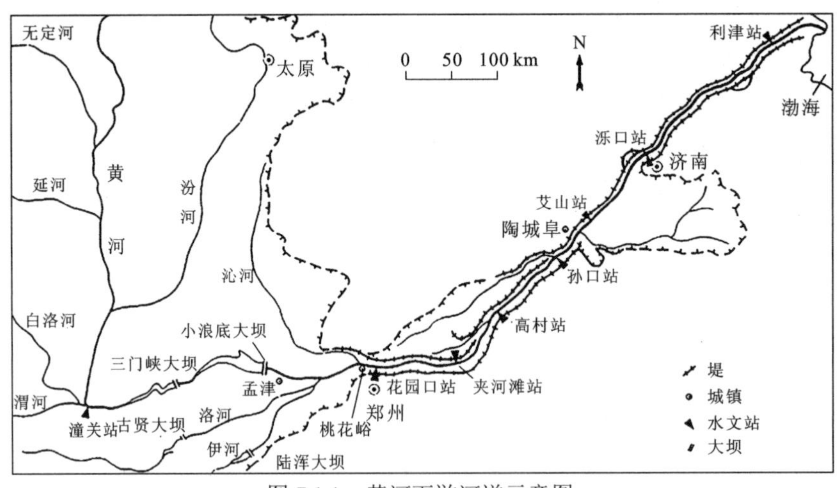

图 7.1.1 黄河下游河道示意图

为分析黄河下游河道冲淤的时空变化特点，根据黄河下游河道铁谢 1 至利津（三）共 92 个实测大断面的观测资料，将黄河下游河道划分为 27 个子河段，各子河段内河型相对单一，如图 7.1.2 和表 7.1.1 所示，各子河段长度变化范围为 22.90～32.77 km，平均河长为 26.97 km，其中包含 10 个游荡型子河段，编号为 1～10，11～17 号子河段为过渡段，18～27 号子河段属于弯曲段。

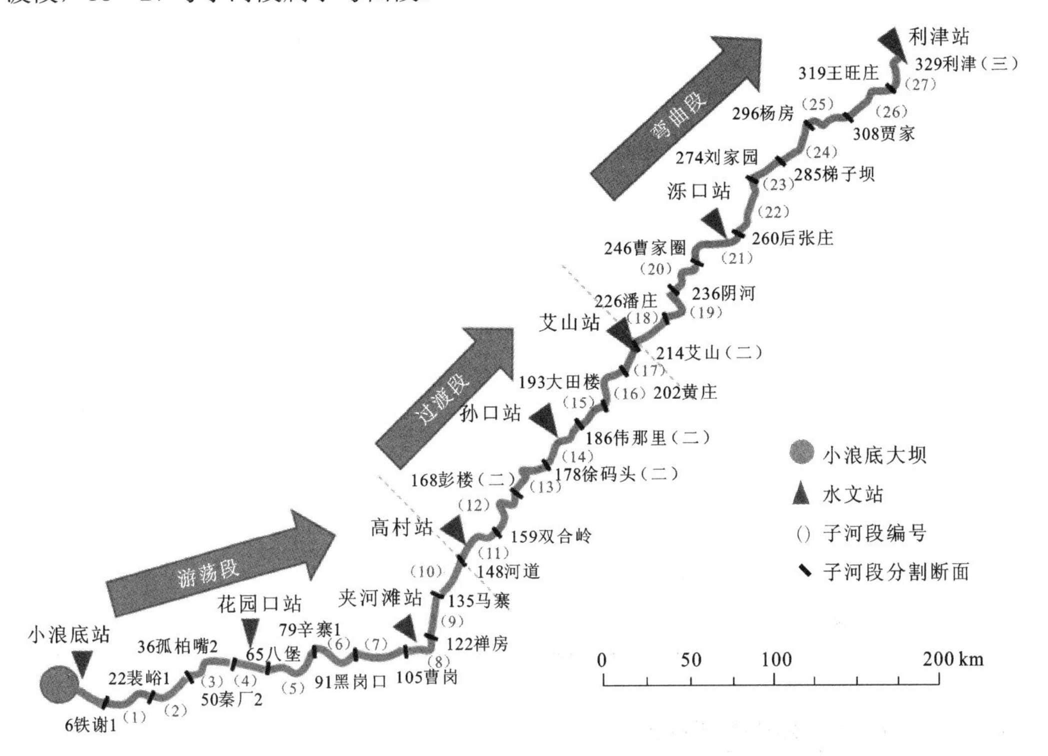

图 7.1.2　黄河下游河道子河段划分

表 7.1.1　黄河下游河道子河段划分信息

所属河段	子河段编号	起始断面	终止断面	子河段内断面总量	河长/km
游荡段	1	铁谢 1	裴峪 1	5	32.77
	2	裴峪 1	孤柏嘴 2	3	27.20
	3	孤柏嘴 2	秦厂 2	4	26.70
	4	秦厂 2	八堡	3	25.15
	5	八堡	辛寨 1	3	27.40
	6	辛寨 1	黑岗口	4	25.05
	7	黑岗口	曹岗	4	26.50
	8	曹岗	禅房	4	24.75
	9	禅房	马寨	3	26.05
	10	马寨	河道	3	25.70

续表

所属河段	子河段编号	起始断面	终止断面	子河段内断面总量	河长/km
过渡段	11	河道	双合岭	4	26.83
	12	双合岭	彭楼（二）	4	27.61
	13	彭楼（二）	徐码头（二）	4	29.91
	14	徐码头（二）	伟那里（二）	4	28.10
	15	伟那里（二）	大田楼	5	24.95
	16	大田楼	黄庄	9	27.50
	17	黄庄	艾山（二）	7	26.49
弯曲段	18	艾山（二）	潘庄	5	30.56
	19	潘庄	阴河	5	29.20
	20	阴河	曹家圈	4	24.50
	21	曹家圈	后张庄	4	26.08
	22	后张庄	刘家园	5	30.20
	23	刘家园	梯子坝	4	25.80
	24	梯子坝	杨房	4	25.20
	25	杨房	贾家	5	28.20
	26	贾家	王旺庄	5	27.00
	27	王旺庄	利津（三）	4	22.90

7.1.2 来水来沙条件变化

随着气候变化和人类活动（如水库运行）等对黄河流域影响的不断加剧，进入黄河下游河道的水沙条件发生了显著变化。图 7.1.3 给出了花园口站 1950～2021 年水沙量的变化情况，图中 1960 年、1986 年、1999 年分别为三门峡水库、龙羊峡水库和小浪底水库投入运用的时间。可以看到，1999 年前的水沙量呈不断减少的趋势，之后水量虽有所增加，但受小浪底水库拦沙及流域来沙减少的影响，进入下游的沙量进一步减少。图 7.1.4 给出了黄河下游河道四个水文站 1950～2021 年年均来沙系数（$\xi = S/Q$，S 为年均含沙量，Q 为年均流量）的变化过程，可以看到，年均来沙系数波动较大，1990～1999 年相较于其他时段明显偏大，2000 年后又明显偏小。此外，受沿程引水增加的影响，黄河下游河道沿程各水文站的年均来沙系数具有越往下游越大的特点。

图 7.1.5 为 1960～2020 年黄河下游河道花园口站、高村站、艾山站和利津站悬沙与床沙中值粒径的历年变化情况。可以看到，1999 年前悬沙中值粒径较为稳定，历年变化不大，床沙中值粒径因河床淤积而不断降低。1999 年小浪底水库开始运用后，悬沙中值粒径变幅扩大，有少数年份较以往增大一倍以上，整体呈增大趋势。与此同时，

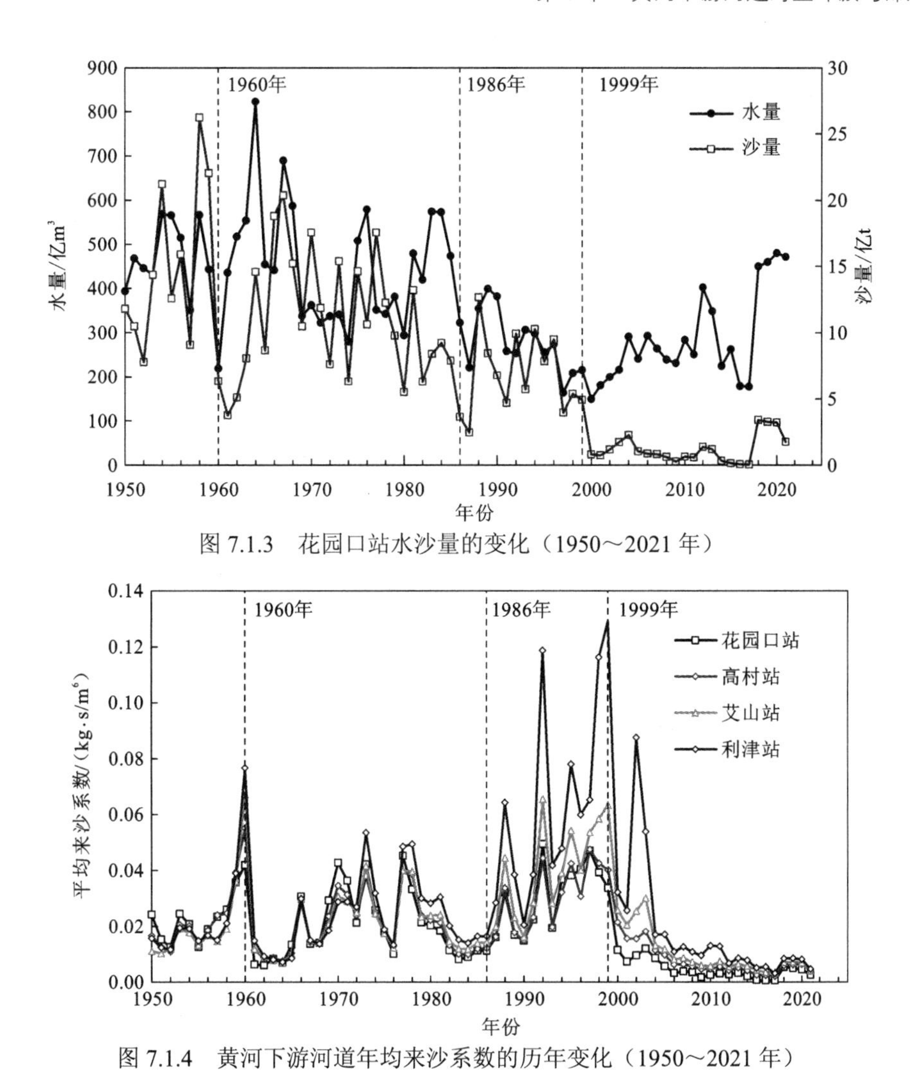

图 7.1.3　花园口站水沙量的变化（1950～2021 年）

图 7.1.4　黄河下游河道年均来沙系数的历年变化（1950～2021 年）

床沙中值粒径因清水下泄、河床冲刷而明显增大，床沙粗化对河道阻力和冲刷效率具有重要影响。

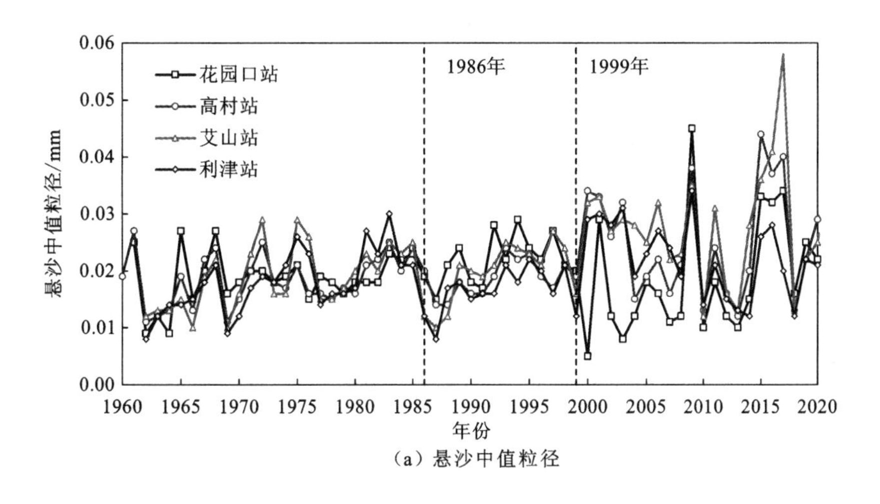

（a）悬沙中值粒径

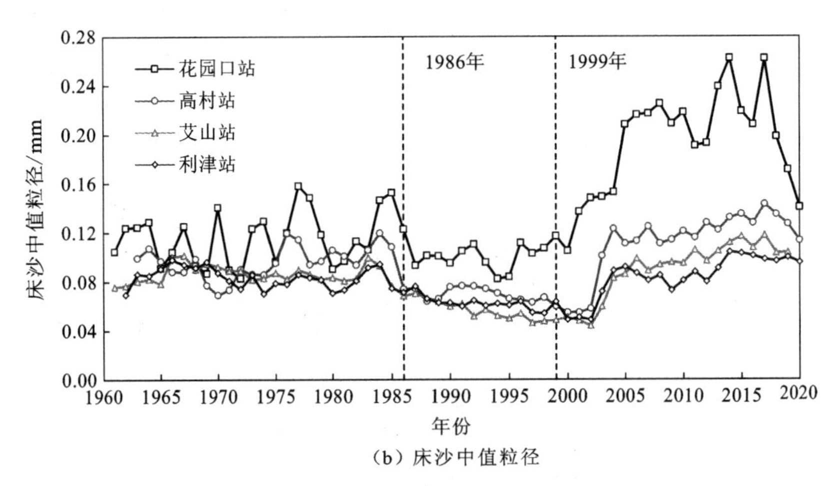

（b）床沙中值粒径

图 7.1.5　黄河下游河道悬沙与床沙中值粒径的历年变化（1960～2020 年）

黄河下游河道河床泥沙主要由粉质黏土、粉质壤土、砂质壤土、砂土等组成。图 7.1.6 显示花园口站、高村站和艾山站的床沙沿程细化，床沙在建坝后 1999～2004 年明显粗化，与图 7.1.5（b）所示规律一致。

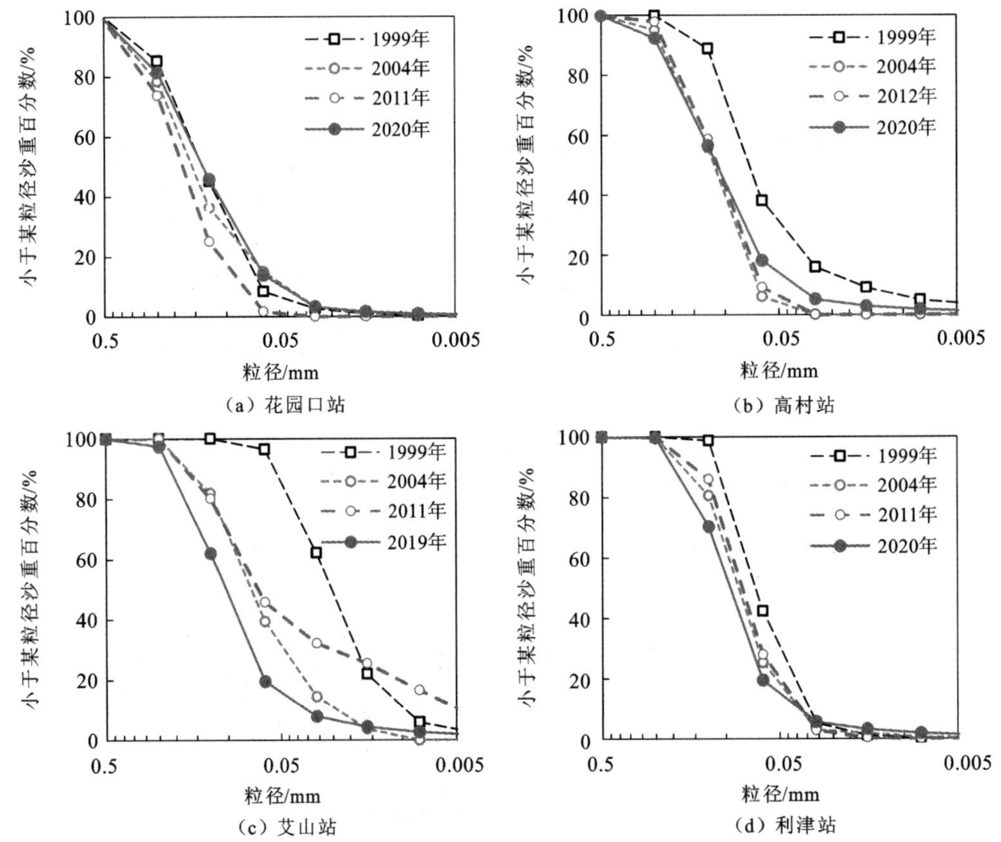

图 7.1.6　小浪底水库运用后花园口站、高村站、艾山站和利津站汛期床沙级配变化

7.2　黄河下游河道时空冲淤规律

7.2.1　黄河下游河道冲淤与水库运用的联系

图 7.2.1 展示了 1952～2021 年黄河下游河道各河段单位河长累计冲淤量的变化过程，可以看到，在黄河下游河道维持总体淤积抬升的态势下，有 2 个较为明显的冲刷阶段，分别为 1960 年三门峡水库和 1999 年小浪底水库投入运用后的一段时期，特别是后一时期的冲刷量大、持续时间长，对降低黄河下游悬河的河床高程、扩大主槽规模及维持输水输沙能力等均具有十分重要的作用。位于游荡段的花园口—高村河段单位河长淤积速率最大，下游艾山—利津河段的单位河长淤积速率最小。

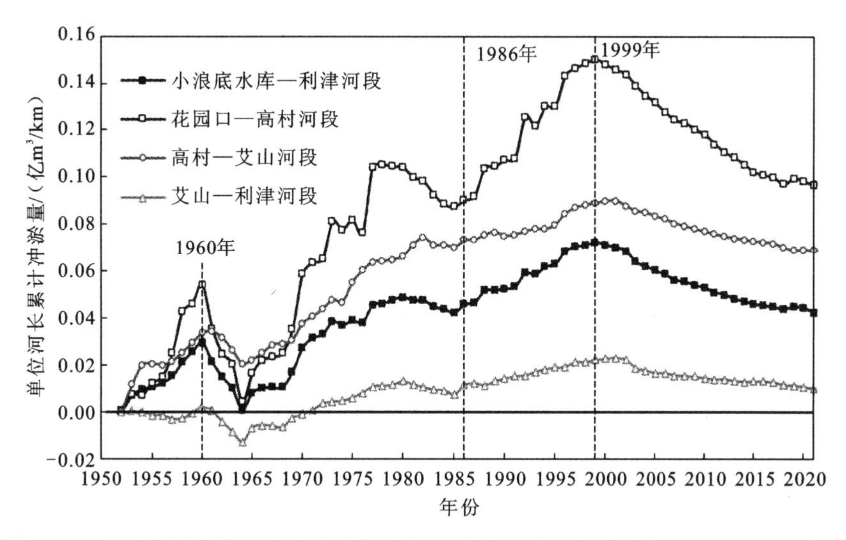

图 7.2.1　黄河下游河道不同河段单位河长累计冲淤量的历年变化（1952～2021 年）

三门峡水库和小浪底水库的运用均对黄河下游河道的冲淤发展产生了明显影响，如图 7.2.2 所示，1960 年三门峡水库建成后，水库快速淤积，到 1964 年三门峡水库累计淤积量达 36 亿 m^3，在此期间黄河下游河道冲刷明显。1962 年水库改为滞洪排沙运用后，1965～1974 年库区冲刷明显，黄河下游河道累计淤积 27.38 亿 m^3。1974 年三门峡水库改为蓄清排浑运用，1974～1985 年三门峡水库入库潼关站来沙量较大，泥沙下泄量也增大，库区发生少量淤积，黄河下游河道冲淤波动，整体表现为微淤，淤积强度较 1965～1974 年有所减弱。1985～1999 年三门峡水库入库与黄河下游河道水沙条件恶化，水沙搭配不协调，年均来沙系数明显增大（图 7.1.4），三门峡水库和黄河下游河道同时发生淤积。1999 年小浪底水库运用后拦截了大量泥沙，使得进入黄河下游河道的泥沙大幅减少，下游河道持续冲刷，同时三门峡水库与小浪底水库进行联合水沙调度，三门峡库区发生一定冲刷，1999～2020 年三门峡库区冲刷 0.71 亿 m^3，小浪底库区淤积 32.32 亿 m^3，黄河下游河道冲刷 21.31 亿 m^3。

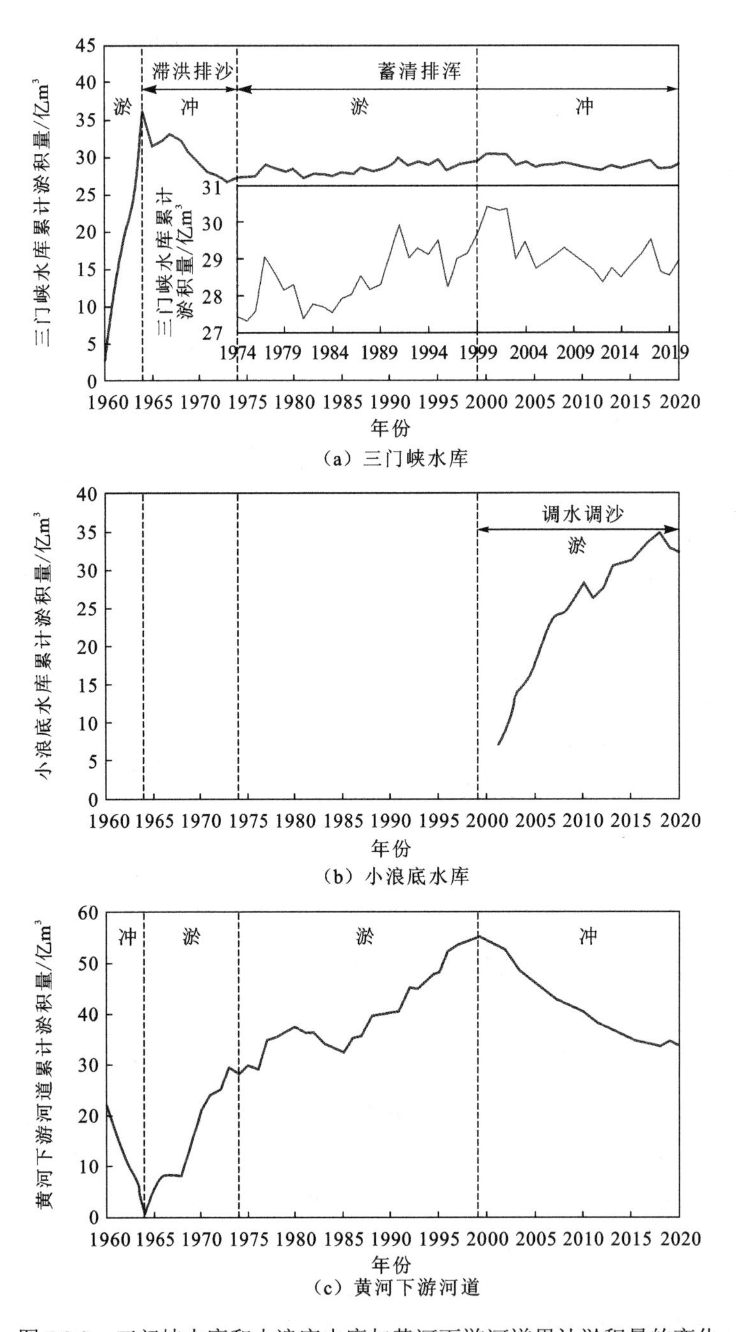

（a）三门峡水库

（b）小浪底水库

（c）黄河下游河道

图 7.2.2　三门峡水库和小浪底水库与黄河下游河道累计淤积量的变化

根据图 7.2.2 所示三门峡库区和小浪底库区与黄河下游河道的冲淤变化，提出不同时段库区与下游河道冲淤变化的概化模式，如图 7.2.3 所示。1960～1965 年，三门峡大坝拦截泥沙，水库淤积，进入下游的泥沙减少，下游河道发生冲刷；1965～1974 年三门峡水库改建并滞洪排沙运用后，下游河道发生淤积；1974～1999 年三门峡水库来沙量较大，库区和下游河道均发生淤积，其中 1974～1985 年库区与下游河道淤积速率较慢，1985 年后水沙条件恶化，淤积速率明显加快；1999 年小浪底水库拦沙，库区淤积，三门峡库区微冲，黄河下游河道冲刷明显。

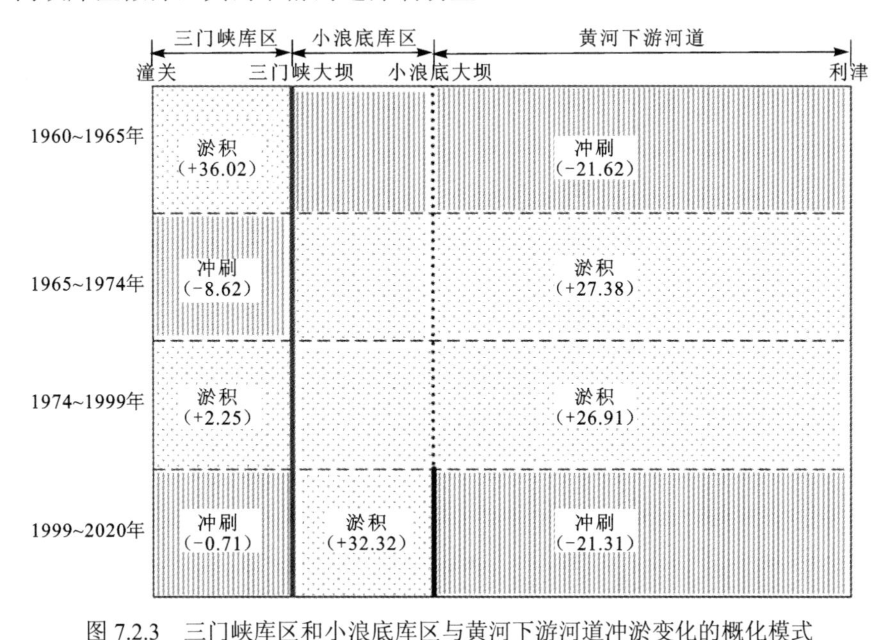

图 7.2.3　三门峡库区和小浪底库区与黄河下游河道冲淤变化的概化模式

点状填充代表淤积，竖线填充代表冲刷，括号内数据为累计冲淤量，单位为亿 m^3，“+”代表淤积，“-”代表冲刷

7.2.2　冲刷发展的时空滞后

小浪底水库运用以来，黄河下游持续冲刷，但不同河段开始冲刷的时间存在向下游的滞后现象，即越往下游，河段开始冲刷的时间越晚。采用王彦君（2019）得到的黄河下游实测大断面的平滩面积数据，计算 1999～2015 年黄河下游 27 个子河段单位河长累计冲淤量 V（m^3/km）：

$$\Delta V_j = \frac{\sum_{i=1}^{M-1} \frac{\Delta A_i + \Delta A_{i+1}}{2} l_{i,i+1}}{\sum_{i=1}^{M-1} l_{i,i+1}} \tag{7.2.1}$$

式中：ΔV_j 为第 j 个子河段对应的单位河长冲淤量，m^3/km；M 为第 j 个子河段包含的断面数量；$l_{i,i+1}$ 为第 i 和 i+1 个断面之间的距离，km；ΔA_i 和 ΔA_{i+1} 分别为第 i 和 i+1 个断面的平滩面积变化值，m^2，正值代表河段冲刷，负值代表河段淤积。

以水文站为节点将黄河下游河道划分成小浪底—花园口河段、花园口—夹河滩河段、夹河滩—高村河段、高村—孙口河段、孙口—艾山河段、艾山—泺口河段和泺口—利津河段共 7 个河段计算单位河长单位河宽的累计冲淤量，结果如图 7.2.4 所示，可见小浪底—花园口河段和花园口—夹河滩河段在小浪底水库运用后即开始冲刷，夹河滩—高村河段在小浪底水库运用 1 年后开始冲刷，冲刷迟滞时间约为 1 年，高村—孙口河段、孙口—艾山河段、艾山—泺口河段及泺口—利津河段开始冲刷的迟滞时间约为 2 年，可见冲刷开始的迟滞时间由大坝向下游逐渐增加，为 1～2 年。

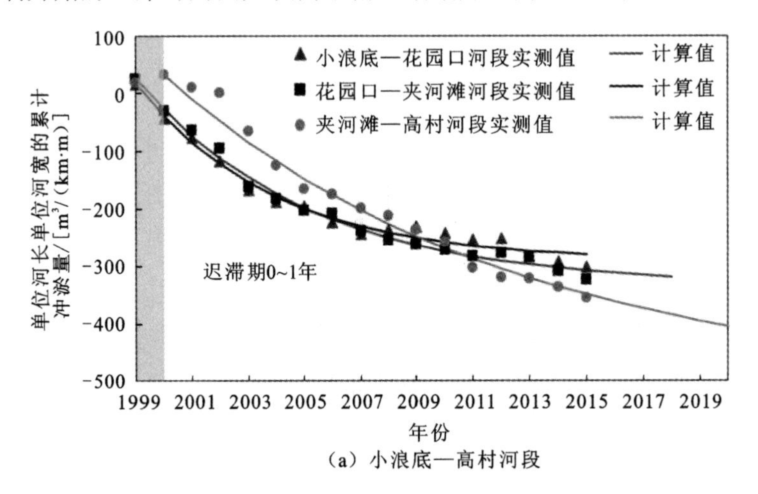

(a) 小浪底—高村河段

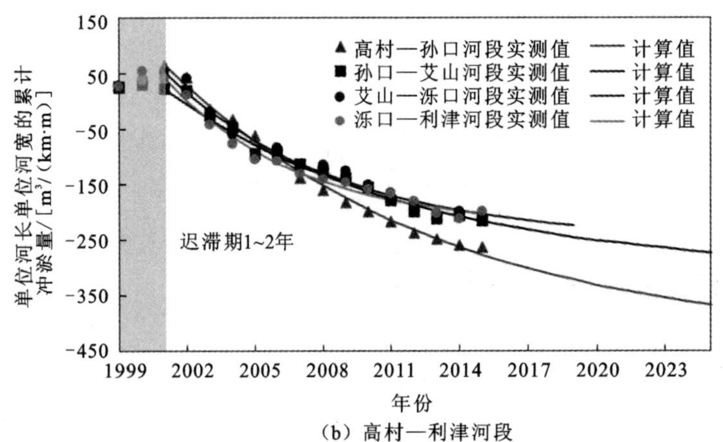

(b) 高村—利津河段

图 7.2.4 黄河下游河道单位河长单位河宽的累计冲淤量变化

去掉各子河段迟滞期的数据点，采用滞后响应模型的单步解析模型，计算各子河段开始冲刷后的累计冲淤量 V：

$$V = e^{-\beta t} V_0 + (1 - e^{-\beta t}) V_e \tag{7.2.2}$$

式中：V_0 为冲刷初始年份对应的累计冲淤量（除去迟滞期）；V_e 为累计冲淤量的平衡值，对固定河段取一常数；β为滞后响应调整速率参数，其值越大，调整速率越快。V_e 和β由实测数据拟合得到。式（7.2.2）的计算结果如图 7.2.4 所示，可见采用滞后响应模型的单步解析模式可以较好地计算黄河下游河道各河段的累计冲淤量。表 7.2.1 给出了采用滞后响应模型单步解析模式模拟各河段累计冲淤量的参数与计算结果，调整速率参数β的变化范围为 0.08～0.20 a^{-1}，β沿程呈现先减小后增大的变化趋势，在夹河滩—高村河段、高村—孙口河段及孙口—艾山河段的调整速率参数β较小，上游小浪底—夹河滩河段及艾山—利津河段的β均较大（图 7.2.5）。

表 7.2.1　采用滞后响应模型单步解析模式模拟黄河下游河道各河段累计冲淤量的参数与计算结果

河段	计算时段	β/a^{-1}	V_e/[m^3/(km·m)]	R^2	MNE/%
小浪底—花园口河段	1999～2015 年	0.20	−293.5	0.980 4	5.48
花园口—夹河滩河段	1999～2015 年	0.16	−336.8	0.991 6	4.73
夹河滩—高村河段	2000～2015 年	0.08	−515.0	0.986 2	223.00
高村—孙口河段	2001～2015 年	0.08	−441.9	0.994 2	10.19
孙口—艾山河段	2001～2015 年	0.09	−310.8	0.985 4	16.96
艾山—泺口河段	2001～2015 年	0.13	−252.1	0.969 0	13.01
泺口—利津河段	2001～2015 年	0.17	−227.3	0.985 8	12.65

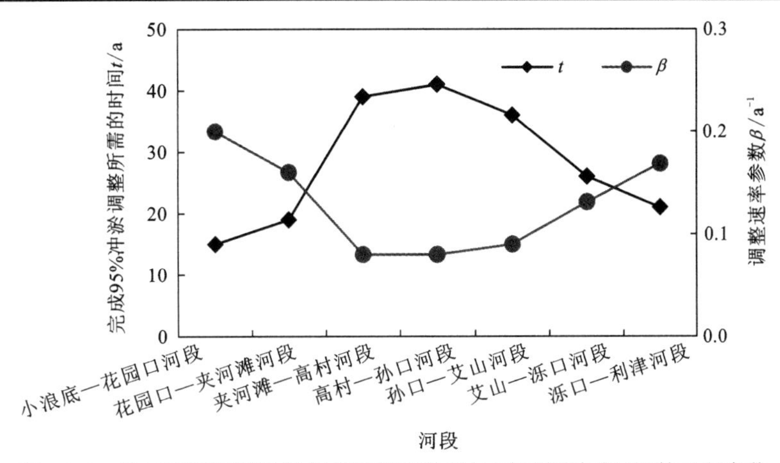

图 7.2.5　黄河下游河道冲淤调整速率参数及达到平衡所需时间的沿程变化

由式（7.2.2）可得调整时间 t：

$$t=-\frac{1}{\beta}\ln\left(\frac{V-V_e}{V_0-V_e}\right) \tag{7.2.3}$$

式（7.2.3）等号右边括号内的分式中分母 V_0-V_e 为河道由初始到最终平衡态需要完成的全部冲淤量，分子 V-V_e 为当前要达到平衡仍需调整的冲淤量，若取$\frac{V-V_e}{V_0-V_e}=0.05$，即已完成 95%的冲淤调整，则式（7.2.3）计算的 t 为完成 95%冲淤调整所需的时间。

图 7.2.5 显示了由式（7.2.2）拟合得到的 7 个子河段累计冲淤量的调整速率参数β，以及由式（7.2.3）计算的完成 95%冲淤调整所需的时间 t。β的变化与各河段达到平衡所需时间 t 成反比，各河段完成 95%冲淤调整所需的时间依次为 15 年、19 年、39 年、41 年、36 年、26 年和 21 年。夹河滩—艾山河段的调整速率参数β较小，调整速率较慢，达到平衡所需时间较长。这一河段对应黄河下游的驼峰河段，如图 7.2.6 所示，从 20 世纪 90 年代开始，平滩流量最小的位置逐渐由夹河滩站下移至高村站、孙口站、艾山站，到 2020 年驼峰河段位于艾山站附近。

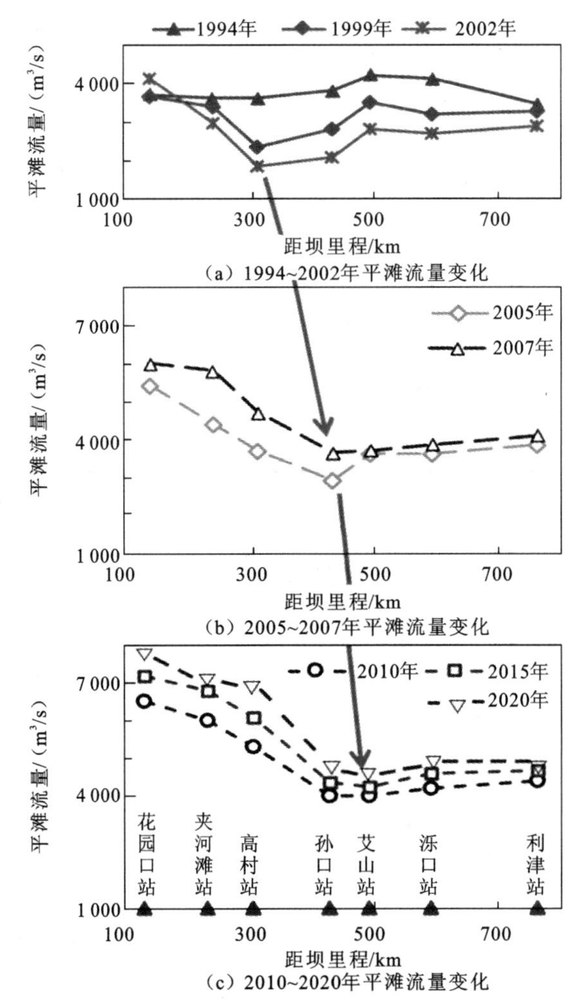

图 7.2.6　黄河下游驼峰河段的位置及其下移趋势

→代表沿程最小平滩流量，即驼峰河段所在位置

需要说明的是，调整速率参数β实际随时间和空间均发生变化，如表 7.2.1 和图 7.2.5 所示，β反映了 2000～2015 年的平均调整速率水平，计算得到的完成 95%冲淤调整所需的时间 t 也是在累计冲淤量平衡值变化不大的前提下得到的。当水沙条件发生较大变化时，V_e也会发生变化，从而使得完成同等百分比冲淤调整所需的时间也相继发生变化。

7.3　黄河下游河道冲刷重心的时空变化

对 1999～2015 年 27 个子河段的单位河长冲淤量（共 459 个数据）进行分级，以单位河长冲淤量绝对值等于 600 m^3/km 为界，将绝对值小于该值的 428 个数据进行排序，如图 7.3.1 所示，将这些数据的前 10%划分至第 0 等级，最后 10%划分至第±4 等级，同时将单位河长冲淤量绝对值大于 600 m^3/km 的数据（共 31 个）归为第±4 等级，第 0 和

±4 等级分别对应冲淤速率最小和最大等级，剩余的数据平均划分为第±1、±2 和±3 等级，除第 0 等级外其余四个等级均含有单位河长冲淤量的正负值，负数代表冲刷，正数代表淤积，第 0、±1、±2、±3 和±4 等级对应的样本数量分别为 44、113、113、113、76，代表最强冲刷的第-4 等级有 66 个样本点。

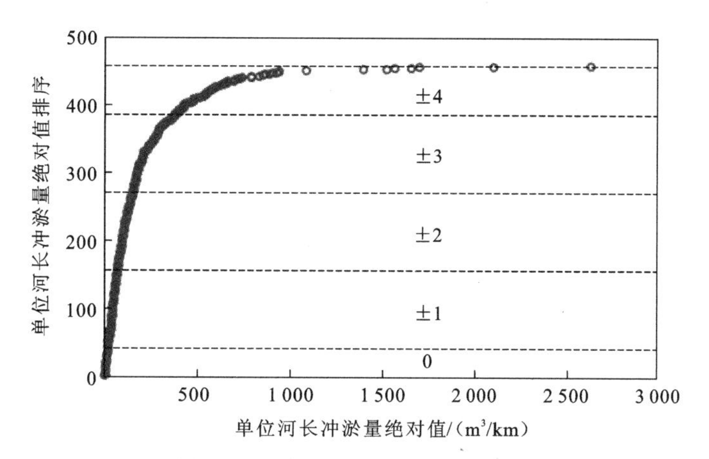

图 7.3.1　单位河长冲淤量等级划分

根据上述等级划分标准，得到 27 个子河段每年的冲淤速率等级，以年份为横坐标，以子河段编号为纵坐标，得到如图 7.3.2 所示的河段冲淤速率等级的时空矩阵分布，图中颜色越深代表河段冲淤速率越大。

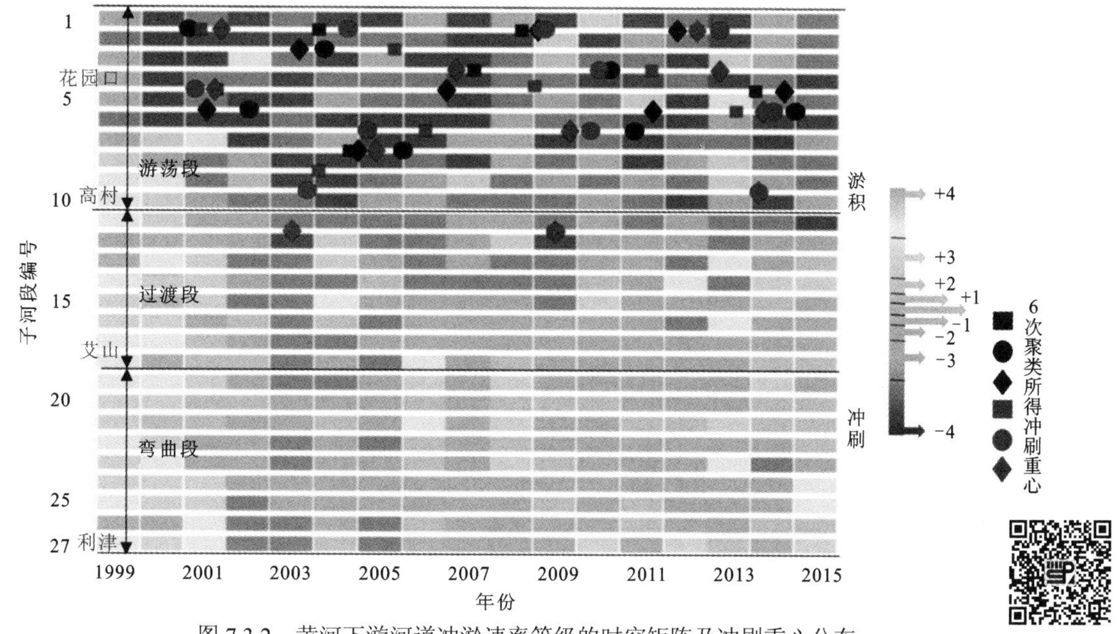

图 7.3.2　黄河下游河道冲淤速率等级的时空矩阵及冲刷重心分布

对第-4 等级的 66 个样本点用 k means++方法进行时空聚类分析，采用“肘部法则”计算聚类中心个数 k（王华琳 等，2021；谢剑斌，2015），当 k 达到 12 以上时，畸变函数变化较小（图 7.3.3），因此选取聚类中心个数为 12 个，通过 6 次聚类得到 72 个聚类中心，这些聚类中心即代表河道的冲刷重心。图 7.3.2 显示了这些冲刷重心的分布，6 种形状的点分别代表 6 次聚类得到的重心的位置。

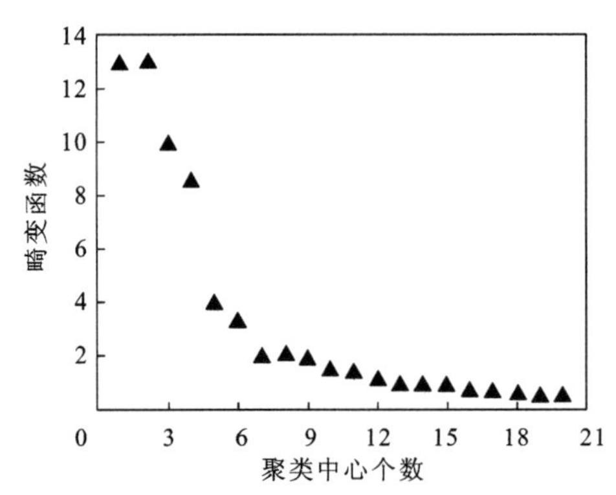

图 7.3.3　畸变函数变化图（第-4 等级样本点）

由冲淤速率等级及冲刷重心的分布可见，冲刷速率最快的子河段及冲刷重心均位于游荡段，可见游荡段冲刷最为剧烈，过渡段冲刷速率高于弯曲段，越往下游冲刷速率越小，规律与图 7.2.1 基本一致。冲刷重心一直位于游荡段而未发生下移。

黄河下游河道冲刷重心无明显迁移，与三峡水库下游宜昌—城陵矶河段冲刷重心的下移规律明显不同，这主要与两河道河床泥沙组成和边界条件有关。三峡水库下游河道以沙质及砂卵石河道为主，同时河床底部埋藏有卵砾石层，冲刷使河床发生明显粗化，卵砾石层逐渐裸露，粗化后的河床抗冲能力增强，冲刷重心下移。黄河下游河道河床与河岸泥沙组成较细（图 7.1.5 和图 7.1.6），虽然部分河段河床粗化，但泥沙组成仍较细，对河床冲刷的抑制作用不强，同时游荡段河道宽浅，河床和河岸具有大量泥沙可供冲刷，因此冲刷重心基本位于游荡段而未下移。对聚类中心个数和聚类次数进行敏感性分析发现，聚类中心个数和聚类次数对冲刷重心的时空分布无明显影响。

7.4　黄河下游河道冲淤量随时间变化过程的模拟

7.4.1　河床冲淤量随时间变化的公式推导

将研究时段分为多个子时段 Δt，采用滞后响应模型的单步解析模式迭代计算黄河下游河道的冲淤量，则第 n 个时段末的累计冲淤量 V_n 可以表示为

$$V_n = (1-\mathrm{e}^{-\beta\Delta t})V_{\mathrm{e},n} + \mathrm{e}^{-\beta\Delta t}V_{n-1},\quad n\geqslant 1 \tag{7.4.1}$$

式中：β 为河床冲淤的调整速率参数，其值越大，冲淤量调整越快，反之越慢；$V_{\mathrm{e},n}$ 为累计冲淤量在第 n 个时段的平衡值；V_{n-1} 为上一时段末的累计冲淤量。

对冲淤量的准确模拟，有赖于对冲淤量平衡值 V_{e} 的正确计算，下面首先建立 V_{e} 的

计算方法。一般来讲，黄河下游河道 3 000 m³/s 同流量水位的变化可以反映河床的冲淤变化。图 7.4.1 为 2000 年和 2015 年黄河下游河道 3 000 m³/s 同流量水位的纵剖面线。由图 7.4.1 可知，2000～2015 年黄河下游河道 3 000 m³/s 同流量水位的纵剖面线呈整体下降的特点，基于此，假设黄河下游河道达到冲淤平衡时的纵剖面可概化为如图 7.4.2 所示的梯形冲淤体形态，图中 J_0 和 J_e 分别为河道初始比降和达到冲淤平衡时的比降，图中阴影区域为冲淤体（郑珊，2013），Δy_{e1} 和 Δy_{e2} 分别为进口断面（花园口断面）和出口断面（利津断面）的冲淤厚度，L 为黄河下游河段总长度。假定冲淤体的平均宽度为 B，那么根据图中几何关系，可以得到如下平衡状态下的冲淤体计算公式：

$$V_e = \frac{BL}{2}(\Delta y_{e1} + \Delta y_{e2}) \tag{7.4.2}$$

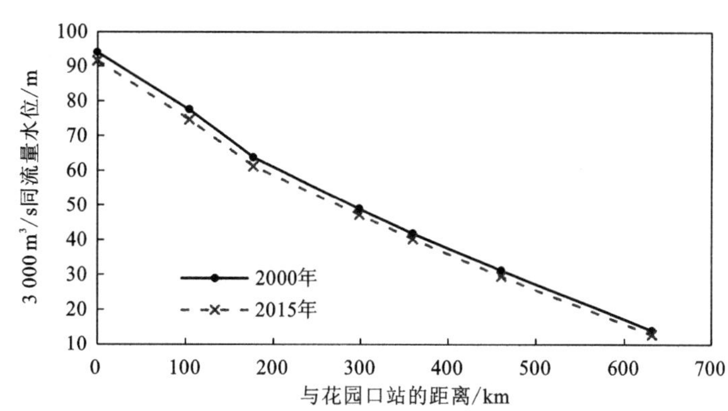

图 7.4.1　黄河下游河道 3 000 m³/s 同流量水位的对比

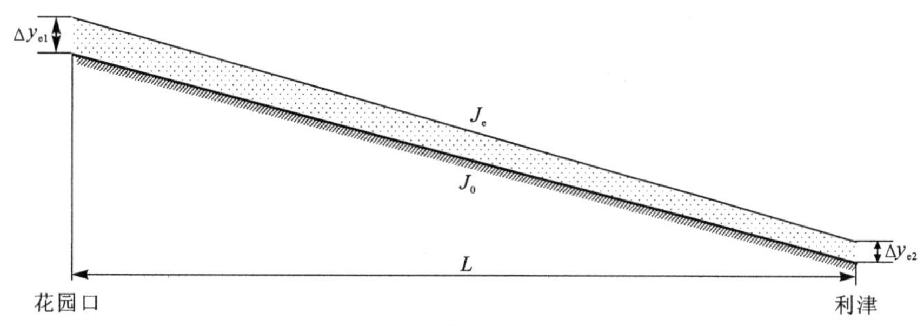

图 7.4.2　黄河下游河道纵剖面概化图

由图 7.4.2 所示的几何关系不难发现，Δy_{e1} 和 Δy_{e2} 具有如下关系：

$$\Delta y_{e1} = \Delta y_{e2} + (J_e - J_0)L \tag{7.4.3}$$

将式（7.4.3）代入式（7.4.2）可得

$$V_e = \frac{BL}{2}[\Delta y_{e2} + (J_e - J_0)L + \Delta y_{e2}] \tag{7.4.4}$$

化简得

$$V_e = \frac{BL^2}{2}(J_e - J_0) + BL\Delta y_{e2} \tag{7.4.5}$$

参考已有研究（谢鉴衡，2013），河道平衡比降 J_e 可以表示为

$$J_e = k'\bar{Q}^a\bar{S}^b \tag{7.4.6}$$

式中：$\bar{Q}$ 和 $\bar{S}$ 分别为黄河下游河道进口的年均流量和含沙量。同时，考虑到河道比降与流量成反比，与含沙量成正比，则式（7.4.6）中的参数 $k'>0$，$a<0$，$b>0$。

考虑到河道断面形态复杂，河底高程较难准确获取，可采用利津站 3 000 m³/s 流量所对应的水位变化 ΔZ 替换式（7.4.5）中的 Δy_{e2}。

将式（7.4.6）和 ΔZ 代入式（7.4.5）可得如下黄河下游河道平衡冲淤体 V_e 的计算公式：

$$V_e = \frac{BL^2}{2}(k'\bar{Q}^a\bar{S}^b - J_0) + BL\Delta Z = K_1\bar{Q}^a\bar{S}^b + K_2\Delta Z + K_3 \tag{7.4.7}$$

其中，$K_1 = \dfrac{k'BL^2}{2}$，$K_2 = BL$，$K_3 = -\dfrac{BL^2}{2}J_0$。将式（7.4.7）代入式（7.4.1）即可得到基于滞后响应模型的黄河下游河道累计冲淤量的计算公式。公式包含 K_1、K_2、K_3、a、b 及 β 共 6 个参数，需要根据实测资料率定，考虑河道实际变化情况，各参数之间具有一定的数学联系，在实际率定时需加以考虑。例如，平衡比降系数 k' 与 K_1 和 K_2 有如下关系：

$$k' = \frac{2K_1}{LK_2} \tag{7.4.8}$$

将式（7.4.8）代入式（7.4.6）可得

$$J_e = \frac{2K_1}{LK_2}\bar{Q}^a\bar{S}^b \tag{7.4.9}$$

根据以往研究（王英珍 等，2022），黄河下游河道平均比降的变化范围为万分之1.00～1.90。由此可得，式（7.4.9）的合理变化范围应为

$$1.00\times10^{-4} \leqslant \frac{2K_1}{LK_2}\bar{Q}^a\bar{S}^b \leqslant 1.90\times10^{-4} \tag{7.4.10}$$

河道初始比降 J_0 与 K_3 和 K_2 有如下关系：

$$J_0 = \frac{-2K_3}{LK_2} \tag{7.4.11}$$

考虑到 J_0 与 J_e 应该具有基本相同的变化范围，则有

$$1.00\times10^{-4} \leqslant \frac{-2K_3}{LK_2} \leqslant 1.90\times10^{-4} \tag{7.4.12}$$

7.4.2 河床冲淤量随时间调整过程的模拟

基于 2000～2020 年实测水沙数据和累计冲淤量数据，以 1999 年为累计冲淤量基准（设定 1999 年的累计冲淤量为 0），将式（7.4.7）代入式（7.4.1），取 $\Delta t = 1$年，通过多元非线性回归方法对公式中的参数进行率定，得到黄河下游河道逐年累计冲淤量的计算公式（沈逸 等，2023）：

$$V_n = (1-\mathrm{e}^{-0.23})(237.7\bar{Q}_n^{-0.053}\bar{S}_n^{0.01} + 5\Delta Z_n - 175) + \mathrm{e}^{-0.23}V_{n-1} \tag{7.4.13}$$

其中，调整速率参数 $\beta = 0.23\,\mathrm{a}^{-1}$，累计冲淤量平衡值的表达式为

$$V_{\mathrm{e},n} = 237.7\bar{Q}_n^{-0.053}\bar{S}_n^{0.01} + 5\Delta Z_n - 175 \tag{7.4.14}$$

式中：$\bar{Q}_n$ 和 $\bar{S}_n$ 分别为花园口站在第 n 个时段的流量和含沙量均值；ΔZ_n 为第 n 个时段利津站 3000 m^3/s 流量所对应的水位变化值。

黄河下游河道 2000～2020 年累计冲淤量计算值与实测值的对比情况见图 7.4.3。计算值与实测值的决定系数 $R^2 = 0.99$，相对误差平均值为 16.5%，表明式（7.4.13）具有较高的计算精度。由于式（7.4.13）考虑了水沙条件与侵蚀基准面对冲淤的影响，其计算精度高于式（7.2.2）所示的假设 V_e 为常数的计算方法。

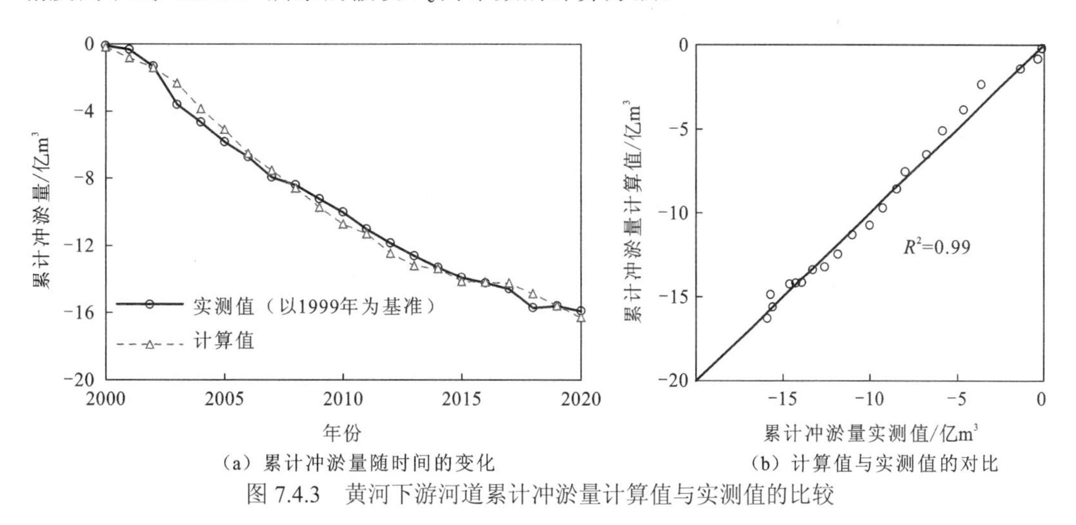

图 7.4.3　黄河下游河道累计冲淤量计算值与实测值的比较

7.5　黄河下游河道冲淤量随空间变化过程的模拟

7.5.1　河床冲淤量随空间变化的公式推导

天然河道中的泥沙运动经常处于非饱和状态，悬移质通过冲淤达到饱和状态需要一个过程。不平衡输沙模型考虑了含沙量与水流输沙能力之间的差异，根据悬移质不平衡输沙原理，非均匀流断面平均悬移质含沙量沿程变化的方程可以表示为（谢鉴衡，1990）

$$\frac{\mathrm{d}S}{\mathrm{d}x} = -\alpha\frac{\omega}{q}(S - S_*) \tag{7.5.1}$$

式中：S和S_* 分别为断面平均悬移质含沙量和挟沙能力，kg/m^3；q 为单宽流量，m^2/s；ω 为泥沙颗粒沉速，m/s；α 为悬移质泥沙恢复饱和系数。

假定水流输沙能力沿程线性变化，则有如下非均匀流断面平均悬移质含沙量的计算公式：

$$S = S_* + (S_0 - S_{0*})\mathrm{e}^{-\frac{\alpha\omega l}{q}} + \left(S_{0*} - S_{1*}\right)\frac{q}{\alpha\omega L}\left(1 - \mathrm{e}^{-\frac{\alpha\omega l}{q}}\right) \tag{7.5.2}$$

其中，下标 0 表示进口断面，下标 1 表示出口断面，l 为河段长度（出口断面与进口断面的距离），L 为河段总长度。

将式（7.5.2）代入式（7.5.1），可得含沙量沿程变化率的表达式：

$$\left.\frac{\mathrm{d}S}{\mathrm{d}x}\right|_l = -\alpha\frac{\omega}{q}\left[(S_0 - S_{0*})\mathrm{e}^{-\frac{\alpha\omega l}{q}} + (S_{0*} - S_{1*})\frac{q}{\alpha\omega L}\left(1 - \mathrm{e}^{-\frac{\alpha\omega l}{q}}\right)\right] \tag{7.5.3}$$

在流量不变的情况下，沿程冲淤速率的空间变化可以表示为

$$-\left.\frac{\mathrm{d}Q_{\mathrm{s}}}{\mathrm{d}x}\right|_l = -Q\left.\frac{\mathrm{d}S}{\mathrm{d}x}\right|_l \tag{7.5.4}$$

式中：Q 为河道流量；Q_{s} 为河道输沙率。

将式（7.5.3）代入式（7.5.4）得

$$-\left.\frac{\mathrm{d}Q_{\mathrm{s}}}{\mathrm{d}x}\right|_l = \alpha\omega B\left[(S_0 - S_{0*})\mathrm{e}^{-\frac{\alpha\omega l}{q}} + (S_{0*} - S_{1*})\frac{q}{\alpha\omega L}\left(1 - \mathrm{e}^{-\frac{\alpha\omega l}{q}}\right)\right] \tag{7.5.5}$$

将式(7.5.5)对时间积分，可得经过时间 T 之后的单位河长累计冲淤量的空间分布：

$$V(l,T) = \int_0^T\left[\alpha\omega B(S_0 - S_{0*})\mathrm{e}^{-\frac{\alpha\omega l}{q}} + \frac{(S_{0*} - S_{1*})qB}{L}\left(1 - \mathrm{e}^{-\frac{\alpha\omega l}{q}}\right)\right]\mathrm{d}t \tag{7.5.6}$$

对式（7.5.6）进一步整理和化简可得

$$V(l,T) = V_{\mathrm{a}} \times \mathrm{e}^{-\varphi l} + V_{\mathrm{b}} \times (1 - \mathrm{e}^{-\varphi l}) \tag{7.5.7}$$

其中，$V_{\mathrm{a}} = \int_0^T \alpha\omega B(S_0 - S_{0*})\mathrm{d}t$，$V_{\mathrm{b}} = \int_0^T \frac{(S_{0*} - S_{1*})qB}{L}\mathrm{d}t = \int_0^T \frac{(S_{0*} - S_{1*})Q}{L}\mathrm{d}t$，$\varphi = \frac{\alpha\omega}{q}$，为冲淤量空间调整指数，表征冲淤量在空间上由 V_{a} 向 V_{b} 调整的快慢，φ 越大，调整越快，φ 越小，调整越慢。V_{a} 为进口位置单位河长累计冲淤量，主要由进口位置水流输沙能力与含沙量之间的差异引起。当进口位置含沙量大于水流输沙能力时，$V_{\mathrm{a}} > 0$；当进口位置含沙量小于水流输沙能力时，$V_{\mathrm{a}} < 0$。由式（7.5.7）的形式可知，随着冲淤向下游发展，由进口位置水流输沙能力与含沙量之间的差异引起的河床冲淤将逐渐减小，当距离 l 足够远时，V_{a} 的影响趋近于 0。V_{b} 由水流输沙能力的空间变化引起，可称为水流输沙能力空间变化项，若水流输沙能力在空间上存在沿程增大趋势，则 $V_{\mathrm{b}} < 0$，若水流输沙能力在空间上存在沿程减小趋势，则 $V_{\mathrm{b}} > 0$。式（7.5.7）表明当距离 l 增大时，单位河长累计冲淤量会逐渐向 V_{b} 靠近，当距离足够远时，单位河长累计冲淤量将近似与 V_{b} 相等（沈逸 等，2023）。

7.5.2　河床冲淤量随空间调整过程的模拟

黄河下游河道河床冲淤量的空间分布特性是河道沿程与溯源冲淤耦合作用的结果，根据式（7.5.7）对 2003～2015 年黄河下游河道单位河长累计冲淤量的空间分布进行模拟，其中的参数如 V_a、V_b、φ 的拟合结果如表 7.5.1 所示，其与实测值之间的比较如图 7.5.1 所示。

表 7.5.1　采用式（7.5.7）计算黄河下游河道单位河长累计冲淤量的参数与计算效果

年份	V_a/（万 m³/m）	V_b/（万 m³/m）	φ/m⁻¹	R^2	MNE/%
2003	−0.450	−0.019	0.018 3	0.996	12.3
2004	−0.435	−0.029	0.014 1	0.986	17.9
2005	−0.475	−0.042	0.012 8	0.981	15.5
2006	−0.609	−0.043	0.013 2	0.997	7.0
2007	−0.670	−0.054	0.012 8	0.999	2.7
2008	−0.677	−0.056	0.012 1	0.999	3.4
2009	−0.691	−0.059	0.011 0	0.999	4.0
2010	−0.731	−0.065	0.010 9	1.000	2.4
2011	−0.768	−0.066	0.009 9	1.000	2.4
2012	−0.829	−0.072	0.009 8	1.000	1.9
2013	−0.866	−0.078	0.009 7	0.999	2.7
2014	−0.919	−0.077	0.009 5	0.999	4.6
2015	−0.977	−0.075	0.009 3	0.999	3.6

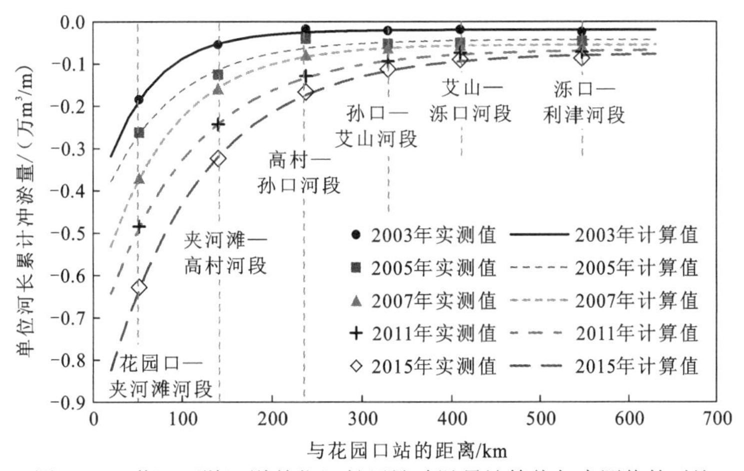

图 7.5.1　黄河下游河道单位河长累计冲淤量计算值与实测值的对比

冲淤量空间调整指数φ的逐年变化情况如图 7.5.2（a）所示，φ总体呈逐年下降趋势，表明黄河下游河道累计冲淤量在空间上由V_a向V_b的调整逐渐趋缓。为分析黄河下游河道冲刷量在空间上分布的均匀程度，定义冲刷中点$L_{0.5}$为自花园口站算起累计冲刷量达到黄河下游河道总冲刷量一半时的位置。根据表 7.5.1 中V_a、V_b和φ的逐年数据计算$L_{0.5}$，$L_{0.5}$越小，表明河床冲刷越靠近河流上段，冲刷量的空间分布越不均匀；$L_{0.5}$越大，表明河床冲刷量在空间上的分布越均匀。如图 7.5.2（b）所示，$L_{0.5}$总体上呈逐年增加趋势，表明随着冲刷的持续发展，黄河下游河道的冲刷量在空间上的分布逐渐趋于均匀。

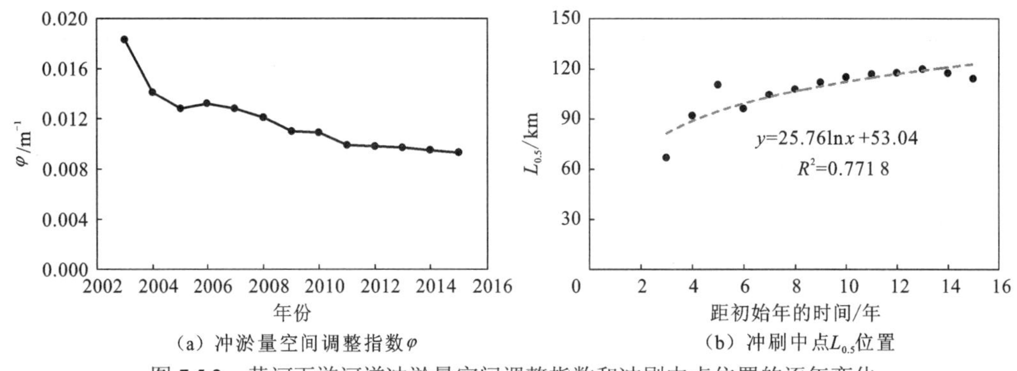

（a）冲淤量空间调整指数φ　　（b）冲刷中点$L_{0.5}$位置

图 7.5.2　黄河下游河道冲淤量空间调整指数和冲刷中点位置的逐年变化

当进入黄河下游河道的泥沙较少而水量较多时，河床自上而下发生沿程冲刷，水体含沙量自上而下逐渐恢复。相比于河流下段，河流上段水体不饱和程度更大，水流对河床的冲刷作用更为显著，形成了近期黄河下游河道单位河长累计冲刷量上大下小的格局。随着上游河段河床泥沙的粗化，冲刷减弱，下游河段持续冲刷，上、下游河段的冲刷量在空间上逐渐坦化，体现出了时空尺度上河床演变的平衡倾向性。

7.6　本章小结

本章分析了黄河下游河道的时空冲淤规律，对小浪底水库运用后河道冲刷重心的时空分布规律进行了研究，建立了黄河下游河道时空冲淤的计算方法，得出的主要结论如下。

（1）黄河下游河道的冲淤与上游水库运用密切相关，在三门峡水库蓄水初期与小浪底水库运用后发生明显冲刷。小浪底水库运用后，黄河下游河道的沿程冲刷具有明显的滞后特征，小浪底—夹河滩河段在水库运用后即开始冲刷，而下游夹河滩—高村河段在水库运用 1 年后才开始冲刷，高村以下河段冲刷开始的迟滞时间约为 2 年。

（2）将黄河下游河道划分为 27 个子河段，根据 1999～2015 年 27 个子河段的单位河长冲淤量得到冲淤速率等级的时空矩阵，采用识别冲刷重心的聚类机器学习方法，得到冲刷重心的时空分布，结果表明黄河下游河道冲刷重心主要集中在小浪底大坝下游

240 km 以内的游荡段，冲刷重心并未下移，这与黄河下游河道游荡段河床和河岸泥沙供给充足、床沙虽然粗化但抗冲能力仍较低有关。

（3）基于滞后响应模型和黄河下游河道平衡冲淤体的概化几何形态，推导得到了黄河下游河道累计冲淤量的计算公式，该公式考虑了来水来沙条件与利津相对侵蚀基准面条件，2000～2020 年黄河下游河道累计冲淤量的计算值与实测值的决定系数 R^2 达 0.99，计算效果较好。

（4）基于不平衡输沙方程推导得到了黄河下游河道单位河长累计冲淤量沿程变化的计算公式，该公式可以较好地模拟黄河下游河道冲淤量的空间分布。黄河下游河道呈现冲刷量上大下小的分布特点，同时随时间推移，冲刷量的空间分布向更均匀的状态发展。

第 8 章 美国图特尔河北汊河床时空演变与滞后响应

美国图特尔河北汊受到 1980 年圣海伦斯火山爆发的影响，河道被火山崩塌体掩埋，河道在崩塌体上重新发育，并一直保持较高的输沙率。本章分析图特尔河北汊对火山爆发的时空冲淤响应规律，采用河床演变阶段模型，建立图特尔河北汊演变阶段的时空矩阵，研究河道演变的时空联系。

8.1 图特尔河北汊地理特征与水沙条件

8.1.1 研究区域

如图 8.1.1 所示，图特尔河北汊为图特尔河的北侧支流，图特尔河为美国哥伦比亚河的二级支流。受 20 世纪世界上最大规模的火山爆发之一——1980 年圣海伦斯火山爆发的影响，图特尔河北汊的流域特性、水沙条件、河流形态和河床边界条件均发生了巨大变化。图特尔河北汊上游 27.4 km 长的河段被 2.5 km^3 的火山爆发崩塌体掩埋，掩埋厚度达 140 多米，平均约为 40 m（Simon and Thorne，1996）。流域面积由 1980 年前的 782 km^2 缩减至 580 km^2（Simon，1999）。由于火山崩塌体松散、易侵蚀，流域植被受到严重破坏，加之火山灰等因素的影响，图特尔河北汊流域的来沙量剧增，其泥沙侵蚀率在火山爆发后的初期达 130 000 t/（km^2·a），创下全世界流域泥沙侵蚀率的较高的纪录（Meyer and Martinson，1989），来沙量剧增成为图特尔河北汊在火山爆发后面临的主要问题。受岩浆流、火山碎屑流及泥流等的综合影响，图特尔河北汊下游河道的形态由微弯向顺直和分汊型转变，河长减少约 22 km，河床泥沙粒径变细，粗糙系数减小，坡度变缓，进而直接影响水流和泥沙的输移及河床的冲淤调整。

为控制图特尔河北汊上游的泥沙，保证下游河道的航运及防洪安全，美国陆军工程师兵团于 1987 年在图特尔河北汊上修建了一座永久性拦沙坝，拦沙坝坝高为 55 m，淤沙库容约为 2 亿 m^3。由于库区泥沙淤积，20 世纪 90 年代拦沙坝的排沙通道多次堵塞，至 1998 年泥沙淤积高度达到溢洪道高程，为增加大坝拦沙量，2012 年大坝加高了 2 m。

本章将 11 个位于图特尔河北汊的研究断面（NF100～NF375）及 2 个位于上游路威特溪（Loowit Creek）的断面（LO33 和 LO44）作为研究对象，图特尔河研究河段河长约 25 km，各断面的位置与信息如图 8.1.1 和表 8.1.1 所示，图 8.1.1 还给出了部分断面的实地考察照片。图特尔河北汊流域上游路威特溪和特鲁门溪沟（Truman Channel）汇合

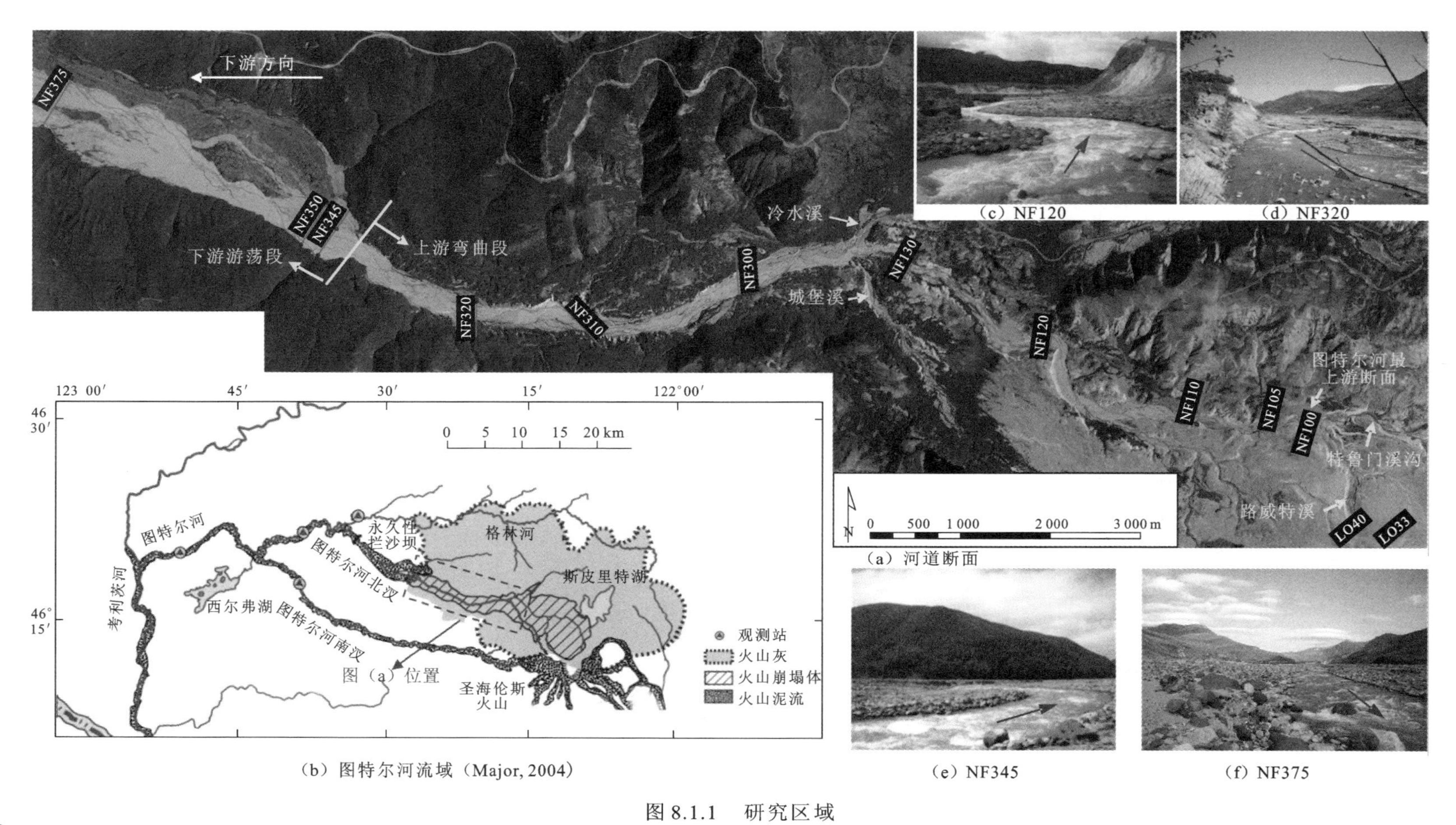

图 8.1.1　研究区域

（c）~（f）不同断面照片中的红色箭头表示水流方向

后形成图特尔河北汊，该河道最上游断面为 NF100，在断面 NF130 和 NF300 之间有两条支流[城堡溪（Castle Creek）、冷水溪（Coldwater Creek）]汇入，断面 NF100 和 NF320 之间的河道为单一弯曲型，其下游经过一段峡谷段的控制后突然放宽，河道变为游荡型，即断面 NF345 和 NF375 之间的河段为游荡段。所有研究断面均在永久性拦沙坝回水区以上，不受大坝蓄水拦沙的影响。火山崩塌体的末端位于断面 NF375 下游附近，因此，所有研究断面均受火山崩塌体覆盖的影响（Zheng et al.，2023b；Simon，1999）。

表 8.1.1 研究断面

编号	河道	断面	位于永久性拦沙坝上游/km	断面观测次数	观测时段
1	路威特溪	LO33	45.15	12	1981～2014 年
2		LO40	44.92	20	1982～2016 年
1	图特尔河北汊	NF100	42.74	44	1982～2017 年
2		NF105	42.24	9	1983～2016 年
3		NF110	40.83	12	1983～2016 年
4		NF120	37.62	42	1983～2017 年
5		NF130	34.66	55	1981～2007 年
6		NF300	31.38	28	1983～2009 年
7		NF310	28.21	20	1981～2009 年
8		NF320	26.26	72	1981～2009 年
9		NF345	23.18	37	1981～2009 年
10		NF350	22.68	22	1981～2017 年
11		NF375	17.52	55	1980～2009 年

8.1.2 水沙条件

图 8.1.2 显示了 Major 等（2021）估算得到的永久性拦沙坝下游水文站的流量与输沙量，1987 年后永久性拦沙坝建成并开始拦沙，Major 等（2021）采用相邻水文站的输沙数据及其与流域面积关系估算该处无拦沙坝情况下的天然输沙量。将研究时段划分为 1980～1985 年、1986～1990 年、1991～2000 年与 2001～2018 年。由图 8.1.2 和表 8.1.2 可知，除 1986～1990 年年均流量相对于其他三个时段较小外，年均流量整体变化不大，洪峰流量也没有显著变化；年均输沙量整体呈下降趋势，1980～1985 年年均输沙量最高，1986～1990 年和 1991～2000 年年均输沙量明显降低，2001～2018 年年均输沙量进一步减小。虽然年均输沙量随时间不断降低，但大洪水情况下的输沙量仍然十分可观，一场洪水输送的泥沙可占年均输沙量的 1/4 左右。

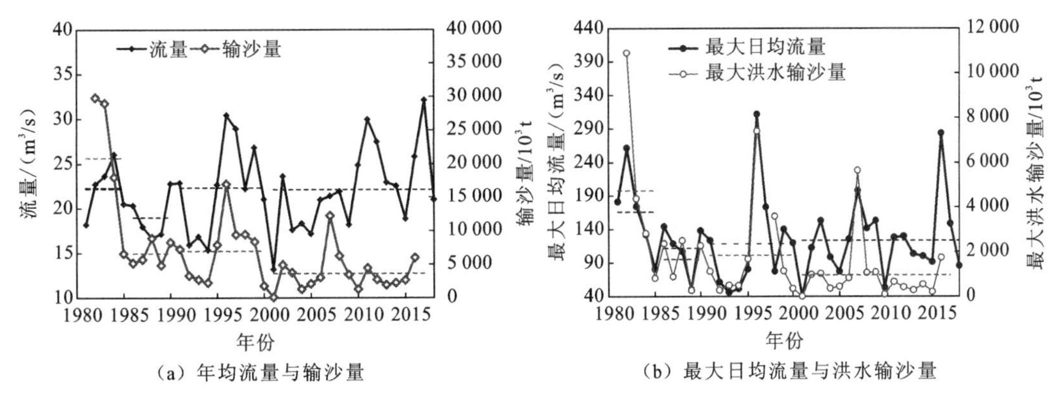

(a) 年均流量与输沙量　　(b) 最大日均流量与洪水输沙量

图 8.1.2　图特尔河北汊的水沙条件

表 8.1.2　图特尔河北汊不同时段平均水沙条件

时段	平均流量/(m^3/s)	年均输沙量/(10^3t)	最大流量/(m^3/s)	最大洪水输沙量/(10^3t)	最大洪水输沙量占年均输沙量的比例/%
1980～1985 年	22	20 869	166	4 729	22.7
1986～1990 年	19	6 602	112	1 660	25.1
1991～2000 年	22	6 947	119	1 838	26.5
2001～2018 年	22	3 648	123	933	25.6

8.2　图特尔河北汊的时空冲淤演变

图 8.2.1 显示了图特尔河北汊不同断面的形态变化，可以看出，火山爆发后上游弯曲河段（断面 NF100～NF320）持续冲刷，下游游荡型河段（断面 NF345～NF375）从火山爆发至 1987 年左右发生淤积，之后发生冲刷。

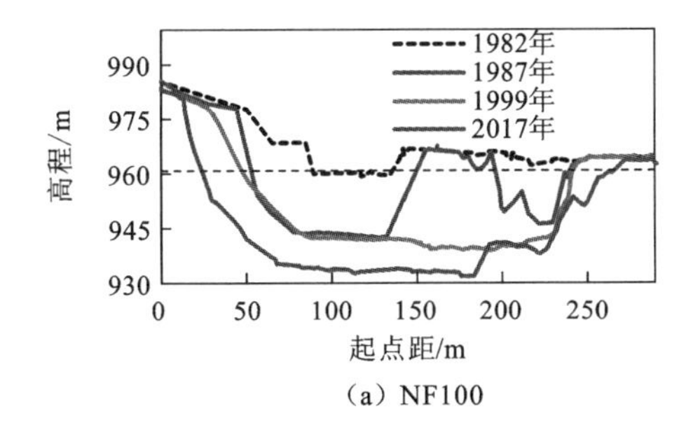

(a) NF100

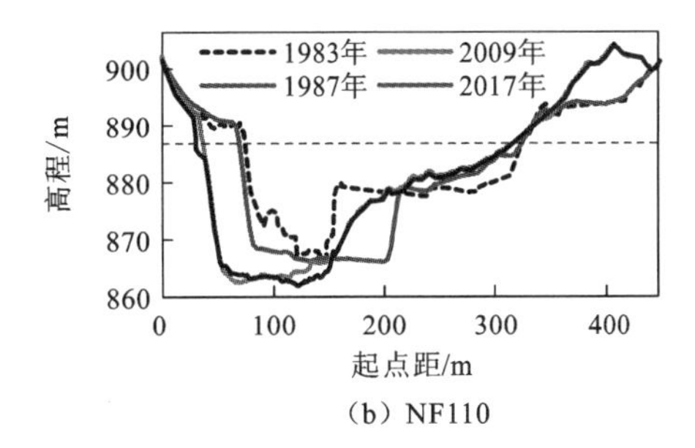

(b) NF110

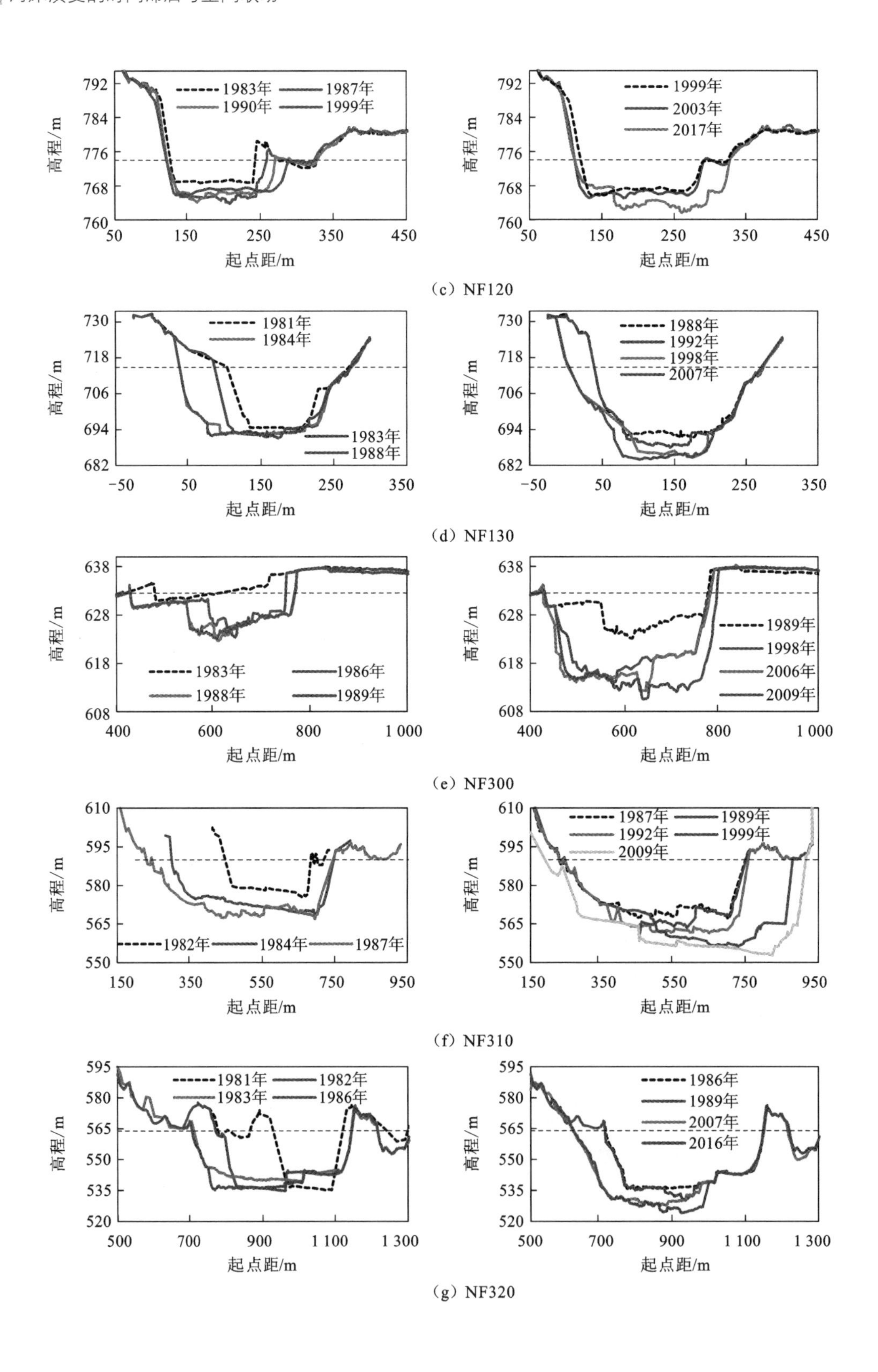

（c）NF120

（d）NF130

（e）NF300

（f）NF310

（g）NF320

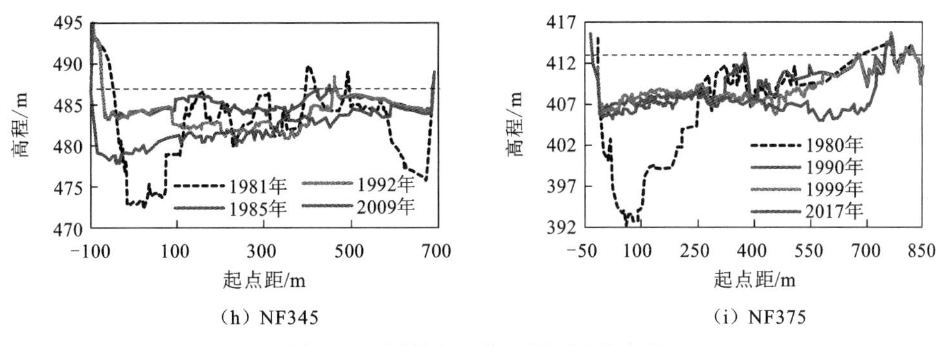

（h）NF345　　（i）NF375

图 8.2.1　图特尔河北汊断面形态变化

图 8.2.1 中断面上部的水平虚线表示计算河道宽度和断面面积所用的代表高程，通过该虚线与断面相交的左、右两点距离，计算河道的宽度 W，作为河床演变阶段模型中的代表河宽。需要说明的是，由于要反映断面宽度的变化，虚线上部存在河道崩岸等变形，所以，水平虚线下部面积变化并非断面所有变形；由于虚线上部面积变化相对于下部面积变化较小，在计算断面面积变化时忽略。

根据图 8.2.1 中水平虚线位置，计算各断面的面积 A、宽度 W 和深度 H($H = A/W$)，同时采用面积 A、宽度 W 和深度 H 的历年值除以最后一年的相应值，得到断面形态特征量的相对值。图 8.2.2 显示了各断面的面积 A、宽度 W、深度 H 相对值的变化过程，断面 LO33、LO40 和 NF100～NF320 均随时间冲刷展宽，断面面积增大，在 1980～1985 年火山爆发前期增大速率较大，1985～1990 年增速减缓，可能与该时段来水量较小有关（图 8.1.2），之后增速进一步加大。下游游荡段（断面 NF345～NF375）在火山爆发前几年淤积缩窄，断面面积减小，之后发生冲刷展宽，断面面积增大，断面 NF345、NF350 和 NF375 分别约在 1984 年、1986 年和 1988 年由淤转冲，呈现往下游冲刷滞后的特点，反映了河道冲淤调整的时空联系。图 8.2.3 显示断面 NF100～NF320 随着深度增加，断面面积不断增大，而断面 NF345～NF375 则先呈现河床淤积、断面面积减小，再出现河床冲刷、断面面积增大。

图 8.2.4 显示了图特尔河北汊床沙中值粒径的时空变化，1980 年火山爆发后崩塌体泥沙较细，随着河道冲刷，床沙粒径不断粗化，至 1999 年后床沙仍持续粗化，但粗化速率明显减小。

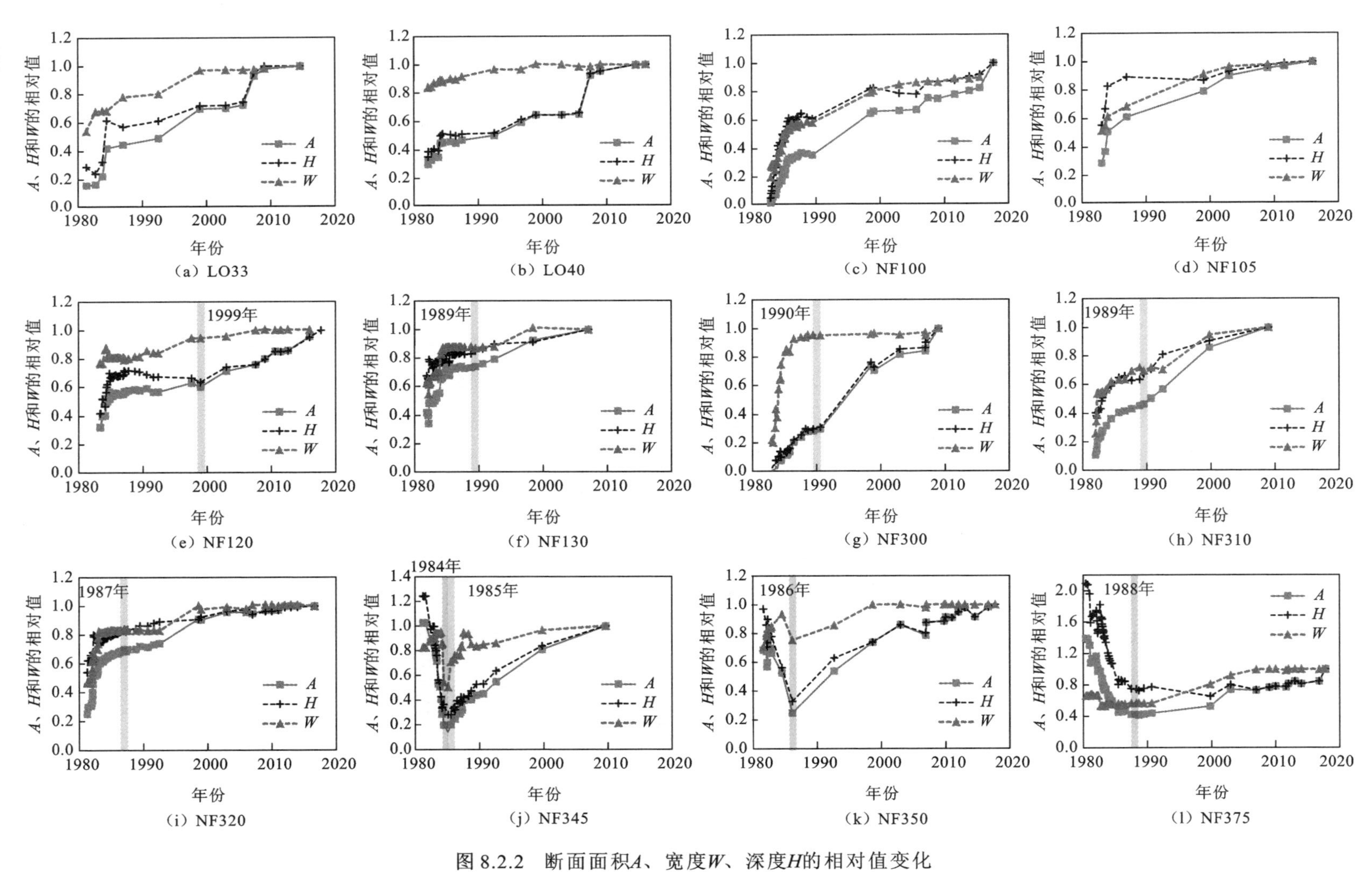

图 8.2.2 断面面积A、宽度W、深度H的相对值变化

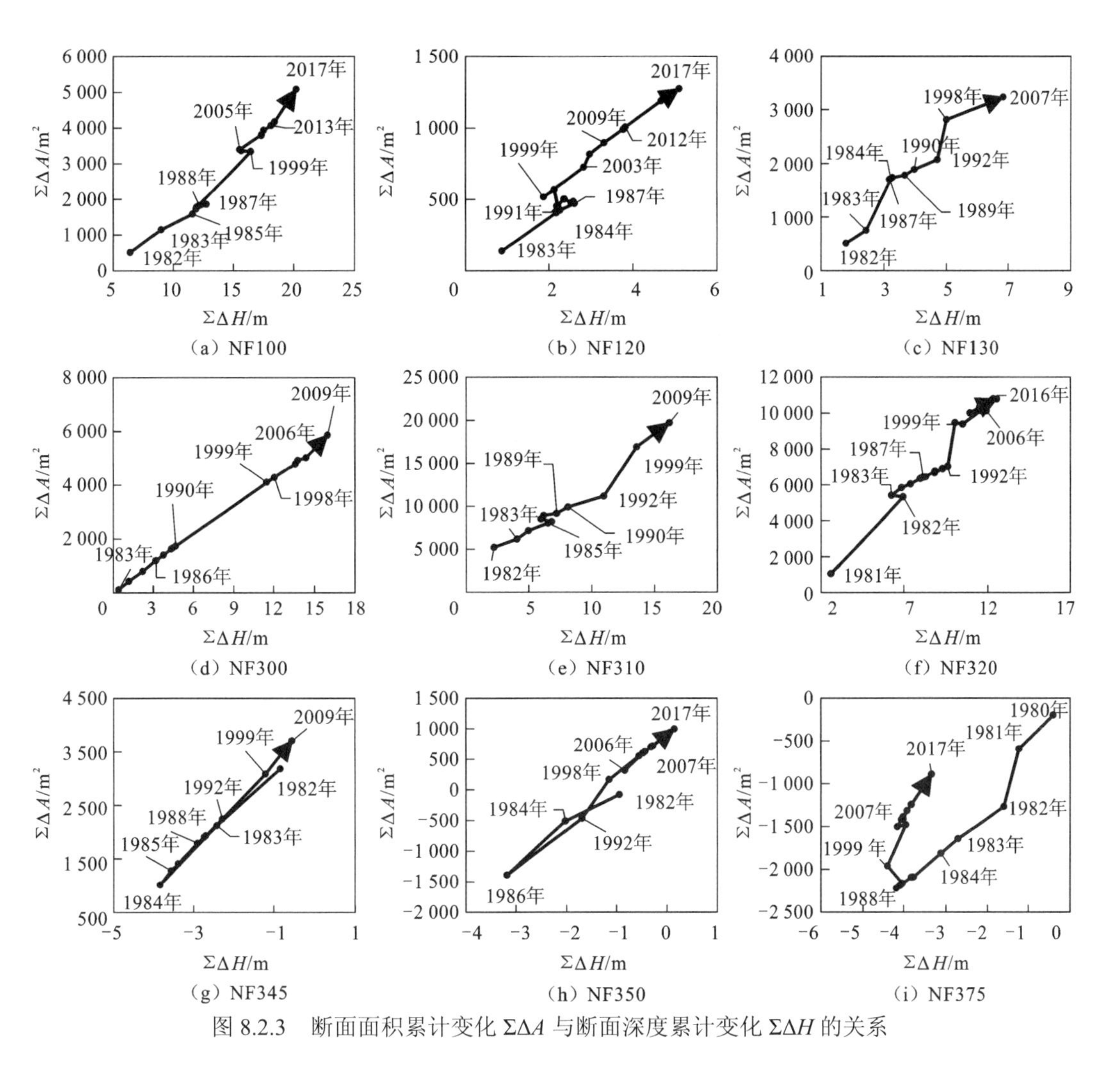

图 8.2.3　断面面积累计变化 ΣΔ*A* 与断面深度累计变化 ΣΔ*H* 的关系

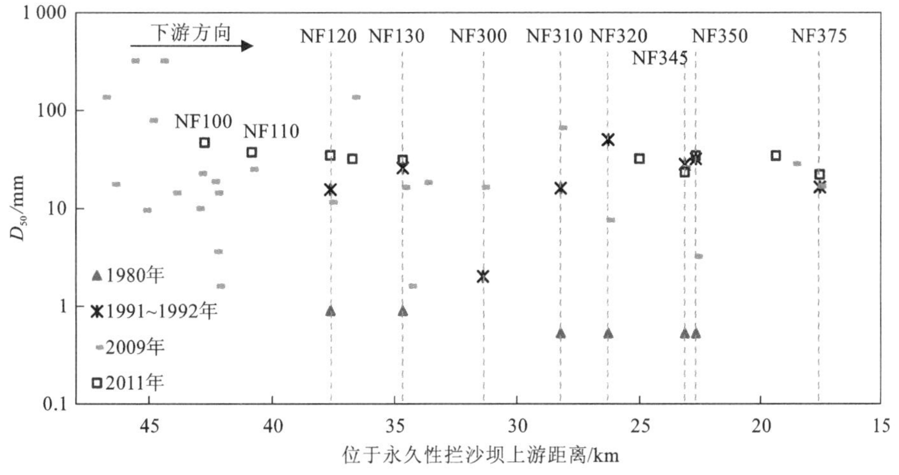

图 8.2.4　图特尔河北汊床沙中值粒径的变化

8.3 河床演变阶段模型的应用

将第 3 章介绍的河床演变阶段模型应用于图特尔河北汊，考虑河宽、断面面积变化等在计算时的误差，将断面宽度 W 和深度变化 ΔH 的乘积分别增减 10%并与面积变化 ΔA 进行对比，定义 ΔA、断面宽度 W 和深度变化 ΔH 与河床演变阶段的关系如下：

$$|\Delta A| < 0.9|W\Delta H| \tag{8.3.1}$$

且 $\Delta A > 0$，$\Delta H > 0$ 时为阶段①；当 $\Delta A < 0$，$\Delta H < 0$ 时为阶段④。

当存在如下关系：

$$0.9|W\Delta H| < |\Delta A| < 1.1|W\Delta H| \tag{8.3.2}$$

且 $\Delta A > 0$，$\Delta H > 0$ 时为阶段①或②；当 $\Delta A < 0$，$\Delta H < 0$ 时为阶段④或⑤。

当满足

$$|\Delta A| > 1.1|W\Delta H| \tag{8.3.3}$$

当 $\Delta A > 0$，$\Delta H > 0$ 时为阶段②；当 $\Delta A < 0$，$\Delta H < 0$ 时为阶段⑤。

除此之外，当 $\Delta A > 0$，$\Delta H < 0$ 时为阶段③；当 $\Delta A < 0$，$\Delta H > 0$ 时为阶段⑥。假设 $\Delta H < 0.05$ m/a 并且 $\Delta A < 15$ m^2/a，则河道断面形态变化较小，为相对平衡的阶段⓪。

根据上述定义及图特尔河北汊各断面几何形态量的计算结果，得到如图 8.3.1 所示河床演变阶段的时空分布，图中冷色调的蓝色代表冲刷，暖色调的橘色代表淤积，绿色代表准平衡的阶段⓪。由图 8.3.1 可知，1981～1995 年上游弯曲段以冲刷展宽为主（阶段②），而下游游荡段以河床冲淤为主，河岸滩也存在一定程度的淤积（阶段④或⑤），断面 NF345、NF350 和 NF375 分别于 1984 年、1986 年和 1988 年由淤积阶段转为冲刷

下游方向

弯曲段　　游荡段

支流入汇　　峡谷控制段

年/时段	NF100	NF105	NF110	NF120	NF130	NF300	NF310	NF320	NF345	NF350	NF375
1981年								②			④/⑤
1982年					②		②	②	④	④	⑤
1983年	②	②	⑤	①/②	②	②	②	③	④/⑤	④	④
1984年	②	②	②	②	②	②	②	②	1984年 ④/⑤		④/⑤
1985年	②			②	⓪	②	②	①	②	⑤	④/⑤
1986年	②	②	①	⓪	②	②	②	②	①/② 1985年	1986年	④
1987年	②			①	⑤	①/②	③	①/② 1987年	①/②		④
1988年	④			③	②	②	②	①	⓪		1988年 ④/⑤
1989年	⑤			④/⑤	① 1989年	①	① 1989年	②	①/②	②	①/②
1990年		③	③	③	②	①/② 1990年	②	⑤	①/②		①/②
1990~1992年	②			⑤	①/②	①/②	①	①/②	①/②		③
1992~1999年				③	②		②	②	②	②	
1999~2003年	③	②	②	①/② 1999年	①	①/②		②		①/②	②
2003~2007年[a]	②	②	④/⑤	②		①/②	②	④	②	⓪	④
2007[a]~2009年	⑤		⓪	①/②		②		①/②		⓪	②
2009~2013[b]年	②	②		①/②				①/②		①/②	①/②
2013[b]~2016/2017年[c]	②		⓪	①/②				①		⓪	①/②

图 8.3.1　图特尔河北汊河床演变阶段的时空分布

a NF110 断面无 2007 年资料，用 2006 年代替；b NF120 和 NF375 断面无 2013 年资料，用 2012 年代替；c NF105、NF110 和 NF320 断面采用 2016 年资料，NF100、NF120 和 NF350 采用 2017 年资料

扫一扫，见彩图

阶段，这与 8.2 节的研究结论一致。此外，游荡段由淤积转为冲刷引起了上游弯曲河道的溯源冲刷，如图 8.3.1 中红色箭头所示，断面由阶段①开始以河床冲刷为主，阶段①往往是冲刷发展的猝发阶段，因此可以理解为二次冲刷的起始阶段，在这一阶段开始之前，河道冲刷速率有所减慢，二次冲刷开始之后河道冲刷速率逐渐增加。

根据图 8.3.1 所示河床演变阶段的时空分布，统计在不同时段与不同河段各演变阶段出现的频率，其中①/②计为阶段①与②各出现 0.5 次，④/⑤计为阶段④和⑤各出现 0.5 次，统计结果如图 8.3.2 所示。除断面 NF345～NF375 在 1980～1985 年以淤积阶段（阶段④和⑤）为主以外，其余时段和河段均以冲刷阶段（阶段①、②和③，$\Delta A > 0$）为主，阶段⑥在所有时期和河段均没有出现。准平衡的阶段⓪多发生在 1990 年之后，并且多位于支流入汇前的上游河段（断面 NF100～NF130）和下游游荡段（断面 NF345～NF375），在断面 NF300～NF320 因支流入汇，流量大于上游断面 NF100～NF130，同时其河宽远小于游荡段，因此，单宽流量大于上、下游河段，冲刷也最为剧烈。

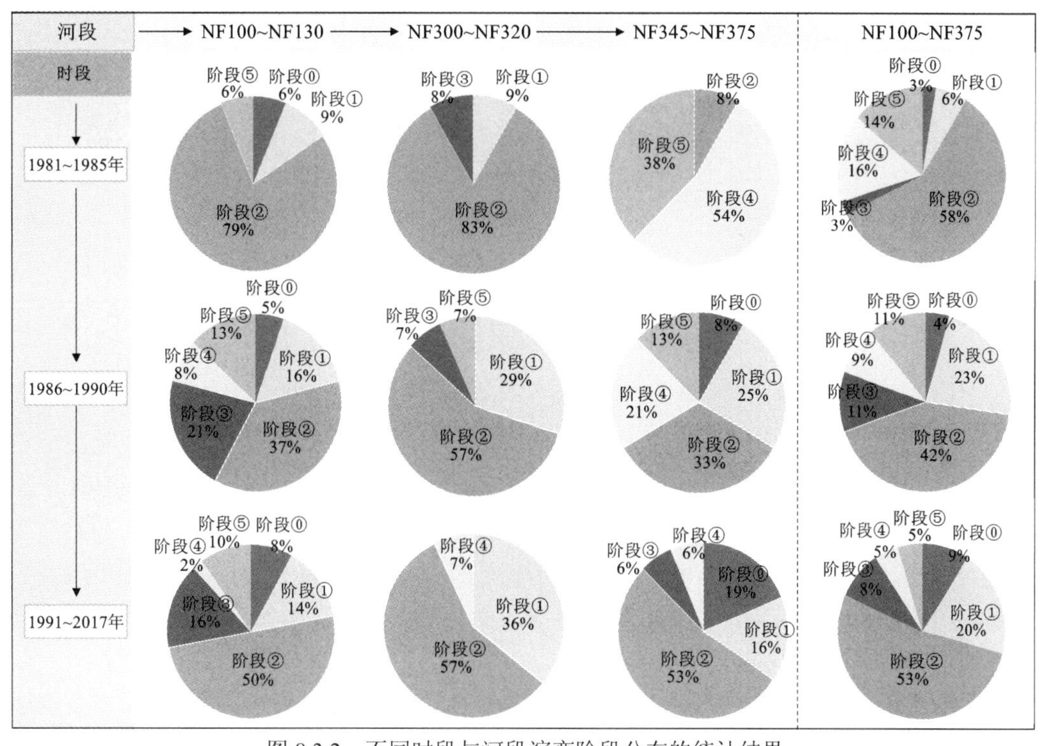

图 8.3.2　不同时段与河段演变阶段分布的统计结果

根据图特尔河北汊时空冲淤的研究结果，提炼出如图 8.3.3 所示的河道对火山爆发的时空冲淤响应的概化模式，在火山爆发初期，河道被掩埋，大量泥沙堆积在河床，上游河段冲刷，在游荡段河宽突然增大，水流输沙能力减弱，上游冲刷的大量泥沙无法继续输移而淤积在游荡段，形成“上冲下淤”的演变模式。1985～1990 年来水量减少，上游河床因冲刷而粗化，比降减小（Zheng et al.，2014b），水流冲刷能力减弱（Simon and Thorne，1996），输往下游游荡段的泥沙量减少，游荡段转而开始发生冲刷，河床高程下降，相当于降低了上游河段的相对侵蚀基准面，使上游河道发生溯源的二次冲刷，这一溯源的二次冲刷如图 8.3.1 中红色箭头所示。自 1990 年起，受溯源冲刷和多场大洪水（Major et al.，2021）的影响，图特尔河北汊研究河段均发生冲刷。

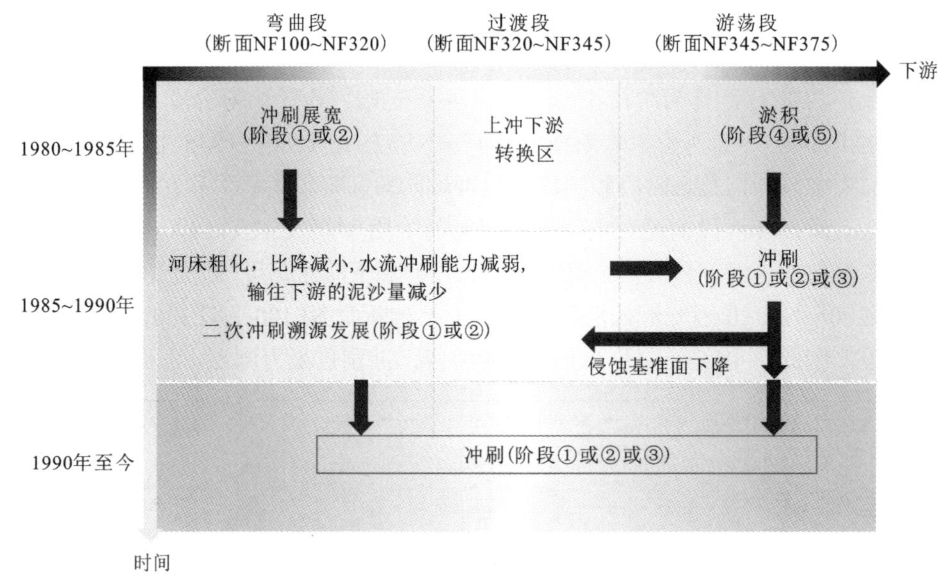

图 8.3.3 图特尔河北汊对火山爆发的时空冲淤响应概化模式

8.4 本章小结

本章分析了图特尔河北汊对火山爆发的时空冲淤响应规律，采用河床演变阶段模型建立了河道冲淤阶段的时空分布矩阵，通过该矩阵发现河道在火山爆发数年后存在二次冲刷的溯源发展，这一溯源冲刷过程以阶段①（河床冲深，河岸变化不大）为初始演变阶段，并进一步引起阶段②（河床冲刷，河岸展宽）。这一溯源的二次冲刷过程可能是由于下游游荡段由淤积转为冲刷降低了上游河段的相对侵蚀基准面，这在一定程度上解释了图特尔河北汊在火山爆发后 40 年左右时间内仍保持冲刷和较高输沙率的原因。这一研究案例也展示了如何在较大时空尺度应用河床演变阶段模型，从而对河道时空演变规律进行全局把握。

参考文献

安晨歌, 2018. 变动水沙补给条件下的山区河流形貌动力学过程[D]. 北京: 清华大学.

曹广晶, 王俊, 2015. 长江三峡工程水文泥沙观测与研究[M]. 北京: 科学出版社.

陈建国, 周文浩, 孙高虎, 等, 2008. 黄河小浪底水库初期运用与下游河道冲淤的响应[J]. 泥沙研究(5): 1-8.

陈建国, 周文浩, 韩闪闪, 2014. 三门峡水库水沙运动的若干规律: 兼论水库溯源冲刷对黄河下游河道的影响[J]. 水利学报, 45(10): 1165-1174.

陈秀秀, 叶盛, 潘海龙, 等, 2022. 水库运行对河流水文情势影响分析: 以龙羊峡、小浪底水库为例[J]. 中国农村水利水电(10): 96-104.

邓金运, 2007. 三峡建库对长江中下游航道的影响及对策研究[J]. 中国水利, 6: 15-16.

董炳江, 许全喜, 袁晶, 等, 2019. 近年来三峡水库坝下游河道强烈冲刷机理分析[J]. 泥沙研究, 44(5): 42-47.

范小黎, 师长兴, 邵文伟, 等, 2013. 近期渭河下游河道冲淤演变研究[J]. 泥沙研究(1): 20-26.

耿旭, 毛继新, 陈绪坚, 2017. 三峡水库下游河道冲刷粗化研究[J]. 泥沙研究, 42(5): 19-24.

郭小虎, 李义天, 刘亚, 2014. 近期荆江三口分流分沙比变化特性分析[J]. 泥沙研究(1): 53-60.

郭小虎, 于倩, 渠庚, 等, 2017. 清水冲刷下均匀天然沙含沙量恢复过程试验研究[J]. 应用基础与工程科学学报, 25(3): 427-441.

郭小虎, 渠庚, 刘亚, 等, 2020. 三峡工程运用后坝下游河道泥沙输移变化规律[J]. 湖泊科学, 32(2): 564-572.

韩其为, 1979. 非均匀悬移质不平衡输沙的研究[J]. 科学通报(17): 804-808.

韩其为, 2003. 水库淤积[M]. 北京: 科学出版社.

何娟, 2023. 三门峡水库、小浪底水库及下游河道的时空冲淤与滞后响应[D]. 武汉: 武汉大学.

侯素珍, 郭秀吉, 胡恬, 2019. 三门峡水库运用水位对库区淤积分布的影响[J]. 泥沙研究, 44(6): 14-18.

胡春宏, 2019. 从三门峡到三峡我国工程泥沙学科的发展与思考[J]. 泥沙研究, 44(2): 1-10.

黄骁力, 丁浒, 那嘉明, 等, 2017. 地貌发育演化研究的空代时理论与方法[J]. 地理学报, 72(1): 99-104.

江恩惠, 韩其为, 2010. 黄河非平衡输沙典型事例及其研究概述[J]. 中国水利水电科学研究院学报, 8(3): 161-165.

江凌, 李义天, 曾庆云, 等, 2010. 上荆江分汊性微弯河段河床演变原因探讨[J]. 泥沙研究(6): 73-80.

焦恩泽, 张清, 江恩惠, 等, 2009. 三门峡水库“318”试验效益评估与建议[J]. 泥沙研究(1): 10-14.

景唤, 钟德钰, 张红武, 等, 2020. 河流过程的累积现象和随机模型[J]. 地理学报, 75(5): 1079-1094.

李洁, 褚明浩, 张翼, 等, 2022. 1986—2018 年黄河下游游荡段洲滩演变特点[J]. 人民黄河, 44(10):

51-55, 60.
李凌云, 2010. 黄河平滩流量的计算方法与应用研究[D]. 北京: 清华大学.
李凌云, 吴保生, 2011. 平滩流量滞后响应模型的改进[J]. 泥沙研究(2): 21-26.
李文文, 吴保生, 夏军强, 等, 2010. 潼关高程与其影响因子的相关分析[J]. 人民黄河, 32(7): 6-9.
林秀芝, 侯素珍, 王平, 等, 2014. 渭河下游近期水沙变化及其对河道冲淤影响[J]. 泥沙研究(1): 33-38.
林秀芝, 董晨燕, 李丹丹, 2018a. 三门峡水库淤积分析和运用方式研究[J]. 华北水利水电大学学报(自然科学版), 39(5): 18-22.
林秀芝, 董晨燕, 苏林山, 等, 2018b. 黄河潼关上下游不同河段淤积量对潼关高程的影响[J]. 泥沙研究, 43(6): 35-39.
刘燕, 2004. 小浪底水库运用后下游游荡性河道演变趋势研究[D]. 西安: 西安理工大学.
罗方冰, 陈迪, 郭怡, 等, 2019. 三峡水库蓄水以来下游近坝河段冲淤分布特征及成因[J]. 泥沙研究, 44(3): 31-38.
潘庆燊, 胡向阳, 2015. 长江荆江河道整治 60 年回顾[J]. 人民长江, 46(7): 1-6.
钱宁, 1958. 修建水库后下游河道重新建立平衡的过程[J]. 水利学报(4): 33-60.
钱宁, 万兆惠, 1983. 泥沙运动力学[M]. 北京: 科学出版社.
钱宁, 张仁, 周志德, 1987. 河床演变学[M]. 北京: 科学出版社.
申红彬, 吴保生, 2020. 河流泥沙水文学模型边界条件参数化方法探讨[J]. 水利学报, 51(2): 193-200.
沈逸, 吴保生, 王彦君, 等, 2023. 小浪底水库运用以来黄河下游河道冲淤的时空规律与模拟[J]. 地理学报, 78(11): 2735-2749.
水利部黄河水利委员会, 黄河研究会, 2006. 异重流问题学术研讨会文集[M]. 郑州: 黄河水利出版社.
王华琳, 郑珊, 谈广鸣, 等, 2021. 三峡水库运行后宜昌—城陵矶河段冲刷重心下移与时空演变[J]. 水利学报, 52(12): 1470-1481.
王平, 姜乃迁, 侯素珍, 等, 2007. 三门峡水库原型试验冲淤效果分析[J]. 人民黄河, 29(7): 22-24.
王婷, 李小平, 曲少军, 等, 2019. 前汛期中小洪水小浪底水库调水调沙方式[J]. 人民黄河, 41(5): 47-50, 66.
王彦君, 2019. 黄河下游主槽不均衡调整机理[D]. 北京: 清华大学.
王英珍, 夏军强, 邓珊珊, 等, 2022. 黄河下游河道滩岸崩退与淤长过程的耦合模拟[J]. 工程科学与技术, 55(4): 1-12.
王兆印, 李昌志, 王费新, 2004. 潼关高程对渭河河床演变的影响[J]. 水利学报(9): 1-8.
吴保生, 2008a. 冲积河流河床演变的滞后响应模型-I 模型建立[J]. 泥沙研究(6): 1-7.
吴保生, 2008b. 冲积河流河床演变的滞后响应模型-II 模型应用[J]. 泥沙研究(6): 30-37.
吴保生, 邓玥, 2007. 三门峡水库非汛期控制运用水位对库区泥沙冲淤的影响[J]. 水力发电学报, 26(2): 93-98.
吴保生, 郑珊, 2015. 河床演变的滞后响应理论与应用[M]. 北京: 中国水利水电出版社.

吴保生, 王光谦, 王兆印, 等, 2004. 来水来沙对潼关高程的影响及变化规律[J]. 科学通报, 49(14): 1461-1465.

吴保生, 夏军强, 王兆印, 2006. 三门峡水库淤积及潼关高程的滞后响应[J]. 泥沙研究(1): 9-16.

吴保生, 郑珊, 沈逸, 2020. 三门峡水库冲淤与"318 运用"的影响[J]. 水利水电技术, 51(11): 1-12.

夏军强, 宗全利, 邓珊珊, 等, 2015. 三峡工程运用后荆江河段平滩河槽形态调整特点[J]. 浙江大学学报(工学版), 49(2): 238-245.

夏军强, 刘鑫, 姚记卓, 等, 2021. 近期长江中游枯水河槽调整及其对航运的影响[J]. 水力发电学报, 40(2): 1-11.

谢剑斌, 2015. 视觉机器学习 20 讲[M]. 北京: 清华大学出版社.

谢鉴衡, 1990. 河流模拟[M]. 北京: 水利电力出版社.

谢鉴衡, 2013. 河床演变及整治[M]. 武汉: 武汉大学出版社.

许全喜, 朱玲玲, 袁晶, 2013. 长江中下游水沙与河床冲淤变化特性研究[J]. 人民长江, 44(23): 16-21.

许全喜, 李思璇, 袁晶, 等, 2021. 三峡水库蓄水运用以来长江中下游沙量平衡分析[J]. 湖泊科学, 33(3): 806-818.

杨光彬, 吴保生, 章若茵, 等, 2020. 三门峡水库"318"控制运用对潼关高程变化的影响[J]. 泥沙研究, 45(3): 38-45.

杨五喜, 张根广, 2007. 潼关高程冲淤变化的影响因素及其作用机理[J]. 水资源与水工程学报, 18(3): 91-93.

杨燕华, 张明进, 2016. 长江中游荆江河段不同类型分汊河段演变趋势预测研究[J]. 中国水运·航道科技(1): 1-5.

杨云平, 张明进, 李松喆, 等, 2017. 三峡大坝下游粗细颗粒泥沙输移规律及成因[J]. 湖泊科学, 29(4): 942-954.

余文畴, 卢金友, 2008. 长江河道崩岸与护岸[M]. 北京: 中国水利水电出版社.

袁文昊, 李茂田, 陈中原, 等, 2016. 三峡建坝后长江宜昌—汉口河段水沙与河床的应变[J]. 华东师范大学学报(自然科学版)(2): 90-100, 127.

岳红艳, 赵占超, 吕庆标, 等, 2020. 长江中游宜都至松滋河口段近期河床演变分析[J]. 人民长江, 51(9): 1-5, 121.

张金良, 2005. 黄河中游水库群水沙联合调度所涉及的范畴[C]//中国水利学会. 中国水利学会 2005 学术年会论文集. 北京: 中国水利水电出版社: 10.

张金良, 鲁俊, 韦诗涛, 等, 2021. 小浪底水库调水调沙后续动力不足原因和对策[J]. 人民黄河, 43(1): 5-9.

张俊勇, 陈立, 吴门伍, 等, 2006. 水库下游河流再造床过程的时空演替现象: 以丹江口建库后汉江中下游为例[J]. 水科学进展, 17(3): 348-353.

张明进, 2014. 新水沙条件下荆江河段航道整治工程适应性及原则研究[D]. 天津: 天津大学.

张欧阳, 金德生, 陈浩, 2000. 游荡河型造床实验过程中河型的时空演替和复杂响应现象[J]. 地理研究, 19(2): 180-188.

张茹, 张志全, 罗凯, 2002. 近年黄河下游输沙功能的时空变化及其影响因素分析[J]. 水土保持研究, 29(4): 95-99.

张帅, 夏军强, 李涛, 2018. 小浪底水库汛期排沙比研究[J]. 人民黄河, 40(1): 7-11.

张玮, 2012. 河流动力学[M]. 北京: 人民交通出版社.

张卫军, 魏立鹏, 渠庚, 2013. 三峡工程运用后荆江不同河型河道演变分析[J]. 水利科技与经济, 19(11): 56-59.

赵明登, 李义天, 2002. 二维泥沙数学模型及工程应用问题探讨[J]. 泥沙研究(1): 66-70.

郑珊, 2013. 非平衡态河床演变过程模拟研究[D]. 北京: 清华大学.

郑珊, 吴保生, 2014. 黄河小北干流和渭河下游淤积过程模拟[J]. 水利学报, 45(2): 150-162.

郑珊, 吴保生, 侯素珍, 等, 2019. 三门峡水库时空冲淤与滞后响应[J]. 水利学报, 50(12): 1433-1445.

郑珊, 张晓丽, 吴保生, 等, 2021. 小浪底水库水沙异步运动与排沙比[J]. 泥沙研究, 46(6): 1-8.

ASMAR N H, 2006. 偏微分方程教程(原书第 2 版)[M]. 陈祖樨, 宣本金, 译. 北京: 机械工业出版社.

ALBERTI A P, GOMES A, TRENHAILE A, et al., 2013. Correlating river terrace remnants using an Equotip hardness tester: An example from the Miño River, northwestern Iberian Peninsula[J]. Geomorphology, 191: 59-70.

AN C G, FU X D, 2021. Theory of delayed response in river morphodynamics: Applicability and limitations[J]. International journal of sediment research, 37(2): 162-172.

AN C G, FU X D, WANG G Q, et al., 2017. Effect of grain sorting on gravel bed river evolution subject to cycled hydrographs: Bed load sheets and breakdown of the hydrograph boundary layer[J]. Journal of geophysical research: Earth surface, 122: 1513-1533.

AN C G, MOODIE A J, MA H B, et al., 2018. Morphodynamic model of the lower Yellow River: Flux or entrainment form for sediment mass conservation?[J]. Earth surface dynamics, 6(4): 989-1010.

AN C G, GONG Z, NAITO K, et al., 2020. Grain size-specific Engelund-Hansen type relation for bed material load in sand-bed rivers, with application to the Mississippi River[J]. Water resources research, 57(2): e2020WR027517.

ASSIREU A T, ALCANTARA E, NOVO E M L M, et al., 2011. Hydro-physical processes at the plunge point: An analysis using satellite and in situ data[J]. Hydrology and earth system sciences, 15(12): 3689-3700.

BLOM A, 2008. Different approaches to handling vertical and streamwise sorting in modeling river morphodynamics[J]. Water resources research, 44(3): W03415.

BRANDT S A, 2000. Classification of geomorphological effects downstream of dams[J]. Catena, 40:

375-401.

BROWN C B, 1943. Discussion of "Sedimentation in reservoirs"[J]. Proceedings of the American society of civil engineers, 69(6): 1493-1500.

BRUNE G M, 1953. Trap efficiency of reservoirs[J]. Eos, transactions American geophysical union, 34(3): 407-418.

BRUNSDEN D, 1980. Applicable models of long term landform evolution[J]. Zeitschrift für geomorphologie(36): 16-26.

CHATANANTAVET P, LAMB M P, NITTROUER J A, 2012. Backwater controls on the avulsion location of the delta[J]. Geophysical research letters, 39(1): L01402.

CHEN J, WANG Z B, LI M T, et al., 2012. Bedform characteristics during falling flood stage and morphodynamic interpretation of the middle-lower Changjiang(Yangtze) River channel, China[J]. Geomorphology, 147-148: 18-26.

CHIEN N, 1985. Changes in river regime after the construction of upstream reservoirs[J]. Earth surface processes and landforms, 10(2): 143-159.

CHORLEY R J, KENNEDY B A, 1971. Physical geography: A systems approach[M]. London: Prentice-Hall.

CLUBB F J, BOOKHAGEN B, RHEINWALT A, 2019. Clustering river profiles to classify geomorphic domains[J]. Journal of geophysical research: Earth surface, 124(6): 1417-1439.

CLUER B, THORNE C, 2014. A stream evolution model integrating habitat and ecosystem benefits[J]. River research and applications, 30(2): 135-154.

CZAPIGA M J, BLOM A, VIPARELLI E, 2022. Sediment nourishments to mitigate channel bed incision in engineered rivers[J]. Journal of hydraulic engineering, 148(6): 04022009.

DALLAIRE O C, LEHNER B, CREED I, 2020. Multidisciplinary classification of Canadian river reaches to support the sustainable management of freshwater systems[J]. Canadian journal of fisheries and aquatic sciences, 77(2): 326-341.

DE MENDONCA B C C, MAO L, BELLETTI B, 2021. Spatial scale determines how the morphological diversity relates with river biological diversity. Evidence from a mountain river in the central Chilean Andes[J]. Geomorphology, 372: 107447.

DENDY F E, 1974. Sediment trap efficiency of small reservoirs[J]. Transactions of the ASAE, 17(5): 898-988.

DODD A M, 1998. Modeling the movement of sediment waves in a channel[D]. Arcata: Humboldt State University.

FERRER-BOIX C, MARTÍN-VIDE J P, PARKER G, 2015. Sorting of a sand-gravel mixture in a Gilbert-type delta[J]. Sedimentology, 62(5): 1446-1465.

FRISSELL C A, LISS W J, WARREN C E, et al., 1986. A hierarchical framework for stream habitat classification: Viewing streams in a watershed context[J]. Environmental management, 10: 199-214.

FRYIRS K, BRIERLEY G J, ERSKINE W D, 2012. Use of ergodic reasoning to reconstruct the historical range of variability and evolutionary trajectory of rivers[J]. Earth surface processes and landforms, 37(7): 763-773.

GRAF W L, 1977. The rate law in fluvial geomorphology[J]. American journal of science, 277(2): 178-191.

GRAMS P E, SCHMIDT J C, TOPPING D J, 2007. The rate and pattern of bed incision and bank adjustment on the Colorado River in Glen Canyon downstream from Glen Canyon Dam, 1956–2000[J]. Geological society of America bulletin, 119(5/6): 556-575.

GURNELL A M, RINALDI M, BELLETTI B, et al., 2016. A multi-scale hierarchical framework for developing understanding of river behaviour to support river management[J]. Aquatic sciences, 78: 1-16.

HAN J Q, SUN Z H, LI Y T, et al., 2017. Combined effects of multiple large-scale hydraulic engineering on water stages in the Middle Yangtze River[J]. Geomorphology, 298: 31-40.

HASSAN M A, CHURCH M, YAN Y X, et al., 2010. Spatial and temporal variation of in-reach suspended sediment dynamics along the mainstem of Changjiang(Yangtze River), China[J]. Water resources research, 46(11): W11551.

HAWLEY R J, BLEDSOE B P, STEIN E D, et al., 2012. Channel evolution model of semiarid stream response to urban-induced hydromodification[J]. Journal of the American water resources association, 48(4): 722-744.

HE Z C, SUN Z H, LI Y T, et al., 2022. Response of the gravel-sand transition in the Yangtze River to hydrological and sediment regime changes after upstream damming[J]. Earth surface processes and landforms, 47(2): 383-398.

HEINEMANN H G, 1981. A new sediment trap efficiency curve for small reservoirs[J]. Water resources bulletin, 17(5): 825-830.

HIRANO M, 1971. On riverbed variation with armoring[J]. Proceedings of the Japan society of civil engineers, 195: 55-65.

HOEY T B, FERGUSON R, 1994. Numerical simulation of downstream fining by selective transport in gravel bed rivers: model development and illustration[J]. Water resources research, 30(7): 2251-2260.

HOOKE J M, 1995. River channel adjustment to meander cutoffs on the River Bollin and River Dane, northwest England[J]. Geomorphology, 14(3): 235-253.

HOOSHYAR M, WANG D B, KIM S, et al., 2016. Valley and channel networks extraction based on local topographic curvature and *k*-means clustering of contours[J]. Water resources research, 52(10): 8081-8102.

HUANG H Q, DENG C Y, NANSON G C, et al., 2014. A test of equilibrium theory and a demonstration of its practical application for predicting the morphodynamics of the Yangtze River[J]. Earth surface processes and landforms, 39(5): 669-675.

ISLAM M, RAHMAN S, KABIR A, et al., 2019. Predictive assessment on landscape and coastal erosion of Bangladesh using geospatial techniques[J]. Remote sensing applications: Society and environment, 17: 100277.

JAIN A K, MURTY M N, FLYNN P J, 1999. Data clustering: A review[J]. ACM computing surveys, 31(3): 264-323.

JAMES L A, 1989. Sustained storage and transport of hydraulic gold mining sediment in the Bear River, California[J]. Annals of the association of American geographers, 79(4): 570-592.

JIANG P F, DONG B J, HUANG G X, et al., 2023. Study on the sediment and phosphorus flux processes under the effects of mega dams upstream of Yangtze River[J]. Science of the total environment, 860: 160453.

KAIN C L, WASSMER P, GOFF J, et al., 2017. Determining flow patterns and emplacement dynamics from tsunami deposits with no visible sedimentary structure[J]. Earth surface processes and landforms, 42(5): 763-780.

KNIGHTON A, D, 1998. Fluvial forms and processes: A new perspective[M]. New York: Oxford University Press.

KNIGHTON A D, 1999. Downstream variation in stream power[J]. Geomorphology, 29: 293-306.

LEON C, JULIEN P Y, BAIRD D C, 2009. Case study: Equivalent widths of the Middle Rio Grande, New Mexico[J]. Journal of hydraulic engineering, 135(4): 306-315.

LEOPOLD L B, LANGBEIN W B, 1962. The concept of entropy in landscape evolution[M]. Washington, D. C.: US Government Printing Office.

LIKENS G E, 1989. Long-term studies in ecology[M]. New York: Springer.

LIRO M, 2015. Gravel-bed channel changes upstream of a reservoir: The case of the Dunajec River upstream of the Czorsztyn Reservoir, southern Poland[J]. Geomorphology, 228: 694-702.

LIRO M, 2019. Dam reservoir backwater as a field-scale laboratory of human-induced changes in river biogeomorphology: A review focused on gravel-bed rivers[J]. Science of the total environment, 651: 2899-2912.

LIRO M, RUIZ-VILLANUEVA V, MIKUŚ P, et al., 2020. Changes in the hydrodynamics of a mountain river induced by dam reservoir backwater[J]. Science of the total environment, 744: 140555.

LISLE T E, CUI Y, PARKER G, et al., 2001. The dominance of dispersion in the evolution of bed material waves in gravel-bed rivers[J]. Earth surface processes and landforms, 26(13): 1409-1420.

LIU S W, LI D X, LIU D C, et al., 2022. Characteristics of sedimentation and sediment trapping efficiency in the Three Gorges Reservoir, China[J]. Catena, 208: 105715.

LYU Y W, ZHENG S, TAN G M, et al., 2018. Effects of Three Gorges Dam operation on spatial distribution and evolution of channel thalweg in the Yichang-Chenglingji Reach of the Middle Yangtze River, China[J]. Journal of hydrology, 565: 429-442.

LYU Y W, ZHENG S, TAN G M, et al., 2019. Morphodynamic adjustments in the Yichang-Chenglingji Reach of the Middle Yangtze River since the operation of the Three Gorges Project[J]. Catena, 172: 274-284.

MAJOR J J, 2004. Posteruption suspended sediment transport at Mount St. Helens: Decadal-scale relationships with landscape adjustments and river discharges[J]. Journal of geophysical research: Earth surface, 109(F1): 2002JF000010.

MAJOR J J, SPICER K R, MOSBRUCKER A R, 2021. Effective hydrological events in an evolving mid-latitude mountain river system following cataclysmic disturbance: A saga of multiple influences[J]. Water resources research, 57(2): e2019WR026851.

MEYER D F, MARTINSON H A, 1989. Rates and processes of channel development and recovery following the 1980 eruption of Mount St. Helens, Washington[J]. Journal of hydrology, 34: 115-127.

NAITO K, MA H B, NITTROUER J A, et al., 2019. Extended Engelund-Hansen type sediment transport relation for mixtures based on the sand-silt-bed Lower Yellow River, China[J]. Journal of hydraulic research, 57(8): 1-16.

PAINE A D M, 1985. Ergodic reasoning in geomorphology: Time for a review of the term[J]. Progress in physical geography, 9(1): 1-15.

PARKER G, 1991. Selective sorting and abrasion of river gravel. I: Theory[J]. Journal of hydraulic engineering, 117(2): 131-149.

PARKER G, 2004. 1D sediment transport morphodynamics with applications to rivers and turbidity currents[M]. Urbana-Champaign: University of Illinois.

PARKER G, SEQUEIROS O, 2006. Large scale river morphodynamics: Application to the Mississippi Delta[C]//River flow 2006: Proceedings of the International Conference on Fluvial Hydraulics. London: Taylor and Francis: 3-11.

PETTS G E, GURNELL A M, 2005. Dams and geomorphology: Research progress and future directions[J]. Geomorphology, 71(1/2): 27-47.

PHILLIPS J D, 1992. The end of equilibrium?[J]. Geomorphology, 5(3/4/5): 195-201.

PHILLIPS R T J, DESLOGES J R, 2015. Alluvial floodplain classification by multivariate clustering and discriminant analysis for low-relief glacially conditioned river catchments[J]. Earth surface processes and landforms, 40(6): 756-770.

RICHARD G, 2001. Quantification and prediction of lateral channel adjustments downstream from Cochiti

Dam, Rio Grande, NM[D]. Fort Collins: Colorado State University.

SCHUMM S A, 1977. The fluvial system[M]. New York: Wiley.

SIMON A, 1999. Channel and drainage-basin response of the Toutle River system in the aftermath of the 1980 eruption of Mount St. Helens, Washington[R]. Vancouver: U.S. Geological Survey.

SIMON A, HUPP C R, 1987. Geomorphic and vegetative recovery processes along modified Tennessee streams: An interdisciplinary approach to distributed fluvial systems[J]. Forest hydrology and watershed management, 167: 251-262.

SIMON A, RINALDI M, 2006. Disturbance, stream incision, and channel evolution: The roles of excess transport capacity and boundary materials in controlling channel response[J]. Geomorphology, 79(3): 361-383.

SIMON A, ROBBINS C H, 1987. Man-induced gradient adjustment of the South Fork Forked Deer River, west Tennessee[J]. Environmental geology and water sciences, 9(2): 109-118.

SIMON A, THORNE C R, 1996. Channel adjustment of an unstable coarse-grained stream: Opposing trends of boundary and critical shear stress, and the applicability of extremal hypotheses[J]. Earth surface processes and landforms, 21(2): 155-180.

SKLAR L S, FADD J, VENDITTI J G, et al., 2009. Translation and dispersion of sediment pulses in flume experiments simulating gravel augmentation below dams[J]. Water resources research, 45(8): W08439.

SURIAN N, RINALDI M, 2003. Morphological response to river engineering and management in alluvial channels in Italy[J]. Geomorphology, 50(4): 307-326.

THOMPSON C J, CROKE J, FRYIRS K, et al., 2016. A channel evolution model for subtropical macrochannel systems[J]. Catena, 139: 199-213.

TOBLER W R, 1970. A computer movie simulating urban growth in the Detroit region[J]. Economic geography, 46(S1): 234-240.

TOBLER W R, 2004. On the first law of geography: A reply[J]. Annals of the association of American geographers, 94(2): 304-310.

WANG Z Q, CHEN Z Y, LI M T, et al., 2009. Variations in downstream grain-sizes to interpret sediment transport in the middle-lower Yangtze River, China: A pre-study of Three-Gorges Dam[J]. Geomorphology, 113(3/4): 217-229.

WEN Z F, YANG H, ZHANG C, et al., 2020. Remotely sensed mid-channel bar dynamics in downstream of the Three Gorges Dam, China[J]. Remote sensing, 12(3): 409.

WILLIAMS G P, 1989. Sediment concentration versus water discharge during single hydrologic events in rivers[J]. Journal of hydrology, 111(1/2/3/4): 89-106.

WILLIAMS G P, WOLMAN M G, 1984. Downstream effects of dams on alluvial rivers[M]. Washington, D.

C.: US Government Printing Office.

WU B S, WANG G Q, XIA J Q, 2007. Case study: Delayed sedimentation response to inflow and operations at Sanmenxia Dam[J]. Journal of hydraulic engineering, 133: 482-493.

WU B S, ZHENG S, THORNE C R, 2012. A general framework for using the rate law to simulate morphological response to disturbance in the fluvial system[J]. Progress in physical geography, 36(5): 575-597.

XIA J Q, DENG S S, LU J Y, et al., 2016. Dynamic channel adjustments in the Jingjiang Reach of the Middle Yangtze River[J]. Scientific reports, 6(1): 22802.

YANG S L, MILLIMAN J D, XU K H, et al., 2014. Downstream sedimentary and geomorphic impacts of the Three Gorges Dam on the Yangtze River[J]. Earth-science reviews, 138: 469-486.

YANG Y P, ZHOU L P, ZHU L L, et al., 2023. Impact of upstream reservoirs on geomorphic evolution in the middle and lower reaches of the Yangtze River[J]. Earth surface processes and landforms, 48(3): 582-595.

ZHENG S, WU B S, THORNE C R, et al., 2014a. Case study of variation of sedimentation in the Yellow and Wei Rivers[J]. Journal of hydraulic engineering, 141(3): 05014009.

ZHENG S, WU B S, THORNE C R, et al., 2014b. Morphological evolution of the North Fork Toutle River following the eruption of Mount St. Helens, Washington[J]. Geomorphology, 208: 102-116.

ZHENG S, THORNE C R, WU B S, et al., 2017. Application of the stream evolution model to a volcanically disturbed river: The North Fork Toutle River, Washington State, USA[J]. River research and applications, 33(6): 937-948.

ZHENG S, EDMONDS D A, WU B S, et al., 2019. Backwater controls on the evolution and avulsion of the Qingshuigou channel on the Yellow River Delta[J]. Geomorphology, 333: 137-151.

ZHENG S, AN C G, Wang H L, et al., 2023a. The migration of the erosion center downstream of the Three Gorges Dam, China, and the role played by underlying gravel layer[J]. Water resources research, 59: e2022WR034152.

ZHENG S, WANG H L, AN C G, 2023b. Renewed incision and complex response of the North Fork Toutle River following the eruption of Mount St. Helens in 1980[J]. Catena, 220: 106657.